野の道の農学論

「総合農学」を歩いて

中島 紀一

筑波書房

まえがき
―農学徒としての50年を振り返って―

　2015年は戦後70年、私が東京教育大学農学部に入学して50年の節目になる。
　いま時代は大きく変わろうとしており、戦後の70年間は明らかに一つの時代として捉えなければならない時に至っている。
　私の農学50年については個人的なことにすぎないが、しかし、この50年は、実は日本農学史において一まとめとして考えるべき一時代となってきたようにも思う。
　私が大学に入学した頃（1965年）の日本の農業は、田んぼの田植えはすべて手植えで、稲刈りはすべて手刈り、乾燥はすべて天日の自然乾燥だった。耕耘は、牛馬耕の最後の時代で、主流は小さな耕耘機だったが、しかしまだ田んぼではトラクタは使われていなかった。田んぼの区画整理は10ａ区画で、まだそれも実施されていないところが多く残されていた。大学の農場実習では堆肥作りもやったが、ビニールハウスも建てた。ハウスは垂木（たるき）の木骨のものだったが。江戸時代のころから続いていた昔のままの手作業農業が残る最後の頃だった。
　大学院を修了して母校の助手になったのは1972年だが、その時には私が通っていたむら（千葉県成田市南羽鳥）でも歩行型田植機が入り、刈り取りにはバインダが入り、馬耕農家はいなくなっていた。
　以来、農業は機械化、施設化、農薬や化学肥料などの化学化がほぼ一直線に展開されてきた。田んぼでは１ha区画の大型基盤整備が進み、８条植えの乗用田植機、６条刈りの高性能コンバインが走り回り、田植え稲刈りのかつての農繁期にも田んぼには人影はあまり見られなくなっている。
　政府はグローバル化を推進しつつ、１万円/60kgを大きく割り込むような低米価を当然のこととして、そういうなかで新式の高性能低コスト稲作でアメリカやオーストラリアの巨大稲作と対抗するのだと平然と言っている。こ

れで日本稲作は相当程度壊れていくだろう。

　この50年は農家が地域の仲間とともに頑張ってきた時代だった。いまその時代も一つの、誠に困った区切りを迎えているように感じる。

　まったく偶然だが、上述のように私は「いま」の始まりの頃のことも少しは体験している。明治、大正生まれの大先生の謦咳にもわずかだが接することができた。昭和ヒトケタ世代の農家たちの逞しい頑張りとも間近におつきあいすることができた。一般的に言えばそんなことはどうでも良い個人的な体験なのだが、しかし、私たち世代のこの偶然が、冷静に見て、一般的な文脈において少しの特別な意味を持つようにも感じている。私たちが先生方や先輩たちに従いつつ体験してきたことを、ある程度整理しながら次の世代に語り継ぐことに時代的な意味があるのかもしれないと感じるようになってきた。遅きに失したとの思いもあるが、つたない体験、不十分な著作を集めて本書を編むことにした次第である。

　私はこの50年、農学の研究教育の場で生きてきた。その居場所は中枢ではなく、いつも少し脇役でアウトサイダー的だった。私には地を這うような歩みはできなかった。いつも陣営の内部にあって、しかし斜め下側から、できるだけ現場の農家と寄り添いつつ、野の道を歩きながらこの世界を見つめてきた。良くも悪くもそれが、私にできる、私が教えられた「総合農学」の道だと考えてきた。そんな思いから書名は「野の道の農学論」とさせていただいた。副題の「総合農学」については第1章で詳論したのでそれをお読みいただきたい。

　本書は既発表の論文集なので、各章のはじめに執筆のねらいや背景などについて「はしがき」を付した。なお、注や引用参照文献等は各章節の末尾にまとめて示したが、第3章第2節については項ごとに分けて示した。不統一ではあるが、この節の記述は先行研究の検討部分が多く、それぞれの項で文献等を示した方が分かりやすいと考えたからである。また第5章では文献は文中に書き込んだ。文章の性格として文献等の注記が馴染みにくいと考えたためである。

野の道の農学論─「総合農学」を歩いて─目次

まえがき─農学徒としての50年を振り返って─ ……………………… 3

第1章　戦後農学史における「総合農学」
　　　　　─農家とともに歩む農学への模索─ ………………………… 9
第1章　はしがき ………………………………………………………… 9
　1．はじめに …………………………………………………………… 11
　2．「総合農学科」の誕生と展開 …………………………………… 12
　　(1)　「総合農学科」の概要 ……………………………………… 12
　　(2)　「総合農学科」誕生の経緯 ………………………………… 14
　　(3)　「総合農学」の展開 ………………………………………… 17
　3．「総合農学」論をめぐって ……………………………………… 26
　4．「総合農学科」の解体、廃止 …………………………………… 37
　5．戦後農学史における「総合農学」 ……………………………… 45

第2章　昭和戦後期における民間稲作農法の展開 ………………… 57
第2章　はしがき ………………………………………………………… 57
　1．はじめに─戦後農業技術史論への視点─ ……………………… 59
　2．健苗稲作の本流─寒地型の黒沢式稲作─ ……………………… 61
　3．地力増強・多毛作型暖地稲作─松田式革新米麦作法─ ……… 65
　4．微生物発酵肥料の活用─島本式稲作心土栽培─ ……………… 69
　5．民間稲作農法の特色と評価 ……………………………………… 73
　　(1)　民間稲作農法の全国的展開状況 …………………………… 73
　　(2)　育苗技術の評価をめぐって ………………………………… 77
　　(3)　肥培管理技術の評価をめぐって …………………………… 80
　　(4)　作付体系技術の評価をめぐって …………………………… 83
　　(5)　技術の普及性をめぐって …………………………………… 84
　6．むすび─喪われた民間農法の復権のために─ ………………… 86

第3章　地形や土壌の条件と土地利用の諸相 *91*
　第3章　はしがき *91*
　第1節　野菜は都市でつくるもの *94*
　第2節　地形・土壌立地と畑作農法の類型―埼玉県畑作を事例として― *96*
　　1．はじめに *96*
　　2．地形・土壌立地と畑作農法 *102*
　　　(1)　地形・土壌立地と農法類型 *102*
　　　(2)　地形・土壌立地に関する既往の農法論研究 *105*
　　　(3)　地形・土壌立地と野菜の栽培技術研究 *108*
　　3．低地畑と台地畑の畑作農法 *113*
　　　(1)　低地畑と台地畑の開発・土地利用略史 *114*
　　　(2)　低地畑と台地畑の畑作農法 *124*
　　4．むすび *135*
　第3節　低地畑地域の畑利用方式―茨城県那珂川下流域の事例― *137*
　　1．低地畑地域の畑利用方式の特徴 *137*
　　2．圲畑野菜産地の形成 *140*
　　3．圲畑野菜産地の展開と再編動向 *143*
　　　(1)　岩根地区 *144*
　　　(2)　中河内地区 *146*
　　　(3)　吉沼地区 *149*
　　4．低地畑地域の土地利用の展望 *151*
　第4節　霞ヶ浦の水源地としての谷津田の構造と保全 *154*
　　1．はじめに *154*
　　2．関東ローム層台地を主な水源とする霞ヶ浦 *155*
　　3．霞ヶ浦台地の伝統的土地利用 *156*
　　4．高度経済成長期以降の新しい土地利用 *159*
　　5．農業空洞化と耕作放棄地の広がり *161*
　　6．林野利用の変遷と実態 *163*
　　7．谷津田の存在と構造―特にその源流域に注目して― *163*
　　8．耕作放棄される谷津田の源流部 *166*

	9. 市民参加の谷津田再生＝谷津田耕作と自然共生型地域づくりの展望 ……………………………………………………………… *169*
	10. 市民参加による谷津田再生＝谷津田耕作の可能性 …………… *170*

第5節　関東地方平地林の農業的利用と都市的緑地利用の事例 ……… *172*
 1．はじめに …………………………………………………………… *172*
 2．関東地方の平地林の現況 ………………………………………… *174*
 3．平地林の利用構造の原型 ………………………………………… *177*
 4．平地利用の崩壊と新規需要の形成 ……………………………… *180*
 5．調査事例 …………………………………………………………… *187*
  (1)　茨城県筑波郡豊里町（現つくば市） ………………………… *187*
  (2)　埼玉県川越市福原地区 ………………………………………… *194*
  (3)　神奈川県横浜市 ………………………………………………… *199*
 6．むすび ……………………………………………………………… *204*

第6節　山村における農業的林野利用―岐阜県白川町黒川の事例― *209*
 1．はじめに …………………………………………………………… *209*
 2．聞き書き …………………………………………………………… *210*
  (1)　古田行雄さんの話 ……………………………………………… *210*
  (2)　藤井甲三さん　キヌさんの話 ………………………………… *214*
  (3)　西尾勝治さんの話 ……………………………………………… *217*
 3．黒川における山林利用の変遷 …………………………………… *221*
 4．まとめにかえて …………………………………………………… *226*

第4章　農村のゴミ問題と循環型社会論 ……………………………… *229*
 第4章　はしがき ……………………………………………………… *229*
 第1節　立ちどまって考えてみたい「循環型社会」論議 …………… *231*
  1．ブームとしての「循環型社会論」 ……………………………… *231*
  2．農業・農村は都市の生ゴミを必要としているのか …………… *234*
  3．都市の生ゴミリサイクル事業に農業・農村はどう対処すべきか … *237*
 第2節　有機農業と資源循環論 ……………………………………… *240*
  1．有機農業の基本理念と循環論 …………………………………… *240*
  2．分業的循環論と統合的自給論 …………………………………… *242*

3．循環論的な生ゴミ対策はまずは都市内部の取り組みとして ……… *244*
　　4．農業・農村における有機物資源の循環利用の課題 …………… *246*
　第3節　農村環境政策の基本的枠組み …………………………… *248*
　第4節　緊急特集　田舎が危ない！ ……………………………… *251*

第5章　農耕文化論 ………………………………………………… *257*
　第5章　はしがき …………………………………………………… *257*
　第1節　あえて農業を選ぶ若者たちの登場 ……………………… *260*
　第2節　地人の道を歩もうとした宮沢賢治―農業技師という側面から―
　　　　　……………………………………………………………… *265*
　　はじめに …………………………………………………………… *265*
　　農業技師としての賢治の歩み …………………………………… *266*
　　賢治の農事詩 ……………………………………………………… *271*
　　「農業労働詩」の断片から ………………………………………… *272*
　　「稲作詩」への展開 ………………………………………………… *277*
　　未完の賢治の道―宮沢賢治と有機農業― ……………………… *279*
　第3節　「農耕文化論」の落とし穴 ………………………………… *288*
　第4節　東北アジアの水田農業の歩みとこれから ……………… *294*
　　1．東北アジア稲作形成の骨格をめぐって ……………………… *294*
　　2．国際貿易資源となった東北アジア稲作 ……………………… *296*
　　3．地域自給の基礎としての東北アジア稲作 …………………… *297*
　　4．農業のバランスのとれた発展と有機農業 …………………… *298*
　第5節　平和こそ農と食の大前提 ………………………………… *301*
　付　山上憶良　貧窮問答の歌　口語訳 ………………………… *304*

あとがき ……………………………………………………………… *307*

第1章

戦後農学史における「総合農学」
―農家とともに歩む農学への模索―

第1章　はしがき

　総合農学科は戦後日本農学の出発に際して、新しい農学への模索として11の国立大学と1つの公立大学に設置された。設置のきっかけはGHQからの指導、助言にあった。学科創設に係わった教員たちは、総合農学を「農家とともに歩む農学」、「農家の幸福に資するための農学」として確立しようと努めた。それは農業の実際から遊離する傾向にあった戦前期の農学への反省に立つものだった。学科の構成は、総合農学講座、農村生活科学講座、農業工作第一講座、農業工作第二講座の4講座編成で、農村生活問題を研究教育の対象に取り上げた点は、学科設置の趣旨をよく示していた。

　しかし、文部省は学科設置からわずか10年後に「農学部の体質改善」の名のもとに総合農学科廃止の方針を打ち出し、各大学ともにこの方針を受け入れ学科は廃止されてしまった。それ以後、国立大学農学部における農学の研究教育は個別専門分野としては高度化したが、その一方で農業や農村の現場との関係が希薄となり、農業を基盤としていたはずの農学部としてのまとまりや存在理由自体があいまいになるなどの現状を招いてしまった。

　本章は著者が筑波大学を辞して鯉淵学園に転勤する際にまとめたものである。『筑波大学農林技術センター研究報告』第5号（1993年3月）に掲載された。

　著者は総合農学科が廃止された翌年（1965年）に東京教育大学農学部農学科に入学した。そこで総合農学の旗を独り守っておられた菱沼達也先生との

出会いを得て、私の農学徒としての歩みが始まった。菱沼先生の総合農学研究室には総合農学学会の事務局がおかれていた。菱沼先生は1974年3月に退職され、同研究室の助手として独り残った著者は同学会の事務局を引き続き担当することになった。東京教育大学は1978年3月に廃学となり、著者は学会事務局を背負ったまま筑波大学農林学系助手として移籍した。それから15年後に縁あって上述のように鯉淵学園に転じた（学会事務局を背負ったままで）。その意味では本章は菱沼先生の遺業を引き継いだ著者の卒業報告論文のようなものである。

　総合農学についてはすでに関係者の多くはお亡くなりになり、総合農学の名を知る人もわずかになってしまっている。しかし、それは戦後の日本農学史の一側面として記録される価値のある取り組みだった。私のこの論文は総合農学の歩みを全体としてまとめた唯一のものなので、本書の冒頭に掲げさせていただいた。

　なお本章執筆と同じ時期（1993年）に「大学農学部における農村生活研究」（日本農村生活研究会編『農村生活研究の軌跡と展望』筑波書房刊）[2] を書いている。これは主として総合農学における農村生活研究についてまとめたものである。本書には紙数の関係で収録できなかったが、できれば併せて参照いただきたい。

1．はじめに

　国立大学農林関係学部の研究・教育体制はいま、戦後3度目の大きな改変過程に遭遇している。

　第1の画期は言うまでもなく戦後の学制改革であり、旧帝大系の農学部（6大学）に加えて新制大学系28大学（公立を含む）に農学部が設置された。新制大学系農学部の中核をなしたのが旧農林専門学校系の諸大学であり、それらを含む12大学に一斉に総合農学科が新設された。総合農学科は「農家とともに歩む農学」、「農家の幸福に資するための農学」の確立を標榜するもので、新たに発足した新制大学農学部を特徴付ける重要な位置を占めていた。

　第2の画期は1960年代であり、日本経済の高度成長と農業近代化政策に対応して、国立大学農学部の「体質改善」が進められた。「体質改善」の具体的内容は、総合農学科の廃止と園芸、畜産、農業機械、農業土木、農業経営等の諸分野の拡充であった。59年から67年にかけて12大学のすべてで総合農学科は廃止された。また、この時期から新制大学系農学部にも大学院修士課程が設置されるようになった。

　第3の画期は現在（1992年）である。1975年筑波大学農林学類（生物資源生産学など4主専攻体制）の発足、79年広島大学における水畜産学部の生物生産学部への改組をさきがけとし、86年の岡山大学農学部および香川大学農学部の改組を機に、今年度（92年度）までに全国27の国立大学農学部で再編改組が実施された。当初はいわゆる「新制大学」系農学部での動きとして始まったが、今年度は北海道大学や東北大学などの「旧帝大」系の大学でも改組が実施されるに至っている。

　今回の一連の学部学科改組の特徴として、再編改組に踏み切る大学数がきわめて多いこと、各大学とも改組はほぼ学部全体に及んでおり、しかも従来の学科・講座体制の基本を変更するという大胆な内容であること、しかし改組構想の大胆さに比して改組の理念や理由付けは多くの場合貧弱かつあいまいであり、にもかかわらず学部学科の名称を「農」、「林」などから「生物生

産」、「生物資源」などへと変更する流れが次第に顕著になっていること、などの諸点を指摘できる。

　改組を進める直接的理由や要因は大学毎にそれぞれ独自のものもあろうが、それらの個別的な諸事情を越えて、今回の学部学科改組の一連の動きは日本の農林学の今後のあり方を大きく規定していくに違いない。いまただちに、その歴史的意味を十全に明らかにすることは困難だが、今回の農林学部改組の意味を考えるうえで、戦後の農学史を振り返ることは有益な作業だと思われる。本稿は、戦後日本農学史の過去2回の画期において主役的位置にありながら、現在では知る人も少なくなってしまった総合農学科の誕生と解体の顛末、およびその背景を記すことによって、上述の考察への参考に資することを目的にしている。

2．「総合農学科」の誕生と展開

(1)　「総合農学科」の概要

　まず最初に総合農学科および総合農学についてその概要を紹介しておこう。

　総合農学科は、1953年に新設された。設置大学は、帯広畜産大学、岩手大学、宇都宮大学、千葉大学、東京教育大学、新潟大学、岐阜大学、三重大学、鳥取大学、宮崎大学、鹿児島大学の国立11大学と愛媛県立松山農科大学（後の愛媛大学農学部）の公立1大学、計12大学である。学科の講座構成は「総合農学」、「農村生活科学」、「農業工作第1」、「農業工作第2」の4講座体制を基本としていた。それぞれの講座の担当内容は**第1表**のとおりである。入学定員はおおむね30名であった。

　学科設置の目的は、農業高校の教員、農業改良普及員、農業自営者、農村指導者などの人材養成と「農家の幸福に資するための農学」の確立におかれていた。「総合農学科設置要項」[1]（文部省大学学術局技術教育課1952年9月）の冒頭には「総合農学科設置の目標」なる一文がある。総合農学科と総合農学の初心がよく示されているので次に掲げておこう。

第1章　戦後農学史における「総合農学」　　*13*

第1表　総合農学科の講座別担当内容

総合農学講座
　農家経済の発達を図るために農家そのものの働きを達観的に検討攻究を加えると共に、農業科学を総合的に活用し以て農業生産力の増進と農家生活の反映に資するものとする。
農村生活科学講座
　農業生産と不離の関係にある農家生活の実態を分析し、衣食住並に環境衛生に関する生活様式の農村に適する是正方向とこれに関する農村社会生活の改善方途について究明せんとするものである。
農業工作学第一講座
　農業工作法、農機具、並に農業電気等の工学技術を農業上に利用する方途について研究し、以て農業生産を増進し農業労働の生産性を高め、且つ過重なる農家労働の軽減を図り農家経営の改善に資するものとする。
農業工作第二講座
　農業建築、農村施設、農村計画並に農地保全管理のありかたについて研究し併せて共同の力による農業生産の増進と農村生活の向上を図り農家の繁栄に資するものとする。

出典：文部省大学学術局技術教育課「総合農学学科設置要項」1952年9月。

[総合農学科設置の目標]

　本邦農業教育は、既に80年に近い沿革を有するのであって、この間に農学は特殊な型において著しい進歩を遂げ、そのある部分は世界的水準に達したのであるが、その研究は物を対象とする個別的分析方法によっているために、その方向にのみ甚だしく分化し、今やその研究結果を直ちに農家活動に応用し難くなってきた。これは農学研究の進歩上、止むを得ないことであったとは認めるが、しかし農業者たらんとする者に対する教育においても、この分化せられた型の農学を教授する弊を来しているため、農業教育がしばしば農業発達の実際と乖離する憂うべき実状を見るに至った。しかも、我が農家経済は農業と生活とが、不離一体をなす特殊性を持っているので、農家経済の向上は単に上記範疇の農学の進歩によっては到底達成できない。よって農家そのものを基点とし、その耕土を離れない新しい型の農学を研究する必要がある。此の点において従来の農学研究とその教育とに大なる欠陥を認めるのである。

　いうまでもなく、農学の研究と教育のねらいは、まず農業者の幸福な生活

の上に置くべきであるが故に、今後、農学の研究と教育には、右に述べた積弊と欠陥とを改め、これに農家の幸福な生活を目的とする研究方法も附加せらるべきである。即ち、従来の農学を全く異なる方向から達観的に検討すると共に農家生活の実態に即して研究せらるべきである。この新しい研究分野に対して総合農学科の設置が必要である。

更に農業高等学校課程の「総合農業」は概ね右の如き新しい型の農学を教授するねらいを持つものであるから、その担任教員を養成するためにも、総合農学科の設置を緊要とする。要するに総合農学科設置の目標は、既成型の農学を総合的に活用すると共に、農そのものに即する新しい農学研究の分野を開拓し、之を農業教育に反映して以て農家の幸福な生活に資せんとするものである。

総合農学科の正式発足に先だって、1951年10月に総合農学に関する学術研究団体として総合農学研究会（後の総合農学学会）が発足した。事務局は文部省内におかれ、会員は大学関係、農業高校関係、教育委員会関係などに広範囲にわたっていた。発足時の会員数は292名（52年3月）であったが、55年3月には728名へと急増している。

関連する動きとして、高等学校農業科では1949年度から「総合農業」が36単位という大きな科目として導入されている。また、東北大学農学部には1949年に「生活科学科」が設置されている。当時、相互の連絡はほとんどなかったようだが、生活科学科の発足経緯や設置目的は総合農学科と類似する点が多かった[2]。これら大学農学部における総合農学科、生活科学科の設置、農業高校における科目「総合農業」の導入などは、いずれもGHQからの指導助言にもとづくものであった。「総合農学」、「総合農業」は、農学研究、農業教育分野の戦後改革において重要な位置を占めていたのである。

(2) 「総合農学科」誕生の経緯

総合農学科は全国12大学で一斉に発足したという事実に端的に示されるよ

うに、形の上では上から国策として設置されたものである。しかし、発足準備の過程では文部省が関与することは少なく、GHQの民間情報教育局（CIE）と大学関係者との協議が重要な役割を果たしたとされている[3]。たとえば先に引用した「総合農学科設置要項」も文部省担当官によるものではなく、三重大学農学部長（当時）の中野清作が起草したものだった[4]。

高等学校農業科における科目「総合農業」の導入および大学農学部における総合農学科設置のきっかけをつくったのは、CIEの職業教育担当官のI. ネルソン（Ivan Nelson 1948～49年在任）であった。「総合農業」の導入に関しては構想の作成から実施計画にいたるまでネルソン自身が直接関与したようであるが[5]、総合農学科設置におけるネルソンの役割は、初期における発案と助言に止まり、構想や実施計画の作成などは主として旧農林専門学校系農学部の学部長らが担当した。

総合農学科設置への動きは、1948年11月に開催された農林専門学校長の最後の会議におけるネルソン提言から始まったとされている。その会議に出席していた三浦虎六（鹿児島農林専門学校長、鹿児島大学農学部長）によれば、ネルソンは実践から遊離し細分化された抽象的な学理の教授に終始していた日本の農業教育の欠陥を指摘したうえで、「実践と総合との二つの重要な概念を有つ『総合農業』という科目を高等学校の農業科の課程に設定したから、此の課程担当の教員養成を大学農学部で行ってほしい」と要請したとのことである[6]。

ネルソンのこの要請をうけて、その後、旧農林専門学校系の新制大学農学部長らが中心となって総合農学科の構想が練られるのだが、その作業の場となったのがIFEL（Institute For Education Leadership　教育指導者講習）であった。IFELは文部省主催、CIE賛助という形をとっていたが、内容的リーダーシップはCIEにあった。当時文部省大学学術局技術教育課にいた中田正明によればIFELはCIEによる教育指導者の「洗脳」の場であり、文部省は内容的関与ができない状況にあったという[3]。IFELの場で総合農学科創設に関しての検討がなされたのは、1950年1月開催の第4期IFEL、同年

9月〜12月開催の第5期IFEL、51年1月〜3月開催の第6期IFELの農業教育部会であった（会場はいずれも東京教育大学農学部）。

第4期IFELの農業教育部会は、新たに発足した新制大学農学部の幹部教授協議会という形をとっており、そこでネルソンのアドバイスをうけながら総合農学科の4講座体制の骨格が固められた。

第5期IFEL、第6期IFELでは各論についての具体案が検討された。

第5期は「農業工作」の内容について研究協議され、Farm Mechanicsの日本語訳としては「農業工作」ではなく「営農工学」が適当だとしたうえで、それについてのカリキュラムの詳細が作成されている。第6期は高等学校農業科の「総合農業」の実施状況を検討する部会と大学農学部に設置する総合農学科についての部会に分かれ、後者では総合農学科の中心をなす総合農学の内容検討が行われた[7) 8) 9) 10)]。第5期、第6期農業教育部会のCIE側担当官はネルソンの後任のカルバートソン（R. E. Culbertson）、日本側部会ディレクターは第5期が和田保（東京教育大学農学部）、内藤利貞（東京教育大学農学部）、第6期が井上頼数（東京教育大学農学部）、大沢紀和であった。

第6期IFEL終了後、文部省は総合農学科の設置を予定している大学の学部長クラスの代表団（団長宮脇冨帯広畜産大学学長）をアメリカのミネソタ大学ピーターソン教授（農業教育学）のもとに派遣し、アメリカにおける農学の研究教育の実情等について3ケ月にわたって研修させている（51年5〜8月）。外貨の乏しいこの時期としては異例の措置であった。

1951年10月には大学農学部、高等学校、教育委員会、文部省などの関係者によって総合農学研究会が設立されている。さきに述べたように研究会事務局は文部省内におかれ、大学学術局長稲田清助、初等教育局長辻田力らが名誉会員に推挙された。また、会長には東大名誉教授、鳥取大学学長の佐々木喬が迎えられている。佐々木は東大農学部作物学講座教授を20年間にわたってつとめ、1947年からは日本作物学会会長の任にあり、日本農学アカデミズムのいわば頂点に位置する一人であった。これも当時の総合農学をめぐる社会状況を象徴する動きである。

こうした準備過程と並行して、まず1951年度に各大学の農学科等に総合農学専攻（後の総合農学科総合農学講座）が設置される。これは主として高等学校農業科総合農業担当教員の養成を目的としたものだった。つづいて翌52年には農業工作第一専攻が設置され、さらに53年に農村生活科学と農業工作第二の2講座が設けられ、これらを合わせて総合農学科の正式発足となった。

なお、GHQでは当初、大学における総合農学科、高等学校農業科における「総合農業」などは、農業改良普及事業の導入と一体のものとして意図されていた。すなわちGHQは、大学は農業改良普及事業に人材を提供するに止まらず、改良普及事業自体を大学農学部が統括するというアメリカ式制度の導入を構想していたのである。しかし、こうした構想は農林省サイドから強い難色が示され、結局、日本の農業改良普及事業は大学農学部と直接関係することのない農林行政内部の事業（農業改良助長法）として1948年に発足した[11]。

そのため総合農学科の設立目的には普及事業との関係は明記されず、総合農学研究会にも農林省関係者の参加はきわめて少なかった。藤田康樹は、普及事業の事業主体が教育機関（大学農学部）ではなく行政機関になったことによって、普及事業の内容、方法が上意下達の指導奨励タイプに陥りやすくなったとしている[12]。

(3) 「総合農学」の展開

次に、学科発足後の総合農学の展開について、各大学総合農学科の取り組みを全国的に統括していた総合農学研究会の動きを中心に見ておこう。総合農学研究会は、その後、学会となるのだが、設立当時は学会的機能とともに、導入間もない高等学校農業科の「総合農業」の運営や発足しつつあった大学農学部の総合農学科の内容作りなどについて全国的に協議検討する機関としての役割も果たしていた。

第1の学会的機能としては、年1回の学術研究発表会の開催と学術雑誌『総合農学』（年3回発行、1号60ページ程度）の刊行がすすめられた。『総合農

学』誌の主要テーマは総合農学とは何か、総合農学らしい研究への模索などに集中していた。この点については後述したい。

　第2の「総合農業」との関係では、総合農学研究会本部主催の地方研究会が精力的に開催された。1951年には2回、52年に10回、53年4回、54年5回という開催頻度であった。ここには各地の教育委員会や農業高校関係者が多く集い、「総合農業」の教授上の問題点、ホームプロジェクトや学校農業クラブの運営問題などが熱心に討議された。地方毎の大学農学部関係者と高校教育関係者の連絡、交流という意味でも役割は大きかった。こうした全国的な取り組みと呼応して、北海道では1953年に北海道地区総合農学研究会（会長宮脇冨帯広畜産大学学長）が発足している[13]。

　ここで「総合農業」の概要を簡単に紹介しておこう。

　戦後発足した新制高校農業科の教育体系は、CIEのネルソンが提唱した「総合農業」、「ホームプロジェクト」、「学校農業クラブ」の3つに特徴づけられていた。「総合農業」は各学年12単位、計36単位を履修させることが望ましいとされ、内6単位はホームプロジェクトによることができるとされていた[14]。

　「総合農業」発足後2年目に開催された第6期IFEL農業教育部会の『研究集録』では、従来の農業教育への反省と「総合農業」のねらいなどについて次のように述べている[15]。

［従来の農業教育の反省］
(1) 学問的条列による書物中心の画一教育
(2) 教師を中心とした生産主義の実習
(3) 偏狭と独善主義の教育（職業教育のセクト性—引用者注）
(4) 地域社会と遊離した教育

［総合農業の採用］
　農家では今年は稲作、来年は畜産、第三年目は加工だけをやるということはない。従って将来農業自営者の養成を第一の目標としている農業教育にお

いては、当然総合的に農業の知識や技術等が学習されなければならない。この立場は各教科の障壁をなくして総合的に農業を学習しようとするものであるから、Core Curriculumの考え方と一脈通ずるものがあり、何が中核となるかは、土地の事情によって決まるわけである。この総合農業の学習効果をあげるためには、その内容をなすホームプロジェクトや学校農業クラブ活動、農業工作等がうまく運営されることが必要である。

[総合農業の性格]
(1) 総合農業は、その土地の将来のよい自営者になるために必要な農業に関する教育内容を一つの体系にまとめて学習するものである。
(2) 総合農業の教育内容は地域社会の必要や生徒の必要によって特色を持つ。したがって総合農業はその強調せらる部分の違いによって、それぞれ農業、園芸、畜産、農林などのような特色を持つことができる。
(3) 総合農業の学習においては、教師の指導の下に生徒自らが行うホームプロジェクトが学習の大きな源動力となる。
(4) 総合農業の学習は学校農業クラブ活動によって円滑に進められる。
(5) 総合農業は自営者となる者の学習に適するばかりでなく初級の技術者になるものにも適する。

[総合農業の目標]
(1) 自分の家および郷土の自然的、社会的、経済的環境と農業生産、農業経営との関係を理解する。
(2) 環境に応じて自ら農業を計画し、実行する能力を養う。
(3) よい農産物を能率的に生産する技術的能力を養う。
(4) 農産物を正しくしかも有利に販売する能力を養う。
(5) 土地および労働の生産性の高い農業を経営する能力を養う。
(6) 土地およびその他の天然資源を保持し、進んで一層よい環境をつくる能力を養う。
(7) 農業経営の有利な社会的、経済的環境を維持し、進んで一層よい環境をつくる能力を養う。

(8) 自分の家および郷土の農業の実態を理解し、進んでこれを改良しようとする態度を養う。
(9) 農業の個人的、社会的意義を自覚し、これに打ち込む態度を養う。
(10) 農村および農村生活に喜びや楽しみを感じ、作物、家畜を愛育する態度を養う。

　このように、「総合農業」構想は農業教育の体系としてよく整理されたものであったが、実際の運営場面では、さまざまな混乱や問題も生じていた。たとえば、構想が総合的かつ体系的であるが故に高い教授能力を要するが、現実の教員の能力がそこまで達していないという問題、授業内容が散漫になってしまうという問題、従来型の座学的教授法への郷愁、等々である。このような混乱や困難を前向きに解決しようとする努力も続けられたが、全体としては十分な成果が得られぬまま、数年後には、「総合農業」方式を実質的に放棄し、個別教科中心の教育方式へと転換する動きが広がっていった。
　「総合農業」は、1949年の学習指導要領高等学校農業科編（暫定試案）以降、筆頭科目とされてきたが、1960年改訂で一般科目の一つという位置に変わり、78年改訂では新たに「農業基礎」が筆頭科目として新設される一方、「総合農業」は科目表では末尾科目となり、89年改訂で最終的に姿を消した。
　このような高等学校農業科における「総合農業」の後退は、大学における総合農学のあり方にも、当然、影響を及ぼすことになった。
　さて、議論をもとに戻して、初期の総合農学研究会が果たした第3の機能である総合農学科の内容つくりの件に移ろう。
　総合農学科の内容つくりの中心課題はカリキュラム体系の確立と主要科目授業項目の編成であった。この作業は、まずIFELの場（第5、6期農業教育部会）で行われたが、総合農学科発足後は、文部省主催の「総合農学授業担当者研究集会」（開催地は各大学持ち回り）の場で各大学の取り組み状況が交流され、全国的な調整が図られた。大学教育関係で、こうした研究集会を文部省が継続的に主催するというのは異例のことと思われるが、こうした

第2表　総合農学科の講座別主要授業科目

講座名	講座内容
総合農学講座	総合農学総論。総合農学各論。総合農学実験実習及演習。
農村生活科学講座	農村生活科学論。農家食生活論。農家環境衛生論。農村衣料論。実験実習。
農業工作学第一講座	農業工作学総論。農業工作法。農機具利用論。農業電気論。実験実習。
農業工作学第二講座	農業建築学。農村施設学。農村計画。農地保全管理。実験実習。

出典：文部省大学学術局技術教育課「総合農学科設置要項」1952年9月。

ところにも文部省担当課（大学学術局技術教育課）が当時の総合農学科に寄せていた期待の程を垣間みることができる。

　この研究集会は1953年に2回、以後毎年1回ずつ開催され、56年の第5回集会からは、名称を文部省主催「農学教育研究集会」と改め、59年の第8回以降は、総合農学研究会主催「総合農学教育研究集会」として64年第13回集会（開催地：鳥取大学農学部）まで続けられた。

　さて、このような場で検討工夫されてきた総合農学科の教育体系の骨格であるが、「総合農学科設置要項」では講座別の代表的授業科目を**第2表**のように定めていた[1]。

　授業科目の内容については、第6期IFELで「総合農学総論」と「総合農学各論」の授業要項案がまとめられ、以後の検討はこれを軸に進められた。つぎにその要点を掲げておく[16) 17)]。

［総合農学総論］

　農業の研究は従来専門的に細かく分化し、ややもすれば相互間の関連から見失われ、実際の農業に適用し難いうらみがあった。専門的研究は勿論必要である。しかし、実際への適用を目標として孤立的に分化した各部分を再び統一的に編成することもまた必要である。細かく分化した各部門を統合しこれに生命を与えるのが総合農業である。

　従って、総合農学は農学の各部門を単に機械的に寄せ集めたものではない。それは農学各部門の有機的関連を明らかにすることによって新しい分野（中

間領域）を開拓し、分岐孤立した各部門を総合統一する。
　分化した専門分野に於ては、農業ではなく農業の一部分のみが研究の対象となる。これに反し総合農学は常に、農業の部分ではなく生きている農業そのものを研究の対象とする。
　第1節　農業及農業者
　第2節　技術と経営
　第3節　農業の実態と農業立地
　第4節　土地利用の合理化
　第5節　農業労働の能率増進
　第6節　農業資本の合理的利用
　第7節　耕種、畜産、加工の有機的結合
　第8節　災害と保護
　第9節　生産物の処理
　第10節　農業の経営と運営
　第11節　農業の協同化
　第12節　国家と農業

［総合農学各論］
　第1節　水田作を中心とする経営
　　ⅰ　水田作の特質
　　　(1)　自然環境上の特質
　　　(2)　社会・経済上の特質
　　　(3)　経営及び技術上の特質
　　ⅱ　栽培技術
　　　(1)　作付形態
　　　(2)　稲の生理
　　　(3)　品種の選択
　　　(4)　普通栽培

　　　　(5) 特殊栽培
　　　　(6) 災害と保護
　　　　(7) 地力維持、改良
　　　iii　他部門との関係
　　　　(1) 自給
　　　　(2) 生産物利用
　　　　(3) 労働配分
　　　　(4) 土地利用
　　　　(5) 資本利用
　　　　(6) 現金収入
　　　　(7) 経営の安定
　　　iv　生産物の処理
　　　　(1) 販売
　　　　(2) 自家利用
　　　　(3) 加工
　　　　(4) 貯蔵
　　　v　成果の考察と経営計画
　　　　(1) 成果の考察
　　　　(2) 経営の改善と計画
　　第2節　畑作を中心とする経営
　　第3節　園芸を中心とする経営
　　第4節　畜産
（第2、3節の内部は第1節に準じて構成され、第4節は専業的畜産がまだ一般的には成立していないという時代背景もあって、経営における畜産の意義という視点から節が構成されていた。）

1955年、新潟大学農学部で開催された「文部省主催第4回総合農学授業担当者研究集会」では、「総合農学各論」に関して農業の地域性の問題をより

重視すべきだとの考えから、「各論」を2部構成とし、「第1篇は農業が成立している地理的区分を中心にし、第2篇は農業生産の種類により区分する」として、つぎのような改善案がまとめられた[18]。

[総合農学各論]（1955年改訂案）
　第1篇
　　第1章　平坦地農業
　　第2章　山間地農業
　　第3章　沿岸農業（砂丘地、浦潟地）
　　第4章　急傾斜地農業
　　第5章　高冷地農業
　　第6章　島しょ農業
　　第7章　近郊農業
　　第8章　遠郊農業
　第2篇
　　第1章　水稲作主体農業
　　第2章　畑作物主体農業
　　第3章　主畜農業
　　第4章　蔬菜主体農業
　　第5章　果樹主体農業
　　第6章　花卉主体農業
　　第7章　工芸作物主体農業
　　第8章　養蚕主体農業
　　第9章　兼業農業

　このような授業要項を主軸とする総合農学科の教育体系の実施上の留意点について、第6期IFELの報告書にはつぎのように記している[19]。
(1) 総合農学は農業への実際的知識、技能およびそれへの必須な基礎理論を

広範囲に亘って教授するものであるから、その選択内容はとくに厳選し、かつ実社会において容易に修得しうる事項はできるだけ省略すること、かくして節約された時間を重点に集中し、その理解、習熟の緊要度に応じて、時間配当を適当ならしめることが肝要である。

(2) 農学各分野間の遊離は、総合農学体系の構成、およびその教育実施にあたっては、もっとも避けねばならぬ。即ち各部門の総合された知識技能を授けるためには、総合農学科の教官構成は、おのおの異なる専門を有する人をもってし、かつ他教科目教官との密接な連繋のもとに授業を実施すること。

(3) 経済的顧慮を失した生産至上主義の観点からのみする技術教育、もしくは実際的立場をかえりみない空論をもってする経営教育等の弊害を排し、農家経営の実態、ならびにその向上に考慮をはらって経営と技術との真に統一融合された教育をほどこすこと。

(4) また農業生産そのもののみの究明、教授にとどまらず、農村生活の改善等、農村文化の向上に資すべき事項の採択をも、同じく重視し、教育すること。

(5) かくて、農業の全般に一応通暁しえた学生に対しては、その性向、就職等を考慮して、それぞれ個人的指導を行い、その特技たらしめるに足る何らかの主題を選択せしめて、その分野におけるかなり高度な学的知識、技能を修得せしめる。

此の際、その学生の専門的研究対象は、かならず実際面に密接に関連ある題材を採択させるべきである。

(6) 教授にあたり対象の季節的特性を考慮して実施計画、時間割編成等にあたること。

(7) 教授にあたり、一般論に偏することなく、地域社会の特性およびその要請にも考慮をはらうことが望ましい。

(8) 指導にあたり、人格の陶冶にとくに留意し、農業及び農村への興味、理解、愛着、即ち愛農心を養成するように努め、同時に指導性の育成につ

き深く考慮をはらうべきである。

　大要以上のような総合農学科の教育体系は、今日の大学農学部の一般的な教育体系とは著しく異なっている。今日の農学部教育においては分化された専門教育が主眼とされているが、総合農学科の教育体系は、現場における農業指導者や自営農業者の養成のための実践教育という色彩が濃い。今日の視点からすれば、専門教育体系としては網羅的に過ぎ、そのため内容はかえって平板で通俗的に流れるきらいがある、大学教育の基本的特質である専門研究との結合という点への配慮が弱い等々の問題点も指摘することができる。しかし併せて、日本農学の戦後の再出発にあたって新しい農学教育体系を打ち立てようとしていた当時の総合農学関係者の熱意、農家の幸福のために総合的実践力を有する人材を養成しようとする熱意もそこに読みとるべきだろう。

3．「総合農学」論をめぐって

　総合農学科の創設推進者の一人である三重大学農学部の中野清作は学科発足当時の総合農学の実状について「例えば、食器をまずならべて、然る後に如何なるご馳走を盛るべきかと考えるような本末顛倒のうらみがある」と述べている[4]。この記述のとおり総合農学科は制度の構築が先行し内容つくりが後から進むというやや転倒した状況のもとでスタートを切った。

　総合農学という用語は学科創設の過程でつくられたもので、多義的な解釈を生みやすい言葉であり、しかもその英語名が日本には実体のないVocational Agricultureであったこともあって、論者それぞれの総合農学論が多様に展開された。

　しかし、こうした状況は総合農学の発足に学問的必然性が欠けていたとか、総合農学関係者が総合農学の学的内容つくりをおざなりにしていたということを意味する訳ではない。むしろ当時は、学的必然性の視点から総合農学の発足を歓迎するという空気も強かったようである。それは例えば、総合農学

研究会会長に佐々木喬（作物学・東大名誉教授）、名誉会員に佐藤寛治（農業経営学・東大名誉教授・東京農大学長）が就任し、京都大学農学部に農学原論講座が新設され（担当教授柏祐賢）[20]、農林省農業改良局長を兼任していた東大教授の磯辺秀俊（農業経営学）も総合農学のブレーン的役割を果たしていたといった点にも示されていた。

　さて、さまざまな総合農学論のなかで、初期にもっとも素朴な論として呈示されたのは、総合農学は農業高校の総合農業の内容つくりと教員養成をねらいとするものだ、という主張だった。この議論はそのままでは学問論とはなり得ないことは自明だが、総合農学科創設に尽力された有力メンバーの間ではもっとも普通の見解だった。たとえば総合農学研究会の機関誌『総合農学』創刊号に掲載された武田憲治（千葉大学園芸学部）[21]、三浦虎六（鹿児島大学農学部）[6]、野尻重雄（東京教育大学農学部）[22]、井上頼数（東京教育大学農学部）[23] らの議論は、そのように読み取れる。文部省などでもこうした理解が常識的な線だったのだろう。

　その後の総合農学論は、こうした素朴な議論から脱して総合農学の学問的独自性を探るという形で展開された。

　まず第1の主張は、現実の農業は技術と経営の統一として存在しているのだから技術学には経営的視点が必要であり、栽培・飼育、営農工学、生活科学など広範囲にわたる総合農学を統合するのは農業経営学ではないかとする考え方であった。武田憲治氏、野尻重雄氏らも上述の素朴な総合農学論だけでなく総合農学＝農業経営学論という主張もされていた。また、中田正明、島田喜知治の両氏は、磯辺秀俊氏もまた同様の主張をしていたと証言している[3)5)(注)]。

　もっともこの場合の「農業経営学」は経営の資金管理等に力点をおいた従来の経営学ではなく、技術学により接近した経営学として構想されていた。

　総合農学が生れた時代は、技術革新の時代であり、農業の新しい動向にはほぼ必ず技術革新が伴われていた。したがって農業動向に関する社会科学的研究においても、生産力構造の問題を具体的技術のレベルで論じることが求

められており、梶井功[24)]、加用信文[25)]、神谷慶治ら[26)]の優れた研究業績がつぎつぎと発表されていた。こうした動きをうけて総合農学の内部でも、より実践的な視点から、技術革新の経営的役割に注目する研究が取り組まれ、たとえば千葉大学の中島忠重らのグループ（総合農学講座）は「経営技術」という独自の概念を提出して、園芸経営展開ダイナミズムを解明しようとした[27)]。

（注）農業経営経済学の構築を主張する相川哲夫は、その立場から磯辺らの農業経営学が「総合農学的」傾向を帯びていたことを批判している。相川は「総合農学的」傾向を社会科学からの逸脱として否定的にとらえているのだが、相川が総合農学をどのように理解し、具体的にそのどこを批判しているのかは示されていない。経営と技術をめぐる相川のせっかくの議論も、総合農学に関しては単なる悪罵の投げつけに終わっている[28)]。

第2の主張は総合農学＝境界領域科学論とも言うべきものである。代表的論者は柏祐賢であった[29) 30)]。柏は、これまで発達してきた農学の諸分科学を統合し総括するような学として総合農学が成立し得るか否かについての判断を留保した上で、現実に展開されている総合農学は諸分科学の間をうめる中間領域的科学であると位置づけている。柏によれば、専門分科学の発達は必然的に分科学間の溝を深くし、その溝を埋める中間領域科学が求められるようになり、その中間領域分科学は両極の知識の総合の上に成り立つ科学であるから総合性を持つことになる、とされる。具体的には総合農学科の総合農学講座は「農業土地利用学」、農業工作第1講座は「農業労働科学」、農業工作第2講座は「農業資本設備計画学」、農村生活科学講座は「農民生活科学」などの中間領域を分担し、全体として総合農学は農業生産と農民生活に関する行動科学であるとしている。柏のこの提言は、愛媛大学の総合農学科の実際に即して展開されたもので、同大学では総合農学科の講座名も柏の提言に沿って改称した。

柏のこのような主張は、当時の日本農学の実態を踏まえた現実的なものだった。それは例えば、日本農作業学会、農業施設学会、農村建築研究会、農

村計画学会、日本農村生活研究会など、かつて総合農学科がその担当領域としていた分野に、その後それぞれ独立の専門学会が設立されるに至っているところにも示されていた。

なお、柏が呈示した農学の体系はつぎのようであった。
（1）農学原論
（2）農学
　1）価値配慮的農学
　①農業生産の歴史的、社会的位置に関する学
　②農業生産の企画、設営にかかわる行動に関する学
　③農業生産の経理・経営にかかわる行動に関する学
　④農業生産の行動主体の条件改善をめざす行動に関する学
　2）手段操作的農学
　①農業生産の自然的環境に関する部門
　②農業生産の理化学的手段に関する学
　③農業生産対象の培養に直接かかわる学
　④農業生産結果物の利用に関する学

　第3は、総合農学は農家のための農学だとする見解である。このことをもっとも強く主張したのは佐々木喬であった。佐々木の見解は氏が総合農学研究会会長を長く務めていたこともあって、研究会公認の見解のような役割を果たし、また支持者も多かったのでやや詳しく紹介することにしたい。

　佐々木は『総合農学』誌の創刊号に「創刊の辞」を寄せ、次のように述べている[31]。

「農業は農家の手によって行われるのであるから、それは寸時も農家から放されることはできない道理である。農学についてもまた大体そうもいえよう。しかるに、わが国の農学の中には農家、特にわが国の農家には殆ど無関心であるかのような外観と内容をもつ部分が相当に存在する。しかしたとえ農家から浮き上がっていても奇想が天外から降ってきて地上を益すること

は皆無ではなかろうから、そのような農学の存在も無意義とは断じ得られまい。しかしこのような農学がわが国の農学の全部であるかのようなことでは、農業の健全な発達のためには決して好ましい状態ではない。また農業—農学が農家の手にある間は常に総合された姿で動いているのであるが、現下のわが国の農学は作物学とか園芸学とか畜産学とか農業経済学とか数多の分科にきれいに専門化し、それ等の分科はそれ自体の一つの科学としての行路を勇敢に前進し、その中の或るものは已に世界の水準にまで達しているが、他面、現実のわが六百有余万戸農家との結縁は将に切れかかっていたり或は已に切れてしまっているのではないかのような外観さえも見せているような場合も存在する。そこでわれわれは己存の農学はそれとして尊重するに吝かではないと同時に四六時中、農家と共にあって、農家の要請によって生まれ、農家の要請に答える農学、換言すれば（1）全く地についた（2）ばらばらでない農学がほしいのである。総合農学はかくして生まれたのである。」

「わが国の農学の中に上記総合農学のような意義と内容をもつ一学科が要請されることは決して斬新な立説でもなく、また外国からの直輸入でもなくまた一夜作りの附焼刃的の企画でもない。古くは尊徳翁の教え近くは明治年間から大正を通じ昭和に亘ってわが農学界に流れていた伏流であったのであるが、それが昨年偶々機縁を得て表流になつたまでのものである。」

佐々木のこうした主張が上述の第1、第2の主張と異なるところは、総合農学をあくまでも技術学として捉えていることと、農家の現実から遊離した既存農学への反省を基調としていることの2点である。

技術学としての総合農学に期待される研究課題として、佐々木はつぎのような例をあげている[32)]。
・農作業の労働科学的研究（農作業の作業姿勢や作業手順の意味の解明など）
・農業生産活動の総合的連関に関する研究（生産諸部門の技術的連関、生産と生活の連関など）
・農家の生活行動（生産を含む）の準則についての研究（1日の生活時間の技術的、生活的背景、年間の生活行動の季節的変動の解明など）

・農家の生産や生活に係わって見落とされている事柄の技術的研究（農作業時に農民を悩ますブヨの研究など）

　こうした研究課題例からすると、佐々木が意図した技術学としての総合農学とは分科科学の総合といったものではなく、農家の生産と生活の実態に密着した総合的視点からの技術研究というものであったようだ。佐々木がそこで「総合的」と言った具体的意味は生産の研究の場面では農家の生活の側面を忘れず（「農家をはなれずに作物を見る…」）、生活の研究においては営農との関連を念頭におくなどのことだった。また、佐々木は農家の視点に立った技術アセスメント機能を総合農学に期待すると述べたこともあった[33]。

　佐々木のこうした議論は次第に、総合農学は農家を対象とする農家の学であるとの見解に純化していった[34)35)17]。時代は少し下がるが1963年に、日本学術会議第6部は「農学の研究と教育の将来計画」を作成した[36]。これは科学技術会議がその1号答申（1960年）で、農学分野は人材過剰が予想されるので規模を縮小すべし、としたことへの反論を契機にまとめられたものである。その取りまとめ過程で、学術会議第6部農学の将来計画小委員会が農学の範囲を「(a) 生物の生産、(b) 生物および生物生産物の利用・加工、(c) 生物の直接的利用、(d) 以上に関する経済」として、各学会に意見を求めたことがあった。

　これに対して総合農学研究会は、農業を担う主体である農家についての認識を欠いた議論だと反発し、「農家とその活動を研究対象とする農学分野すなわち総合農学」をそこに加えるべきだとの意見書を提出している[37]。その際呈示された総合農学の体系は次のようであり、その筆頭に「農家論」が挙げられていた。

　さて、佐々木の総合農学論において第2の強調点となっていた「既存農学への反省」の問題に移ろう。

　佐々木は次のようにも述べている[32]。

　「一体日本の農学は、日本の農家から出発しないで、独乙の農家から出発している。日本の農家に則したものになっていない。作物学のための作物学

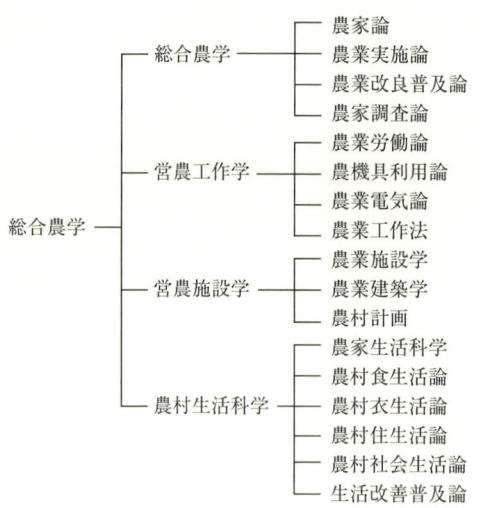

を、畜産学のための畜産学をしている。いわんや惨めな日本農家に直結したものでなくてもよいことになる。天空にある虹のような如何にも美しい農学は自分のものではない。天空の黄金の牛は、自分の牛舎の牛ではない。虹も大切であって虹の中から時々甘露がおりてくる。」

ここで佐々木が述べようとしている要点は、ドイツ農学の方法論の再検討、輸入農学ではない地についた農学の形成、農家の実情に直結した農学の形成、既存の分科農学と総合農学の並立の4つである。

第1の方法論の問題については、残念ながら佐々木だけではなくその他の人々からも具体的な追究はされなかった。わずかに佐々木が、総合農学にはプラグマティズムの長所があると述べた程度のところであった[38]。

第2、第3の点については、佐々木以外のさまざまな人からの言及があった。たとえば第5期IFEL農業教育部会のディレクターを務めた和田保（東京教育大学農学部）は総合農業、営農工学の出発について次のように述べている[39]。

「私は之を（総合農業の発足—引用者注）日本の農地改革と表裏一体をなす、日本の民主化の有終の美を遂げるためにまことに重大な変革であると思う。

（中略）半封建的な高率地代に苦しめられてきた多くの農民は今や自由な自作農となる途が開かれた。然し之等の人々が直面する切実な問題は、如何にして其の労働の生産性を高めるかということである。（中略）これを引き上げること、之が農地改革の有終の美をなさしめることであり、実に農業教育に於て総合農業―営農工学という学課課程が創設された所以である。総合農業は農民のための農学である。（中略）明治初年以来進歩してきた農学は、科学の本質に従って分化してきた。一面それは実際農民を置き去りにして来た傾向がないでもない。（中略）吾々は夢を追ふ。夢を追ひつつ営農工学の教育のために微力をつくし度いと思ふ。」

また、西田五郎（三重大学農学部）は、総合農学とはと自問して「現在の日本農業は如何にすればやって行けるか、五反農家を救済するにはどうすべきか、を見付け出す者の学問であると極言してもよいかと思う」と述べている[40]。

これらの発言に共通しているのは、「既存農学への反省」が農地改革などいわゆる戦後民主化の下での農学の再出発と結びつけて認識されている点である。当時の時代の空気をよく伝えている。

旧農林専門学校における農学は、旧帝大農学部や農林省農事試験場における官房学的農学と比して、実学的傾向が強かった。「既存農学への反省」という総合農学にかけた思いは、とくに旧農林専門学校系の人々にとっては、官房学的農学に対抗しつつ形成された旧農専の実学的伝統が成長開花することへの夢ともつながっていたものと推察される。

ここで関連して、総合農学の英語名がVocational Agriculture（以下VAと略）であったことの意味について述べておこう。総合農学という言葉の日本語としての意味や、これまで述べてきた総合農学についての当時の認識からすると、VAという英語名はかなり馴染みにくいものである。これがたとえば、General Agriculture（Agronomy）あるいはIntegrated Agriculture（Agronomy）などであったならはるかに理解しやすかっただろう。しかし、事の経過はGHQが日本農学の官房学的体制を批判して導入を指示したVAを、

日本側が総合農学と和訳（意訳）したというものであり、VAをその他の言葉に変えるというような問題ではなかった。

　日本にはVAなるものは存在していなかったので、総合農学関係者はまずアメリカにおけるVAとはどのようなものかを知ることから始めなければならなかった。1951年の関係大学代表者によるミネソタ大学留学はそのためのものだった。彼らがアメリカに渡って学んだことは、狭い意味でのVA自体というよりも、より広くアメリカにおける農学の研究教育体制とそれを支える考え方についてであった。

　アメリカの農学研究教育体制は、技術官僚養成を主なねらいとして形成されてきた日本の体制とは根本から異なっていた。アメリカにおける農学の研究教育普及は主に州立農科大学によって担われている。州立農科大学は研究と学生教育だけでなく、州の農業に関する試験研究やその成果の普及、さまざまな年齢階層の農民教育などを一元的に担う州農業の総合センターの役割を果たしていた。しかもそのような農科大学は1862年モリル土地下付法（Morrill Land-Grant Act）に基づく、Land-Grant Callegeであり、それを創り上げたのはリンカーンとともに南北戦争を戦った自営農民たちの運動であった。農業教育に関して言えばLand-Grant Callegeにおける農業教育は、教科書中心のGeneral Agricultureではなく、実際の農業に即したVAであった[41)42)]。

　このようなアメリカにおける農学の研究教育体制に接した総合農学関係者は、わが国のそれとのあまりに大きな違いに驚き、まただからこそ、アメリカの自営農民たちの運動に支えられたVAに言い知れぬ魅力を感じたようだ[6)43)]。そして、アメリカの農学体制からうけた感動は、日本農学の戦後の出発における「既存農学への反省」の思いと重なって、総合農学確立にむけての意欲へとつながっていった。

　総合農学の英語名がVAであることの上述のような歴史的意味が、その後の総合農学関係者の間で十分に踏まえられてきたとは思えない。だが、「既存農学への反省」という総合農学創設の基本的契機が忘れられがちになった

とき、総合農学＝VAの言葉としての座りの悪さは、抜き去ることのできない一本のとげとして初心を思い出させる役割を果たしてきたように思う。

さて、佐々木の総合農学論の最後の論点である既存農学（天空の農学）と総合農学（農家の農学）の並立という問題に移ろう。佐々木のこの二元論は、とりあえず既存農学の体制の中に総合農学の生きる場所を確保するために役立った。また、既存農学からの協力者を得る上でも有益だった。しかし、後述する総合農学科解体の頃になると、佐々木の二元論はかえって総合農学科の中だけに閉じ込もる傾向につながってしまった[44]。

このような現実的な戦術、戦略といったレベルでのことではなく、理念的な学問論としてみれば、佐々木の二元論は中途半端な折衷論であった。現実遊離の既存農学への反省という総合農学創設の基本的契機は、ひとり総合農学だけの問題ではなく、農学全体への問いかけだったはずである。もちろん農学を構成するさまざまな専門分野と実際農業との位置関係はそれぞれ異なって当然である。しかし、農業の生きた現実という視点から農学全体の、あるいは各専門分野の学問のあり方を見直すという作業については、どの分野であっても共通して求められている課題であった。

このように考えてみると「既存農学への反省」という出発点における認識は、佐々木が提唱したような農学の二元論に進むのではなく、農学のあり方論からさらに農学概論、農学原論の構築へと進むべきだったと思われる。菱沼達也は、このような意味から狭義の総合農学は農学概論として発展させるべきだと主張した[45]。先に紹介した柏祐賢の農学体系では、農学原論が一般農学の外に設定されていたが、菱沼の主張は一般農学の外にではなく一般農学の内にあって、「原論」ではなく「概論」、すなわちあり方論として総合農学を展開したいというものだった。柏の議論と比べると菱沼のそれは、「既存農学への反省」という点により力点がおかれていた。

以上で当時論じられていた主な総合農学論の紹介を終えるが、諸分科農学の総合という議論は意外に少なかった。つぎに本節のむすびとして総合農学の方法論に関する論議について触れるが、その多くは分科諸学の総合のた

の方法に関するものではなく、「農家が営む生産と生活およびその手段を総合的見地から研究」するための方法論を問うものであった[17]。

　総合的見地からの研究のために総合農学科のメンバーたちがまず採用した方法は農村、農家の実態調査だった。どの分野のメンバーもそれぞれ熱心に農村調査に取り組んでいた。『総合農学』誌に掲載された論考も、多くは調査の成果を取りまとめたものだった。しかも、たとえば調査の主題が食生活にある場合でも、献立などの調査だけでなく、家族の構成、営農の条件、労働の実態、地域の状況など、農家の実情を総合的に把握し、そこに食生活問題を位置づけようするなど、総合的見地を生かそうとする姿勢が共通してみられた[2]。

　農村調査にあたっては調査対象の選定が重要な意味をもつ。研究課題を解明するにふさわしいと目される地域や経営を調査対象とするのが農村調査の定石である。典型事例調査と呼ばれる方法である。しかし、総合農学の調査においてはこの定石的方式だけでなく、農村、農家のごく通常の生活や営農の実態を知るために、特定農家、特定集落への継続的悉皆的な調査、実験農家、実験集落方式と呼ばれた方法も積極的に取り入れられた。

　愛媛大学農学部では総合農学科が発足した当時から、地域、経営類型、経営規模の異なる農家33戸を「研究委託農家」として選定し、研究、教育の場として生かしていた[46]。鳥取大学農学部では大山山麓の香取開拓を共同のフィールドとして継続的な調査が取り組まれた[47]。東京教育大学農学部では千葉県成田市の農村に分室を設けた[48]。これらの定着型の調査で共通していたことは、調査対象を単なる研究、教育の場とするのではなく、営農改善や生活改善に農家とともに取り組んでいたという点だった。農家とともに歩もうとした総合農学の学風をここに見ることができる。

　しかし、多方面から継続的に調査をすれば、農業の生きた問題が自然に解明されるというものでもない。多面的な調査はかえって羅列的で平板な認識しかもたらさないという失敗例も希ではない。したがって調査と結果の分析にあたっては、問題意識の明確化と問題把握のための方法的工夫が不可欠で

ある。残念ながらこの点について十分な成果を編み出すには至らなかったようだが、類型的把握、リズム論的把握などの提案とそれに基づくいくつかの研究成果もあった。たとえば東京教育大学の菱沼達也らは、農家の稲作技術の構造を解明するために、農家の暮らしの類型に注目して4つの稲作型を析出した（大農安定型、壮年技術型、主婦賃耕型、老人粗放型）[49)50)]。また同じく東京教育大学の森川辰夫は農家の生活時間について長期間にわたる詳細な調査をもとに、農家の生活行動のリズム的展開法則を解明しようとした[51)]。

4．「総合農学科」の解体、廃止

　農学の研究教育に関する「戦後改革」の一環として生まれた総合農学科と総合農学は、大要以上のような経過でその歩みを始めたのだが、当初から歓迎の声とともに反発、批判の声もあがっていた。

　まとまった形での総合農学批判を最初に提起したのは、実は学科設置者である文部省であった。

　総合農学科が発足して3年余が経過した1955年9月、新潟大学農学部で開催された「文部省主催総合農学授業担当者研究集会」で挨拶にたった文部省大学学術局技術教育課長関野房夫は、文部省内で聞かれる「総合農学不要論」を、「偏見かもしれないが紹介したい」として要旨次のように述べている[52)]。

・総合農学科の設置目的は、分化した農学をまとめて農家の生活の幸福をはかるよう地についた研究をすること、高等学校の総合農業の教員養成の2つだったと理解している。
・しかし、総合農学科の卒業生の進路をみると教員が案外少なく、また自営者もごくまれである。
・農業高校においても卒業生の自営率は低下しており、総合農業の必要性は薄く、したがって総合農学科卒の教員の需要も小さい。
・総合農学的知識が必要だと言うならば、学科ではなく授業科目として総合農学を設ければよいのではないか。

・総合農学科への入学希望者は少なく、入試の成績も概してよくない。こうしたなかで総合農学科が12大学にあるというのは多すぎるのではないか。
・総合農学科はアメリカの指示が強く働いて出来たもので日本には馴染まない。

　56年5月には、総合農学科を置く12大学の農学部長会議が東京で開催され、そこで関野課長は総合農学科をブロック別に統合したいとの文部省の意向を表明した。しかし、この会議では文部省提案は「現状においては実情にあわず、各大学とも賛成できない」として文部省提案は退けられた。
　関野課長は55年9月の「研究集会」のあいさつで、主として卒業生の進路の面から総合農学科の問題点を指摘したのだが、総合農学科は55年3月にようやく初めての卒業生を送りだしたところであり、この時点で教育の成果を問うというのはあまり常識的ではない。教員就職者の実績については、55年3月の全国の総合農学科卒業生231名のうち、教員関係110名（48％）、農業関係97名（42％）、その他24名（10％、進学7名を含む）であり、特段に問題を指摘されるような状況ではなかった。こうしたことからすると関野課長の発言は、総合農学科の実施状況を冷静に評価した上でのものとは考えられず、むしろ総合農学科をめぐる文部省内の空気が変わったことの反映と見た方が正しいだろう。
　当時、文部省内に総合農学科、「総合農業」に関してどのような変化が起きたのか。詳しい事情は不明だが、情勢変化の指標として次のような出来事を挙げることができる。
・技術教育課長の交替（宮地茂から関野房夫へ、55年4月）
・担当官の転出（中田正明が埼玉県へ転出、56年12月）
・総合農学研究会事務所の移転（文部省内から東京教育大学農学部へ、55年10月）
・文部省関係者の総合農学研究会役員からの辞任（55年8月）
　前の2項目の文部省人事については、宮地課長―中田事務官というコンビ

が総合農学科創設の重要な推進役であったことを指摘しておこう。後の２項目の総合農学研究会関係の問題については、同研究会に限らず類似の団体に関する文部省の一般方針が定められたためと説明されており、独立した学術団体としての道を歩もうとする同研究会にとってもこの方針は決して悪いものではなかったと考えられる。しかし、総合農学科と文部省との蜜月的関係の終わりを告げる象徴的出来事ではあった。

この時期に文部省内にこうした変化を作りだした背景としては、高等学校「総合農業」の実情とサンフランシスコ講和条約締結（1951年）という社会情勢の変化の２点を指摘できる。

２．(3) でも述べたように、「総合農業」については、同時に導入された「ホームプロジェクト」とともに、高等学校の現場では成果とともに実施上の問題点が指摘されてきた[53]。とくに、それらが教育課程における部分的導入ではなく、従来の教育課程や教育方法からの全面的転換に近い形で推進されたため、現場ではかなりの混乱も生じていたようだ。「総合農業」については、「耕種」、「養畜」などの従来の科目の否定、「ホームプロジェクト」は従来の農場教育の否定と受けとめられ、関係者からの反発も強かった。また、指導体制の不備もあって教育効果があがらないという実情もあった。さらに関野課長が指摘するような、卒業生の就農率低下という事態も次第に広がりつつあり、1950年代後半の時期には、指導要領の改訂（1956年、60年）など「総合農業」教育見直しの動きがはっきりしたものとなっていた。

後者の社会情勢の変化については、講和条約締結、発効（GHQの撤退、半占領状態の終結）による「独立」ムードのなかで、「戦後改革はアメリカの押し付け」とするいわゆる「逆コース」の動きが強まっていた。当然その風は総合農学科にも吹きつけていたと考えられる。時期的にみれば、1953年総合農学科発足は「遅すぎた戦後改革」だったのである。

しかし、この時期の総合農学科批判はこれ以上すぐには拡大しなかった。

こうした批判を受けた総合農学陣営の側は、いちはやく学科解散にむかった大学もあったが（新潟大学農学部、1959年に総合農学科廃止、農芸化学科

設置)、全体としては自らの内容充実への努力という方向で対応した。また、具体的な批判点であった総合農学科＝「総合農業」教員養成機関である、総合農学はアメリカからの押し付けによるものだ、という2つの論点についてはそれぞれ次のような反論、対処がなされた。

　まず、総合農学科＝「総合農業」教員養成機関であるとの意見に対しては、教員養成は学科開設目的の1つではあるが、全てではない、自営農業者養成、農業改良普及員などの現場の技術者養成なども重要な開設目的である、総合農学は新しい農学の確立を企図するもので、高等学校の科目「総合農業」とは性格を異にするものだ、等々との見解が対置された。さらに、総合農学科と「総合農業」の性格の違いと関連を明確にする意図もあって、「農村教育学講座」の増設、生活改良普及員受験資格の付与（生活科学専攻学生）などの要望を文部省、農林省などに提出している[54) 55)]。

　第2の総合農学はアメリカの押し付けという意見に対しては、総合農学は戦前の日本農学の反省の上に出発しており、戦前期から続いてきた地についた農学への模索の伝統を継承するものだ、との見解が対置された。また、農民の生活の幸福に資する農学をめざす総合農学こそ、農地改革後の日本農業が求めている農学だという旨の意見も表明された。前章で紹介したさまざまな総合農学論議は、おおむねこれらの論点にかかわるものだった。

　ところが、1962年6月28日、文部省大学学術局長の諮問機関である技術教育協議会は総合農学科廃止と農学部の「体質改善」を答申し、7月3日に文部省はこれをうけて答申を省の正式方針とした通達を出した。総合農学科関係者としては青天の霹靂であった。

　「大学における農学教育の改善について」と題する協議会答申は次のように述べている[56)]。

　まず、大学における農学教育改善の課題について、

　「大学における農学教育は、わが国の農業近代化・合理化に対応して社会の必要とする人材を養成するのみでなく、農業の近代化・合理化自体を推進する指導的役割を担う人材をも、養成しなければならない。しかるに、大学

農学系学部における教育の現状は、必ずしもこのような人材を養成するにはじゅうぶん適切であるとは言いがたい。じゅうぶんな施設・設備および人員等が強化されなければならないことはもちろんであるが、その前提として、従来の農学系学部のあり方を再検討し、その体質改善が図られなければならない。」としている。

つぎに、農学教育改善の方向性について、

「農業の近代化・合理化を推進するための施策としては、農業生産の選択的拡大、農業生産性の向上、農業構造の改善、農産物の流通の合理化および加工の増進等が中心的なものとして掲げられている。このような農業近代化の方向は、本来、大学教育において当然に考慮されなければならない事がらであるが、今日の情勢に照らし、あらためてこれらの観点から農学教育に対する要請をかえりみる必要がある。（中略）

いままでわが国の農業生産は、米麦を中心として行われ、その増産体制の確立に努めてきたため、大学における農学教育についても、従来、米麦重視の傾向があったが、上記のような方向に対応して、畜産および園芸を対象とする教育の比重を増大させなければならない。」とする。

さらに、具体的措置として総合農学科に関しては、

「総合農学科は学科の現状と今後の農業のあり方から推察すると、一般にその存在の必要性は低くなりつつあると考えられるので、地域の実情から特に必要と認められる場合を除き、その学科目はそれぞれ関連のある学科の学科目または授業科目として所属替えする。」と原則廃止の方向を明記していた。

学問の自由と自主性、大学の自治という観点からすれば、突然こうした答申が出され、直ちに文部省の正式方針として通達されるというやり方ははなはだ乱暴なものだった。内容的にも、大学があたかも農林省付属の技術者養成機関であるかのように扱われており、学問論としても大学論としても議論はきわめて短絡的であった。また、そこには、国の産業政策上の「農業」については声高に語られているが、農業生産を担う農家や農村社会についての配慮はまったくみられない。

しかし、これらの個別的な問題点以上に大きな問題は、答申の改善案が農学部の「体質改善」として、いわばイデオロギー的に提起されたという点にあった。「体質改善」の標的にされたのは、具体的には総合農学科であったが、内容的な鉾先は農学分野における「戦後改革」の重要テーマの一つであった「農家とともに歩む農学」に向けられていた。

ここでこのような答申が出される社会背景を振りかえっておこう。

まず、農業政策の面では、1961年に農業基本法が制定され、それまでの増産基調の政策から、輸入拡大を前提とする選択的拡大と機械化、規模拡大などを柱とする農業「近代化」政策へと転換された。農政事業としては構造改善事業が開始され、対応する技術開発が緊急に求められていた。また、農村・農家政策としては、過剰人口対策から農外への労働力移動政策へと基調が転換している。

科学技術政策の面では、前章で触れたように、1959年に設置された科学技術会議（総理大臣の科学技術政策に関する諮問機関）が、60年に第1号答申を出している。そこでは経済の高度成長を支える技術革新を推進するために、教育・研究分野に関しては理工系重視の方針が明確にされ、農林水産系の高等教育については専門的人材の大幅な供給過剰（約3万1,000人）の推計予測が明記されていた[57]。前にも記したように日本学術会議第6部会は、この答申に激しく反発し、科学技術会議答申の予測は推計方法に誤りがあり、農林水産系技術者の供給過剰は予測されないとの、学術会議名の「勧告」を総理大臣に提出している[58]。

第6部会ではさらに、農学将来計画小委員会を発足させて、専門学会の協力を得ながら独自の将来構想取りまとめ作業に入り、62年10月には参考資料として「農学の将来計画について」を公表した[36]。この文書は冒頭で、「文部省の技術教育審議会の答申にみられるような、いわゆる経済構造改善に即応するという態度はとっていない」と明記し、さきに紹介した協議会答申と一線を画すことを表明している。内容としては、農学各分野のバランスのとれた発展、地域農業などと結びつけた特色ある学科講座の構成、基礎研究部

門の強化などが提唱されている。しかし、前章で指摘したように、そこには農業という視点はあっても、農村、農家という視点は欠けていた。

　さて、技術教育協議会答申を新聞報道で知った総合農学研究会は直ちに反論を「総合農学科の正解を要望する意見書」に取りまとめ、文部省および関係大学に送った[59]。内容の要点は①総合農学科設置の趣旨、②総合農学科は新しい農政課題となった自営者養成に早くから取り組んできた、③答申は農家生活について一言も触れていないのは不当である、などであった。

　また、各大学の総合農学科ではそれぞれ対応が検討され、改組拡充案も提案されている。たとえば岩手大学では農業機械を軸に総合農学科を充実させて「機械化営農学科」に改組する案が、宇都宮大学では、労働科学、熱帯農学の2講座を増設して6講座体制とする案が、鳥取大学でも経営、普及、労働科学の3講座増設などの案が作られた。

　しかし、こうした努力も実ることなく、答申の翌年（63年）には帯広畜産大学、岐阜大学、宮崎大学、鹿児島大学で、64年には岩手大学、東京教育大学、三重大学で総合農学科は廃止された。いずれも完全廃止である[44][60]。宇都宮大学、千葉大学、鳥取大学、愛媛大学は一応踏みとどまった。しかし、ここでも66年、67年には、改組、名称変更など、完全廃止ではなかったが、形としての総合農学科は廃止された（**第3、4表**）。

　1953年に全国12大学に学科が一斉発足してから14年後のことであった。

　このように、技術教育協議会答申を機として全国の総合農学科は一気に解体廃止されたのだが、いずれも文部省の公然たる強制によるものではなく、各大学の自主的な改革としてその措置がとられた。文部省の政策手法としては、スクラップ＆ビルド方式の効果がまざまざと示された事例である。このとき、文部省から各大学に示されたビルド策は園芸、畜産、機械、経営などの学科の新設、拡充と大学院修士課程の設置であった。しかし、それだけならば総合農学科完全廃止ではなく、改組再編という大学もあり得たように思われる。

　農学論としてより注目すべきは、各大学ともに総合農学科の廃止を農学部

第3表　各大学における総合農学科の廃止状況

大学	入学者募集停止 年月日	廃止に伴う措置
帯広畜産大学畜産学部	昭38・4・1	農業工学科設置
岩手大学農学部	昭39・4・1	総合農学科を畜産学科に改組
宇都宮大学農学部	昭41・4・1	農業工学科を農業開発工学科に改組して拡充
千葉大学園芸学部	昭42・4・1	総合農学科を農業生産管理学科に改組
東京教育大学農学部	昭39・4・1	生物科学工学科設置
新潟大学農学部	昭34・4・1	農芸科学科設置
岐阜大学農学部	昭38・4・1	家禽畜産学科設置
三重大学農学部	昭39・4・1	農業機械学科設置
鳥取大学農学部	昭42・4・1	農業経営学科設置
愛媛大学農学部	昭42・4・1	経営農学科に改称
宮崎大学農学部	昭38・4・1	農業工学科設置
鹿児島大学農学部	昭38・4・1	畜産学科、農業工学科を設置（蚕繭学科も廃止）

出典：菱沼達也著『私の農学概論』農文協刊、1973年、p329。

第4表　総合農学科廃止後における各研究室の名称の変化

	総合農学研究室	生活科学研究室	農業工作学 第一研究室	農業工作学 第二研究室
帯広畜産大	酪農経営学研究室 畜産政策学研究室	食品保護学研究室 草地生態学研究室	農業動力学研究室	（農業工学科に吸収）
岩手大	遺伝育種学研究室	農産製造学研究室	ほ場機械学研究室	農地計画学研究室
宇都宮大	営農技術学研究室	食品科学研究室	農業動力学研究室	農業施設学研究室
千葉大	農業経営技術学研究室	農業経営経済学研究室	営農工学研究室	営農気象学研究室
東京教育大	総合農学研究室（不変）	植物生理科学研究室	農業機械学研究室	農業施設学研究室
新潟大	土壌学研究室	生物化学研究室	農業機械学研究室	土地改良学研究室
岐阜大	畜産経営学研究室	畜産化学研究室	作業機械学研究室	農業水利学研究室
三重大学	農場管理学研究室	食品化学研究室	収穫加工機械学研究室	農業施設学研究室
鳥取大	農場管理学研究室	農業労働科学研究室	農業経営学研究室	林業工学研究室
愛媛大	農業土地利用学研究室	農産物流通学研究室	農業労働科学研究室	農業経営学研究室
宮崎大	農作業管理学研究室	園芸加工学研究室	農業造構学研究室	農地工学研究室
鹿児島大	農業経営学研究室	家畜栄養学研究室	農業機械学第二研究室	農地整備工学研究室

出典：菱沼達也著『私の農学概論』農文協刊、1973年、p331。
愛媛大は、工作第一研究室が工作第二を担当、工作第二研究室はなく、その代わり経営研究室があった。
帯広畜産大の総合農学、生活科学の両研究室は、それぞれ室員別に二研究室に分離。

の「体質改善」として論議し、廃止を前提とする改革案が作られたという点であろう。協議会答申で謳われた「体質改善」、すなわち「農家とともに歩む農学」、「農家の幸福に資するための農学」という農学における「戦後改革」の重要テーマを否定しようとするイデオロギーが、明示的ではなかったとしても全国の大学農学部においてさほどの抵抗もなく受け入れられたこと。この点こそ総合農学科が改組再編という形ではなく、一気に完全廃止されてしまった内的要因だったのではないかと思われるのである[61]。

5．戦後農学史における「総合農学」

　総合農学科は戦後日本農学の出発に際して、新しい農学への模索として誕生した。誕生のきっかけは、GHQからの指導、助言にあり、また、全国12大学に一斉に設置されたことなどにも象徴されるように、総合農学科は上から行政的に作られたものであった。しかし、学科創設に携わった農学者たちは、GHQの指導、助言を「既存農学への反省」という文脈で受けとめ、総合農学を「農家とともに歩む農学」、「農家の幸福に資するための農学」として確立しようと努力した。「農家とともに歩む農学」、「農家の幸福に資するための農学」の旗印は、農地改革による自作農の創設と農業生産意欲の盛り上がりという時代状況ともよくマッチしていた。また、学科が設置されたのは旧農林専門学校などの新制大学であり、その意味で総合農学科は農学分野における学制改革のシンボル的存在でもあった。

　旧帝国大学農学部と国立農事試験場を拠点として発展してきた戦前期までの日本農学には、輸入農学、官房学的農学という歴史的体質が色濃く刻印されていた。しかし、戦前期においても、耕作農民に密着した地についた実践的な農学を確立しようとする動きは伏流水のように存在し続けてきた。旧農林専門学校はそのような実学志向の農学の拠点でもあった。総合農学科の創設は、このような日本農学のあり方をめぐる戦前期からの対抗的枠組みのなかにも位置づけられるものであった。

　学科創設に尽力した中野清作がいみじくも指摘したように[4]、総合農学は

制度の構築が先行し内容つくりが後から進むというやや転倒した状況のもとでスタートを切ったという事情から、学科発足後も、さまざまな総合農学論が提唱され議論はなかなか収斂しなかった。しかし、そうしたなかでも「農家とともに歩む農学」、「農家の幸福に資するための農学」の旗印の下に総合農学の研究者や学生たちは農村、農家に頻繁に足を運びつつ、これまで注目されてこなかった研究問題を農業、農村の現場から発掘し、新しい研究領域を開拓していった。また、「既存農学の反省」という視角から農学のあり方論がさまざまな立場から提起され、総合農学は農学原論、農学概論としての役割も果たしてきた。

　しかし、学科が発足してわずか10年後に、文部省は、農業近代化政策に協力するために国立大学農学部は「体質改善」を図る必要があり、そのために総合農学科は解体、廃止する、との方針を打ち出した。それから数年後に、12大学のすべてで総合農学科は解体、廃止された。まことにあっけない幕切れであった。

　以来30年近くが経過し、総合農学科の存在はすでに、忘れ去られようとしているが、総合農学科の廃止を一つの重要な内容とした1960年代における農学部の「体質改善」の枠組みは、その後の日本農学の歩みを規定して今日にまで及んでいる。

　そこで本章の最後に、総合農学科の解体、廃止と、農学部の「体質改善」の農学史的な意味について考えてみたい。

　これまでの記述は、戦後農学の出発点における「既存農学への反省」を、「農家の生活と農業生産の現実と遊離した官房学的農学」、あるいは「学のためにする農学」と「農家とともに歩む実践的な農学」との対抗という枠組みで捉えることを基本にして進めてきた。しかし、いうまでもないことだが戦後農学史を規定してきた「既存農学の反省」と新しい農学への模索の枠組みはそれだけではなかった。有力な議論としては「農学の近代化」という主張や「日本の農業に根ざした自生的な農学の成長」といった問題提起があった。後者の論点はかなりの程度総合農学論とも重なるので興味深いのだが、ここ

では当時総合農学と対抗的なニュアンスで語られ、かつその後の日本農学展開の基調ともなった「農学近代化」論を取り上げ、そこから総合農学科解体の意味を逆照射するという形で上述の課題に接近したい。

1961年、民主主義科学者協会の流れをくむ農業技術研究会は「日本農学の反省」と題するシンポジウムを開催している[62]。

シンポジウムの冒頭で、農林省農業技術研究所の江川友治は開催主旨について次のように述べている。

「わが国においては、農学は古くより実学として農業生産に直結した応用面の成果が要求され、水稲を中心とする増産政策の要請にこたえて一定の技術的改善に寄与してきた。しかし、米麦中心の単純生産農業、しかもいわば手労働的な小農技術体系のなかで存在理由をもってきたわが国の農学と農業技術の研究が、そのままこれからの生産構成の変化と技術水準の高度化の要請にこたえることができるかどうか、この点については農学者、農業技術者の側からも回答が出されねばならないだろう。

さらにまた科学としての農学の研究それ自体についていえば、特に戦後急激に歩調を早めた各専門分野への分化と、各分野における基礎科学的追究の傾向を念頭におく必要がある。農学という文字が総括的な概念としては存在しても、現実には各専門に分化し、それぞれの分野で独立した科学としての体系を追究せられつつある現状は、学問の発展という面よりみればむしろ必然的ともいうべき傾向であろう。農学の各分科が近代科学としての自己の独自の体系を追究しようとするとき、科学のもつ本質的性格のゆえに、それが政治や卑俗な実用主義に従属せられることに対する矛盾がうまれてくる。」

江川がここで提起した日本農学の課題は、農業技術の近代化への対応と近代科学としての農学各分科の自己確立という2点であり、これが当時語られていた「農学の近代化」論の主な内容であった。

同じく農業技術研究所の伊藤嘉昭は、江川が提起した2つの課題の関連について同シンポジウムの報告書に寄稿して次のように述べる。

「戦後のこうした技術革新のほとんどは（保温折衷苗代、除草剤、有機合

成殺虫剤、ジベレリン、薬剤の航空散布など—引用者注）は、従来の栽培学—アグロノミー—のワク内での発展ではなく、古い農学体系の外から、とくに生化学や有機合成化学の領域から持ちこまれたものである。（中略）今後おこなわれるであろう技術革新についても、その大部分は物理学、化学、生物学との境界領域にあるだろうと予測することができる。この報告書の主要部分をなす農業技術研究会のシンポジウムの席上、土壌学あるいは植物病理学の"自然科学としての確立"がさけばれたのも、電子計算器の利用などが問題提起されたのも、こうした事情があるからである。」

さらに、江川の２つ目の論点について、名古屋大学の平井篤造は「科学としての植物病理学の確立」にかけた自らの思いを次のように語っている。

「科学の成立は技術に由来している。それは歴史的に明らかである。それだからといって、科学は常に実践にひきずられ、実践を顧慮し、実践に頭を下げなければならないという理由は成立しない。ある時期においては、われわれは産業に役立つから研究するのではなく、理論の建設のために研究するのである。それは研究の向上のためである。実践にひきずられているかぎりでは、研究の飛躍的な進展は少ない。」

このシンポジウムで語られた「農学の近代化」とは、農学の専門分科の科学としての確立、基礎研究の強化であり、それがひいては伊藤が例示したような「近代的」な農業技術の開発にもつながるのだ、というものであった。そしてこうした主張は、小農主義的な実学重視の古き農学体質からの脱却という文脈において特に熱心に語られていた。本稿のテーマである総合農学論に引きつけて言うならば、それは「農家とともに歩む農学」ではなく、「学としての農学」の確立こそが時代的課題だとする見解である。佐々木喬の農学二元論との対比でいえば、「近代化農学」へのかなりタイトな一元論であった。

同シンポジウムの論者たちほど極端ではないとしても、「科学としての農学の確立」、基礎研究重視への思いは、1950年代から60年代にかけての時期、心ある農学研究者のかなりの部分をとらえていた。たとえば、『日本作物栽

培論』[63)]を著した川田信一郎——彼は農民の技術創造力を重視し、地についた農学の構築に力を尽くしたことで知られているが——も、この時期、主張の力点は基礎研究重視に傾斜していたようである[64)]。

東京大学農学部では、1961年農学推進委員会（委員長古島敏雄）を設け、「東京大学の農学教育はいかにあるべきか」を検討している。そして、その結論として1964年に農学科の農業生物学科への名称変更などの学部改革を実施した[65)]。当時、東大では農学科への進学希望者が激減していたという事情があり、名称変更はやむを得ざる選択という面も否定できないが、基礎科学指向のイメージを鮮明に示すことに主な狙いがあったことは明らかである。川田は、この名称変更に際して主導的役割を果したが、そこには基礎研究重視の状況判断が働いていたものと推察される。

前章の末尾で、農学部の「体質改善」という文部省の技術教育協議会答申が、全国の農学部でさほどの抵抗もなく受け入れられたと述べた。しかし、小農主義、農本主義、実学主義の傾向を排し農学部の「体質改善」を図るという考え方が、協議会答申が強調した農業近代化への農政上の要請ということからだけで、当時の農学部教員たちに受け入れられたとは思えない。「科学としての農学の確立」、基礎研究の重視を主張するタイトな一元論としての「農学近代化」論への支持の広がりが「体質改善」に関する合意成立の重要な背景をなしていたと考えられるのである。

このような世論合意を前提として、「体質改善」後の国立大学農学部は、「農業近代化」、「農学近代化」の道を歩むことになった。総合農学科の廃止は、それ自体は内容的にさまざまな不十分さを抱えた小さな学科の廃止問題にすぎなかったのだが、上述のような視角からすれば、それは戦後日本農学のターンニングポイントと位置づけなければならない出来事だった。

国立大学農学部はいま再び大きな改変の時期を迎えている。20年という時間を経てみれば、「体質改善」後の農学部の旗印となった「農業の近代化」と「農学の近代化」が、どのような現実的諸結果をもたらしたかはすでに多言を要さない。

「農業の近代化」は、一見合理的な農業保護、農業振興策のようにみえた。たしかにそれによって収量の増加、所要労働時間の縮減など、短期的視点から見た農業の生産性は向上した。しかし、その背後では、地力の低下、連作障害の蔓延、病虫害の多発と農薬大量散布の悪循環、周辺自然環境の汚染と荒廃、農民の健康障害の広がり、農作物への農薬残留などの事態が引き起こされてきた。短期的にみた生産性が向上すればするほど、農業の基本的な生産基盤が蝕まれていくという図式が、「農業近代化」の現実的結論であった。要するにそれは、農業の工業化、農村の都市化に外ならず、実のところ農業、農村の自己否定の路線でしかなかったのである。

そして今日、わが国の農業は、農業の担い手の面でも、農地の利用と保全という面でも、作物や家畜の栽培・飼育技術の面でも、さらには農村の地域社会の活力という面でも、解体的ともいうべき危機に遭遇している。もちろん、この危機状況は外部環境の悪化によるところが大きいのだが、農業、農村の独自性を問うことなく、農業の工業化、農村の都市化をひたすら指向した「農業近代化」の必然的帰結でもあったと考えられるのである[66)][67)][68)][69)]。

このような「農業近代化」の現実的過程において、おなじく「近代化」を標榜した農学は、短期的視点からの生産性の向上にはそれなりに寄与したものの、その背後で進行した生産の基盤的諸条件の壊廃という事態にはほとんど対応できなかった。たとえば、環境保全と農業との関連の問題、農耕地の永続的な肥沃化と保全の問題、作物や家畜の生命力を農業生産力に活かす問題、社会的・経済的な悪条件の下で農業の担い手を確保し育成する問題、等々の今日的な緊急課題に関しても「近代化」された農学は有効に対処できていない。

「農学の近代化」は、個別専門分野の研究を大いに進展させはしたが、その一方で、農学としてのまとまりは希薄化させ、農学が存立する産業的・社会的基盤である農業や農村へのトータルな関心を失わさせてしまったようだ。農業の危機に際しての農学の機能不全の状況は、機能不全それ自体よりもむしろ、農業の解体的危機をすら自らの問題として捉えることの出来ない今日

の日本農学の体質を表象するものとして深刻と言わざるを得ない。自己喪失とでも言うべき事態が広がっていると考えられるのである。

　かつて「農学の近代化」論は、「科学としての農学の諸分科」を言いながら、それらが生物学、化学などのいわゆる基礎科学と区別される独自性はどこにあるのか、「科学としての諸分科」が全体として農学に統合される論理や思想はどこに求められるのか、等々の問題についてあまり考慮してこなかった。極言すれば、農業、農民、農村との直接的関係性を切るだけでなく、応用総合科学としての農学の存立基盤や学問的独自性等の議論を断つことも、当時の「農学近代化論」の重要な中身でさえあった。この点、伊藤嘉昭の主張はなかでも鮮明で、前掲の寄稿文においても、間接的ながら農学部の廃止を提唱し、「理学部の農学系志望学生に一定期間の農場実習を課せば充分である」とまで述べている。

　「農家とともに歩む農学」、「農家の生活の幸福に資するための農学」を標榜した総合農学科を廃止し、「農業の近代化」と「農学の近代化」を期して「体質改善」を図った国立大学農学部が、近代化の一時代を経ていまどのような地点に立っているのはすでにおおよそ明らかであろう。

　今日の農業、農村が、その危機的状況から脱するには、農業、農村の独自性を見つめ直し、その特質を新しい時代状況の下で活かす方策が見つけだされなければならない。今日、地球的規模の問題となっている環境問題や食料問題の解決のためにも、農業、農村が果たすべき役割は大きい。総じて農学への社会的期待は高まっていると思われる。「近代化」を越えた新しい農業技術、農業理論、農業思想、すなわち新しい農学の確立が求められている。また、こうした課題に取り組むためには、分化した農学諸科学の新たな協力関係の構築が図られなければなるまい。社会的に捨てられて久しい総合農学が問おうとした課題は、実のところ未だ過去のものとはなっていないのである。

　かつて「日本農学の反省」シンポジウムで「科学としての農学の確立」を強く主張した江川友治は、日本農業の解体的危機や地球環境問題などの今日

的状況を直視した上で、「農学の近代化」の旗の下で自己喪失状態に陥ってしまった農学の現状を自己批判的に検討し、改めて応用総合科学としての農学の確立を提唱し、そのための方法論を真摯に模索している[70)][71)][72)]。国立大学農学部における今次の再編改組において、将来への確かな指針を手にするには、たとえば江川の最近の論説にみられるような、自らの歩みについての批判的な検討が必要なのではなかろうか。

後記

本稿では総合農学科が健在であった1960年代の中頃までを考察の主な対象としている。学科解散後も総合農学を志す人々は総合農学学会（1965年に研究会から学会に名称変更）に集い、総合農学の研究は続けられている。現在（1993年）では、学科の制約から離れたこともあって、研究はより多面的となり、学会員の構成は現場技術者や農民などを加えて幅も広がっている。総合農学学会の今日の立場からすれば、本稿で取り上げた総合農学科が健在であった時代は、総合農学の「前史」とでも言うべき時期であり、「総合農学とは何か」といった問題への認識も当時と現在では異なる点も少なくない。そこで、当時の総合農学を現在の総合農学と区別する意味で、論文の標題および章、節の標題は「総合農学」と表示した。しかし、本文中では煩雑を避けるために、括弧を付けずに単に総合農学とした。

また、総合農学科は全国12大学に設置されたが、その内実は大学によって当然異なっていた。

本稿ではそれらの個別的事情には立ち入らず、全国的視点から総合農学科一般について論じている。そこで、章、節の標題では個別大学の学科名と区別する意味で、「総合農学科」としたが、本文中では総称として論じる場合も単に総合農学科とした。

本稿をまとめるにあたって、総合農学科発足当時の事情などについて元宇都宮大学教授中田正明氏から多くのご教示をいただいた。記して謝意を表したい。総合農学科の誕生から解体・廃止に至る経過などについては、総合農

学学会が機関誌『総合農学』の100号記念（1992年）として取りまとめている。そこでは総合農学について主要資料を収録し、また関係者のインタビューを掲載するなどその顛末が詳しく紹介されている[8)74)]。『総合農学』100号記念の編集に尽力された常磐大学短大部の小林朝子氏に改めて謝意を表したい。

なお総合農学学会は2000年3月に解散した。長く事務局を担当してきた筆者の感想としては力尽きての解散であった。雑誌『総合農学』は第47巻1、2合併号（通巻114号）で閉刊となった。

引用・参照文献
1) 文部省大学学術局技術教育課．1952．総合農学科設置要項．総合農学39（2）．1992に資料として再録．
2) 中島紀一．1993．大学農学部における農村生活研究．日本農村生活研究会編　農村生活研究の軌跡と展望．筑波書房．
3) 中田正明．1992．総合農学科創設の経緯をめぐって．総合農学39（2）．
4) 中野清作．1953．総合農学のねらい．農業と経済5月号．
5) 島田喜知治．1992．農業教育の歴史と総合農業をめぐって．総合農学39（2）．
6) 三浦虎六．1952．総合農学の成立と対象．総合農学1（1）．
7) 総合農学研究会創立経過．1952．総合農学1（1）．
8) 小林朝子．1992．総合農学の誕生と総合農学科の解体の歴史的検討．総合農学39（2）．
9) 昭和25年度教育指導者講習会編．1951．第5回教育指導者講習研究集録　農業教育．
10) 昭和25年度教育指導者講習会編．1951．第6回教育指導者講習研究集録　農業教育．
11) 農林省編．1972．農林行政史．第6巻．農林省．1001-1002．
12) 藤田康樹．1987．農業指導と技術革新．農文協．24-25．
13) 田島重雄．1980．北海道農業教育発達史．日本経済評論社．202-206．
14) 平井真一編．1980．高等学校農業教育の変遷と展望．筑波書房．26-28．
15) 前掲10）．20-27．
16) 前掲10）．205-227．
17) 田島重雄．1960．総合農学の学的位置と体系に関する考察（Ⅰ）（Ⅱ）．総合農学7（3）、8（1）．
18) 文部省主催　総合農学授業担当者研究集会議事要録．1955．新潟大学農学部．17-19．

19) 前掲10）．228-230.
20) 柏祐賢．1977．総合農学顛末記．愛媛大学総合農学研究彙報20.
21) 武田憲治．1952．総合農学と総合農業．総合農学1（1）．
22) 野尻重雄．1952．総合農業の意義と性格．総合農学1（1）．
23) 井上頼数．1952．第6回IFELの思い出．総合農学1（1）．
24) 梶井功．1961．農業生産力の展開構造．弘文堂．
25) 加用信文．1956．日本農法の性格．農業発達史調査会編．日本農業発達史9．中央公論社．
26) 神谷慶治編．1970．技術革新と日本の農業．大明堂．
27) 中島忠重．1977．園芸経営技術の実践．明文書房．
28) 相川哲夫．1974．農業経営経済学の体系．御茶の水書房．81-104.
29) 柏祐賢．1952．農学における総合の可能性．総合農学1（2）
30) 柏祐賢．1957．農学の体系と総合農学の位置．愛媛大学総合農学研究彙報1号
31) 佐々木喬．1952．創刊の辞．総合農学1（1）．
32) 佐々木喬．1955．総合農学授業担当者研究集会（新潟大学）における講演．前掲18）．5-9.
33) 佐々木喬．1960．総合農学授業担当者研究集会（岩手大学）における主催者挨拶．同集会議事要録．10-11.
34) 佐々木喬．1959．総合農学授業担当者研究集会（宮崎大学、鹿児島大学）における特別講演．同集会議事要録．7-13.
35) 田島重雄．1958．総合農学への一提言．総合農学6（1）．
36) 日本学術会議第6部農学の将来計画小委員会．1962．農学の将来計画について．
37) 総合農学研究会．1963．農学の研究とその教育の将来計画に関する意見．総合農学11（1）．
38) 佐々木喬．1962．総合農学科を顧みて．総合農学10（1）．
39) 和田保．1951．営農工学研究集録に題す．前掲9）．3-5.
40) 西田五郎．1952．総合農学に課せられた使命．総合農学1（1）．
41) M. J. ピーターソン．1956．アメリカの農業教育．総合農学4（2）．
42) 宮脇冨．1952．日米農業教育の比較．総合農学1（1）．
43) 中原桂一．1952．アメリカ高等学校におけるVo-Ag教育の教員と生徒ならびに農業工作のBack Groundの考察．総合農学1（1）．
44) 長崎明．1964．総合農学科の廃止にあたって．東北農業懇話会会報1．
45) 菱沼達也．1973．私の農学概論．農文協．
46) 菊池和夫．1952．総合農学校外演習について―研究委託農家設置の意義と方式．総合農学1（2）．
47) 福士俊一・田中浩ら．1958．鳥取県香取開拓地における営農展開．農村生活研究2（1）．

48) 菱沼達也編．1965～74．村と学校を結ぶ．(東京教育大学農学部成田分室報告) 1～7．
49) 森川辰夫．1969．農家における稲作の型．村と学校を結ぶ4．
50) 中島紀一．1972．農家の稲作形態．村と学校を結ぶ6．
51) 森川辰夫．1977．農家生活構造のリズム論的考察．中国農業試験場報告C22．
52) 前掲18)．4-5．
53) 前掲13)．233-237．
54) 総合農学研究会．1958．総合農学科の内容基準について．総合農学6 (1)．
55) 文部省主催第2回農学教育研究集会 (議事記録)．1958．総合農学5 (2、3) 73．
56) 技術教育協議会．1962．大学における農学教育の改善について．総合農学39(2)．1992に資料として収録．
57) 科学技術会議．1960．諮問第1号「10年後を目標とする科学技術振興の総合的基本方策について」に対する答申．
58) 日本学術会議．1962．農学系科学技術者の量の確保に関して(勧告)．
59) 総合農学研究会．1963．総合農学科の正解を要望する意見書．総合農学10 (2)．
60) 尾崎繁ほか．1992．座談会　総合農学科解散・再編のころ．総合農学39 (2)．
61) 石川武男．1980．総合農学科の設置と解体から―農学部の存在を問う―．岩手大学地域と大学研究会編．岩手大学30年資料．
62) 農業技術研究会編．1962．日本農学の反省．農業技術協会．
63) 川田信一郎．1976．日本作物栽培論．養賢堂．
64) 川田信一郎．1971．農学における基本的諸問題，覚書．現代社会と農業の役割．農林統計協会．
65) 東京大学百年史　部局史2．1987．801-806、850-853．
66) 中島紀一．1987．農薬多投の技術構造と減農薬への農法的可能性．生協研究 14 (2)．
67) 中島紀一．1978．生協産直における「農法問題」．日本生協連．
68) 中島紀一．1991．農産物の安全性と生協産直への期待．日本生協連．
69) 中島紀一．1992．減農薬・有機農業による農業の再生．地球環境時代に生きる農林業．筑波書房．200-213．
70) 江川友治．1989．実学について．日本学術会議月報30 (9)．農と土の科学を考える．養賢堂．
72) 江川友治．1992．還元主義と包括論―農学の総合性の問題―．農業および園芸． 67 (2)．農と土の科学を考える．養賢堂．
73) 江川友治．1992．農業の危機と農学―序に代えて―．農と土の科学を考える．養賢堂．
74) 総合農学学会，1992．『総合農学』39 (2)「創刊100号記念特集」

第2章

昭和戦後期における民間稲作農法の展開

第2章　はしがき

　戦後日本農業の展開の技術的特質は科学技術が農業展開を主導した点にあった。より正確に言えば大展開した工業の成果を農業に移転、適応させ、農業の姿を工業依存に大きく変えていった点にあった。そこで農学は媒介者として重要な役割を果たし、またそのようなものとして農学もまた大きくあり方を変容させていった。それは近代農業、近代農学の展開として認識されている。

　しかし、従来の日本農学には、農業現場のさまざまな技術的取り組みをつぶさに把握し、それを整理して、より一般的な技術として普及していく、すぐれて経験主義的な学問としての有力な流れもあった。第1章で紹介した12大学に設置された総合農学科の試みは日本農学のそうした流れに添おうとしたものだった。

　戦後の農業技術と農学の展開をより深く探究した有力な史論として、古島敏雄氏（農業史）や川田信一郎氏（作物学）らのものがある。古島氏や川田氏は、戦後農業技術の展開は単なる工業化ではなく、農業の技術的特質の科学的認識の深まりと農業現場での農民的技術形成の結合、融合によってもたらされたものだと主張された。著者も両氏らの見解に追随して農業技術史や農学史についての学びを始めたが、両氏らの認識では現場での多彩な農民的技術形成さえもが、結局は農業近代化に包摂されていくという図式から逃れられないことに気付くことになった。

　しかし、現場での農家の技術形成には、農業近代化に包摂されていくとい

う流れだけでなく、そこからはみ出し、それと対抗していくようなさまざまな動きもあった。

　なかでも戦後農地改革以降、1960年代半ば頃までの時期には、村々には「農事研究会」などが「雨後の筍」とも形容されるような勢いで広がり、技術の内容が深め高められていった。そこでの一つの有力なイニシアティブが篤農家たちが主導した「民間農法」と総称された草の根の動きだった。工業からの資材提供が本格的に開始されるようになる直前のことで、それらはおおむね地域の自然資源を活用し、土と作物・家畜の活力ある循環を組み立てていこうとする取り組みだった。

　古島氏や川田氏らはこうした草の根の取り組みにも十分に目配りをされていたが、しかし、結論として両氏らは農業近代化の流れの中に民間農法的取り組みを位置づけてしまっていた。本章はこうした古島氏や川田氏らの史論への異論として執筆した。

　この調査研究を始めた1980年代中頃は、有機農業の取り組みが社会的に広がり始めた時期であり、有機農業の現場では、1950年代頃の民間農法技術の掘り起こしが重要な技術的取り組みとなり始めていた。本章の執筆は有機農業などのそうした動きと呼応しようとしたものだった。見つけ出し掘り起こした民間農法は40事例くらいにのぼり、現地も歩き、当時なお取り組みを続けておられた実践者のお話もできるだけ詳しくお聞きした。

　本章では川田氏らの見解批判を強く意識していたが、実は本章で使った基礎資料のかなりの部分は、川田氏が当時収集され、農文協図書館の「川田文庫」に保存されていたものに依っている。記して古島氏、川田氏の学恩に深く感謝したい。

　この論文の執筆は著者が筑波大学から鯉淵学園に転じた頃で、渡部忠世氏と徳永光俊氏のご配慮で『農耕の技術と文化』第18号、1995年11月（農耕の技術と文化研究会刊）に掲載された。

1．はじめに―戦後農業技術史論への視点―

　国による農業技術研究100周年（1993年）を記念して、『昭和農業技術発達史』[1]の編纂が進められている。公的な形での近代農業技術史の編纂はこれが第3次ということになる。第1次と目される『日本農業発達史』[2]では戦後改革を踏まえて農業近代化の課題を析出するという視点から編纂が進められ、第2次と位置づけられる『戦後農業技術発達史』[3]では農業近代化の頂点の時期における近代化技術の推進記録とでもいうべきニュアンスでの編纂であった。

　第3次の今回は、いわゆる近代化の時代は終わり、その負の側面も直視した上で、日本農業の新たな展開方向を探らなければならないという歴史的転換点にあたっている。それだけに今回の発達史においてどのような斬新な史論が提起されるかが注目されたのだが、現在刊行されている『水田作編』と『畑作編／工芸作物編』を読む限り、その期待はかなえられなかった。

　『水田作編』についてみれば、近代化の負の側面にそれなりに注目しつつ論を展開しているのは土地利用技術に関する章くらいなもので、他の章では新技術の開発、普及の過程での当事者の苦労のあとの掘り起こしなど技術史として興味ある新知見も散見されるものの、技術開発史論としてははなはだ楽天的な成功史的記述で終始している。しかも記述の多くは農業試験場等での技術開発とその普及に関するもので、いわゆる民間技術についてはほとんど触れられていない。

　民間技術に関する関心という点で振り返ってみると、それに最も強い関心を払っていたのが『日本農業発達史』であった。そこで提起された視点は、民間の下からの主体的動きと結びついた近代化の推進というものであった。ところが、『戦後農業技術発達史』になると、第1巻『水田作編』1200ページのうち、いわゆる民間稲作農法について触れているのは「その他の栽培法」12ページのみとなり、さらに今回の『昭和農業技術発達史』（水田作編）では民間稲作農法に関するまとまった記述は消滅してしまった。

民間稲作農法の技術史的位置づけに関しては、『日本農業発達史』の視点を引き継いだ古島敏雄氏（1970）[4]、川田信一郎氏（1976）[5]らの業績がある。古島、川田両氏らが提起した議論の要点は次のようなものであった。

　明治以降の日本の農学は、外国からの学説輸入に忙しく、農業の現実と肉薄した研究の展開という伝統は希薄だった。ところが、昭和初期の大冷害を契機に、農業の現場に生起している現象の科学的解明を研究の対象としようという気運が農学の内部に生まれ、冷害に関する作物生理学研究、水田土壌化学などの分野で着実な研究蓄積が開始される。また、農業生産の現場でも、昭和恐慌期以降自作農層の生産力的主導性が強まり、さまざまな技術的試行が重ねられるようになる。戦後農地改革以降、この２つの流れが出会い融合することによって、農業生産力の飛躍的発展への技術学的条件が形成される。

　また、こうした歴史理解を象徴する代表的技術開発事例として、長野県の荻原豊治氏による保温折衷苗代と山形県の田中正助氏による分施技術が取り上げられてきた。

　古島、川田両氏の民間稲作農法に関するこのような位置づけ方はたしかに魅力的である。事実、保温折衷苗代は戦後出発した農業改良普及事業における重要な技術手段として大きな役割を果たしたし、田中氏の分施技術は東北日本等における農民的増収技術運動の源流となった。現実の農業近代化の主流は、その後、かつて古島、川田両氏らが期待を込めて描いたようなコースを辿ったわけではなかったが、荻原氏、田中氏のような取り組みは近代化の健全な一翼として今日まで生き続けている。

　しかしかつての「農業近代化」モデルに夢を託す時代はすでに過去のものとなり、次の課題を探ることが求められている今日の時点からすれば、民間稲作農法の過去のなかに古島、川田両氏の位置づけ—いわゆる民間技術も近代化を構成する一要素として近代化過程に包摂されるという理解—からはみだし、それを越えるような動きが存在しなかったのかという問いが浮かび上がってくる。

　古島、川田両氏らは昭和期の民間稲作農法の一つの技術的特徴は健苗育成

（薄播、大苗主義）であったとし、その優れた成功例として荻原氏の保温折衷苗代を挙げているのだが、実は、健苗育成に関しては保温折衷苗代以外にもさまざまな優れた民間技術が開発されており、保温折衷苗代の独壇場であったわけではない。

肥培管理技術についても、たしかに金肥の合理的使用方法の確立は当時の民間農法の一つの焦点ではあったが、それだけでなく、地力培養、自給肥料の効果的な利用方法の開発、地力依存型の生育相、稲型の探求なども民間農法の場面では重要な課題とされており、優れた技術開発も進められていた。

本章では、昭和戦後の時期に保温折衷苗代や分施技術の外側に展開していた民間稲作農法のいくつかを、当時の民間農法の主流として紹介することを通して、農業近代化のコースの上に民間農法を位置づけようとする古島、川田両氏らの理解を相対化し、当時の農業の先端的取り組みの中には、その後展開したいわゆる農業近代化以外の発展コースへの萌芽が多様に育まれていたことを示唆してみたい。戦後農業技術史論への一つの問題提起としてご検討いただければ幸いである[6]。

2．健苗稲作の本流—寒地型の黒沢式稲作[7]—

昭和前期の時期に民間稲作農法として最も著名でかつ多くの実践者を獲得していたのが、長野県の農民、黒沢淨氏（1888〜1980）が提唱した「改良稲作法」（黒沢式稲作）であった。黒沢式稲作は六石どりを標榜し、技術としては徹底した健苗、大苗主義、地力培養、自給肥料重視、地力活用型生育理論などを強調していた。戦後、増産意欲に燃えていた自作農民は、増収技術として、あるいは多毛作対応技術として（育苗期間が長いので田植期を遅くできる）競ってこの技術を取り入れていった。

黒沢氏は農業においては人つくり、土つくり、作物つくりの3つが大切だと強調した。好評を博した著書『改良稲作法』（1948）は農民自身が著した近代的稲作技術書としては出色のもので、この本や黒沢氏の講演、現地指導に導かれて、農民たちは稲と対話する米づくり法を学んでいった。

成果に関しては、寒地においては成功例も多かったようだが、暖地にはなかなか適応できず、また、労働多投・技能型、自給資材活用型技術であったため、労働力流出と購入資材優勢の情勢下で、1950年代末には実践者を失っていった。

　黒沢淨氏の横顔：1888年6月20日、学校教師大角又十の次男として生まれ、長野県北佐久郡立科町茂田井の黒沢家の養子となる。黒沢家は田畑6反の農家。27歳（1915年）から稲作栽培研究を始め、1935年からは、請われて篤農家として各地を稲作指導に歩くようになった。日記によれば1940年以降は稲作指導に歩いた日数が毎年200日を越えていた。米多収の記録では、1918年に長野県北佐久郡米作品評会で5石6斗3升/反で第1位、1934年に長野県米多収穫品評会で6石8斗9升7合/反で第1位をとっている。黒沢氏のまわりには瑞穂会という農事団体が組織されていた。

　1948年、天産自給を教義に掲げる大本教が組織した農事研究団体「愛善みずほ会」[8]に、全国で最も著名で実力のある篤農家として招かれ、初代会長に就任した。愛善みずほ会は、会員数が最高時（1950年）には3万人を越えた有力な民間農事団体で、その後会員数は減少したが活動は現在も継続されている。黒沢氏のそれまでの活動は主として東日本を舞台としており、技術の特徴も寒地型であった。ところが愛善みずほ会の会員は西日本に多く、黒沢式稲作法の忠実な実践からはさまざまなトラブルも生じた。そのため組織内部に批判や反発の空気も生まれたため、1950年に会長を辞任し、愛善みずほ会から離れた。

　愛善みずほ会から離れた後も、主として東日本での指導活動を精力的に続け、組織としては瑞穂会が復活し、また黒沢先生後援会が組織された。1954年10月末に連日の稲作指導の中で過労で倒れた。同年の指導日数は10月末までで282日に及んでいた。56年10月に病気は回復し現地指導は再開されたが、57年3月に再び倒れ、以後手紙等での指導活動は継続されたが需要も少なくなり、1962年には稲作指導に関する記録が途絶えている。こうしたことから

社会的存在としての黒沢式稲作は1954年で一応のピリオドが打たれたと考えて良いようだ。

技術指導の方法は、土壌サンプルに基づいた自給肥料中心の施肥設計、講演会、圃場を巡回しての現地指導などで、報酬は受け取らず、ほぼ完全なボランティアであったようだ。

1925年6月のメモには「世は化学で開け、化学で滅する時が必来」とあり、1970年代以降の晩年には無農薬無公害稲作を提唱した。

1978年、長野県知事より産業功労者として表彰された。1980年2月10日没、93歳。

技術内容：黒沢氏の出身地は長野県の高冷地であり、技術の基本は寒冷地対応型であった。全体的特徴としては超薄播、健苗・大苗、地力依存型、自給資材活用型の稲作法である。稲は熱帯作物だとしたうえで、それを寒冷地で栽培するために、いかに温度を確保し、太陽光線を有効に利用するか重要だとして、さまざまな試行錯誤を経て、独自の技術体系が確立されていった。電熱栽培、温湯栽培、鏡を使った日光反射栽培等が若い頃の試みであり、その後は天恵条件を無理なく活かすという方向での技術改良へと進んだ。

苗代様式は、乾田利用の短冊苗代で水管理は水陸折衷型（夜間湛水昼間排水）である。苗代作土は浅くし（2寸）、表層に根を張らせるようにする。播種日を慣行栽培よりも10日以上早めるために、保温管理については湛水と落水のきめ細かな水管理で対応する。

種籾は塩水選ではなく、泥水選で充実した精籾を選別する。浸種は流水浸種で、低温発芽を志向する。

播種は2.5寸間隔の条播で、1条3.8尺に約70粒、坪当たりでは2,650粒、約0.64合（64g）の超薄播である。さらにそれを途中で2回間引き、最終的には1条40〜50本の苗立ちとする。苗密度としては7.5cm×2.3〜2.9cm、坪当たり900〜1,500本、最終的には播種量換算で坪当たり0.2〜0.4合（20〜40g）に相当する。超薄播を簡便に実施するために独自の播種器や鎮圧器が開発さ

れていた。

　苗代での分けつ促進のための特殊技術として人工分けつ法を提唱している。朝方、棒や縄で苗の頭をさっと払い朝露を落とすというもので、「二朝払って三朝休む」といったリズミカルな対応が良いとしている。効果の理由としては朝露を落とすこと、苗に刺激を与えることを挙げている。

　苗代期間は約70日で、すでに10本以上に分けつした大苗を田植する。1株1本植で、南北並木植で坪70株とする。必要穂数はできるだけ苗代分けつで確保してしまうという考え方である。南北並木植は太陽光線を株元まで当てたいという配慮からである。当時は、8寸の正条植が大勢であったから、並木植の提唱も画期的なものだった。

　中耕除草は土壌環境の改善のためにも、根の活力を高めるためにも大きな効果があるとして、10日おき4回以上実施を奨励する。水管理については滞水状態をなくし、水田全体をまんべんなく水が移動するように水口、水尻を工夫すること、冷水がかりを防止するために仮畦等で水を廻して水温を高める工夫を提案している。

　収穫に先だって次年の種籾の採種をする。食用米と種籾では品質基準が異なる（種籾には胚芽の大きな食味の悪い米が良い）ので、できれば独自の採種圃を設置すべきだとする。採種の時期は一般の収穫期の15日位前とする。親穂を除いて1次分けつの中から良い穂を抜き穂し、胴割れを起こさないように日陰で自然乾燥し、穂先半分くらいを手でしごき落とすという方法を提唱している。病虫害対策に関しては、チッソ過多、リンサン不足が病虫害多発の原因であるとした上で、さまざまな防除法を提案している。たとえば、イモチ病対策ではミョウバン液の散布、在来朝顔の抽出液による害虫防除、カマキリやカエルによるメイチュウ防除などである。

　施肥に関しては化学肥料の乱用が老朽化水田を広範に作り出したことを指摘したうえで、完全堆肥を提案し、また自給できる有機質肥料についても詳しく解説している。また、モミ殻燻炭、焼土の利用を奨励している。

3．地力増強・多毛作型暖地稲作—松田式革新米麦作法—[9]

　昭和前期の東日本における篤農家の代表格を上述の黒沢淨氏だとすれば、西日本の代表格は熊本県の松田喜一氏（1887～1968）ということになろう。

　松田氏も黒沢氏と同じく「農業は三作れ」が大切だと主張し、とくに青年教育の仕事に打ち込んだ。松田氏が私財を投じて約50年間続けた日本農友会実習所からは、3000人余の青年が農業の現場に送りだされた。

　技術開発の分野では、まず戦前期に地力増強型麦作技法（「稲作本位の麦作法」）を考案して名をあげ、戦後にはその技法を米麦作のより高度な土地利用技術体系に仕上げて（「革新稲作法」）普及を図った。特徴は地力増強を基本として、稲、麦に緑肥大豆を組み入れた３毛作体系で、本田全体で苗作りをするという異色の技術である。稲作の技術要素としては超薄播、大苗、疎植などである。

　松田喜一氏の横顔：1887年12月１日、熊本県下益城郡松橋町（旧豊川村）松崎、百姓松田万蔵の長男として生まれる。松田家は自作地３ha余の手作り地主であった。県立熊本農業学校（校長：河村九淵）卒、同学校助手（明峰正夫に師事）、農商務省農事試験場九州支場助手、兵役等を経て、熊本県農事試験場技師（1911～1920）となる。このとき上述の松田式麦作法（稲作本位の麦作法）を考案し県下に普及した。試験場技師在職中に、肥後農林商会、農友会結成。1920年熊本県農事試験場を退職し、菊池郡黒田原の山林を開墾し肥後農友会実習所を開設、青年教育と開拓（国内、満州）指導の本格的取り組みを開始した。1928年、農友会実習所を県営八代干拓地（昭和村）に移転し、水害と戦いながら干拓地農業の振興に尽くす。1946年以降、『農魂と農法』シリーズなど一連の農民向け著作を刊行、総著作点数は43点に及んだ。1952年『革新米麦作法』で後述する稲作農法を提唱。1968年７月30日没、80歳。

技術内容：松田式革新農法は、水稲、陸稲、麦、甘藷、甘藍、養豚など多岐にわたるが、共通した特徴は、土地利用の高度化、畝立てによる深耕、堆肥と緑肥による地力増進、作業の合理化、畜力利用、複合経営合理性（部門間の有機的連携の強化）等の追究である。

たとえば松田氏は貧困な農民の救済のために乳牛の導入を提唱し、さらに乳牛を役牛としても活用せよと説く。ところが、酪農と田畑の並存は労力競合が多く、また乳牛についても泌乳と作業の生理的競合が現れる。それに対して松田氏は省力多収の方法を提案し、自給飼料の増産策を示し、余裕の出来た労働力で畜産の導入だけでなく農産加工などの副業も興せと説くのである。

省力多収の方策としては農機具の改良、作業法の一新などを提唱するが、それ以上に重要なポイントは地力増進だとする。収量の行き詰まりは化学肥料の連用による地力の消耗にあり、それが農薬の多投を生んでいる、「地力増進を怠って、其他の技術に頼るのを〈農作法の堕落〉」というのが松田氏の主張で、先に紹介した黒沢淨氏の考えと一致している。病虫害防除に関しては「地力で育てた作物は薬要らず」と述べ、病虫害対策の基本は地力増進にあるとした。また、増収を阻み、病虫害の多発を招く原因は化学肥料の連用にあるとした。

地力増進のためには、深耕、風化、有機物の還元が必要だが、いずれも手間がかかり実行が難しい。そこで松田氏は畝立て農法によって自然に深耕、風化が進む方法を提唱し、また、堆肥施用に加えて緑肥作物の導入を提唱するのである。さらに、そうした農法の基本に、「稲作りは麦の為、麦作りは稲の為、故に田植が麦作の始り、麦播が稲作の始まり」という有機的な前後関連作体系の創出をおくことを主張している。松田氏においては土地利用の高度化は単なる多毛作化ではなく、農法体系の高度化の問題として位置づけられていた。

本稿の直接の対象である松田式革新稲作法の概要は次のようである。

水稲の収量目標は10a当たり4石（10俵）とし、坪40株、1株穂数18本（坪

当たり720本)、1穂精籾120粒という収量構成を提示する。

作付体系は麦－緑肥大豆－稲－麦の1年3作である。緑肥大豆は麦の立毛中に播種し、稲田植前に刈り取って緑肥として鋤込む。稲は苗代田を設けずに麦立毛中、あるいは麦刈跡に松田氏の考案した播種器で条点播、麦は稲刈跡に播種器で条播する。

耕起、シロカキはせずに、麦、稲の中耕培土作業で次作のための畝立て、整地などを兼ねられるようにする。水稲除草は独自には行わず、中耕培土で代行する。作業は畜力利用を基本とする。そのため作物の条間は広く取る（稲：2.2尺、麦4.5尺の2条）。

作付体系全体を通しての地力増進を追究する。まず上述の畝立ての実施で深耕を果たす。前作立毛中の条間に出来るだけ大量の有機物を施用し、次作のための元肥とする。施用有機物は未熟有機物とし、土中での堆肥化を旨とし、施肥効果を高めつつ、堆肥製造の労力の節約を図る。緑肥大豆を導入する。緑肥大豆の生育を確保するため稲の作季をできるだけ遅らせる。

大きな特徴は苗代様式にある。独自の苗代を設けず本田全体で苗を育てる。麦の株間に播種器で点条播し、本田で苗を育て、田植は、その苗を土ごとつかみ取って近くに直移植する。播種は、条間4.5尺で千鳥播きとする。1点播種量は5〜6粒で、千鳥の播種間隔は2.5寸の2条、各条3寸間隔とする。播種密度は坪当たり0.08合（10a当たり2.3升）、坪当たり約53株という黒沢式以上の超薄播きである。発芽後条間を中耕し、播種後15〜20日に1点2本に間引く。

水管理は完全畑状態とする。苗代期間は40日を基本とし、2本に間引いた苗は、田植時には6〜10本程度に分けつしている。

田植は苗条の間に2.2〜2.3尺幅で2条の綱を張り、それに沿って株間4.5寸の千鳥並木植とする。栽植密度は坪当たり約40株とする。直移植なので苗取りの手間も不要で、疎植なので田植能率は2人組で10a当たり2時間程度で終了できる。

具体的な作業手順としては**第1図**のように、まず、稲の刈跡に、1.2尺、

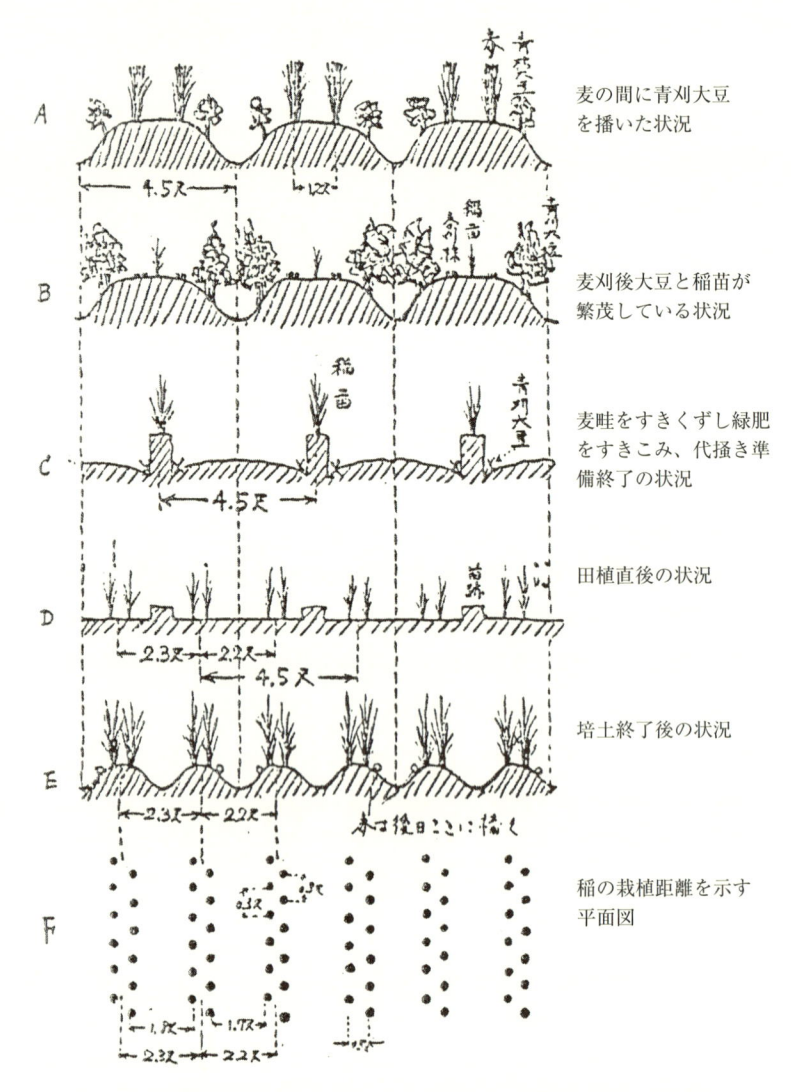

A 麦の間に青刈大豆を播いた状況

B 麦刈後大豆と稲苗が繁茂している状況

C 麦畦をすきくずし緑肥をすきこみ、代掻き準備終了の状況

D 田植直後の状況

E 培土終了後の状況

F 稲の栽植距離を示す平面図

第1図 松田式革新稲作の作付・作業体系〔松尾大五郎 1954[9]〕

3.3尺の交互の条間で麦を播種器で播き、畜力で培土畝立てをした麦株元（畝の肩）に緑肥大豆を播種する（麦の立毛中）。また、麦の条間に堆肥を施用する。麦の刈跡あるいは立毛中の条間に稲を播種器で播種し（4.5尺幅2条千鳥）、田植前に緑肥大豆を刈取り、稲苗条を残して麦の高畝を畜力で鋤崩し大豆を鋤込み、これをもって田植のための耕起シロカキに代える。田植は苗条間に2.2〜2.3尺幅で2条に直移植する。苗跡畝は畜力で鋤分け、除草は畜力の中耕培上作業で行う。稲の条間に堆肥を施用し、麦の肥料とする。

4．微生物発酵肥料の活用—島本式稲作心土栽培[10]—

島本式稲作心土栽培の島本覚也氏は、荒唐無稽な神憑り農法として笑いもののような形で戦後農業技術史に記録されている柴田欣志氏の「酵素農法」を、普遍性のある農業技術として再生確立した人である。

柴田氏から酵素農法を学んだ島本氏は、家業の麹屋の伝統を活かして、1950年代初頭には独自の微生物資材（バイムフード）とその利用技術体系を確立した。当時の堆肥製造についての通俗的理解は「有機物が腐って堆肥ができる」といったものであったが、島本氏は発酵と腐敗を明確に峻別し、有機物の発酵によって良質堆肥を作ることを提唱した。また、発酵堆肥や有機質発酵肥料の施用効果についても、化学成分の補給効果だけでなく、土壌微生物とその住処としての土壌腐植に早くから注目し、土壌の微生物性の改善効果も重要な狙いとして位置づけていた。さらに、有機物の発酵過程で生成、合成されるビタミン、酵素等の発酵生成物の植物への活性効果にも早い時期から注目し、発酵エキスの葉面散布や土壌潅注等の技術も1950年代初頭に打ち立てている。

稲作に関しては、島本氏の後継者として共に技術開発とその普及にあたってきた次男の邦彦氏が主として担当し、発酵堆肥と有機質発酵肥料を巧みに利用し、地力活用型の穂重型、秋まさり型の稲作体系を構築した。心土層まで根が十分に張った稲作という意味で、氏らはそれを「心土栽培」と呼称した。

島本覚也氏の横顔：1899年4月26日、滋賀県甲賀郡水口町の麹屋に生まれる。戦前までは名古屋で食品工業会社を経営、名古屋の食品業界では有能な青年実業家として名をなしていた。国学研究に傾倒し、敗戦直前（1945年2月1日）に大本教聖師出口王仁三郎と面会し、感銘をうけ大本教に入信。敗戦にあたって新しい人生使命を決意し、ふるさと水口町に戻り帰農。家族と共に平地林を拓いて農場を開設。1946年、出口王仁三郎の勧めで柴田欣志氏の酵素農法についての研究を開始。大本教本部から入手した柴田氏の「酵素元種（もとだね）」を使って堆肥づくりに取り組み「堆肥とは、腐らせるものではなく発酵させ、温醸（うま）すもの」であることを実感する。この体験がその後、独自の微生物農法を確立する起点となった。

1947年、開拓農場2年目で、発酵堆肥、発酵下肥の効果で大麦17俵/10aの成績をあげ注目を集めた。同年7月、技術の公開に消極的な柴田氏と対立し柴田氏と決別し、独自の技術開発を開始した。1948年2月、大本教の提唱になる農事研究団体愛善みずほ会（会長黒沢淨氏）が発足し、監事となり酵素農法の普及指導にあたる。この年には、家伝の麹製造技術などを活かし、天然酵母、乳酸菌、麹カビ等を複合培養する独自の酵素元種の製法をほぼ完成した。また、この頃には鋸屑の堆肥化、発酵エキスの葉面散布、発酵飼料の畜産利用など、さまざまな利用技術が開発確立されている。

技術の一般的普及のためには、酵素元種を農家が自家製造、自家調製するという形ではなく、誰でも簡便に使用できる資材としての確立が必要であった。そのためにまず、1950年頃に酵素元種を乾燥粉末化した「バイムエンチーム」を開発し、さらに1954年頃にはそれを米糠等で拡大培養し、堆肥材料等にすぐに混合でき、かつ保存性のある「バイムフード」を完成させている。

また、理論面では土壌微生物学者板野新夫氏（当時大阪府立大学）の土壌腐植と土作りの理論[11]を援用しながら、従来の酵素農法を土作りを基本とした微生物農法として体系化し、自らの呼称も島本微生物農法と改めた。このような理論的認識の深まりをもとに、1952年には「土は生きている」、「土

を殺す農薬と化学肥料」等の発言が見られるようになった。

1949年、『酵素の応用と農業』を著し、酵素元種の製造利用法等を一般に公開した。島本微生物農法の技術的原型はこの著書にほぼ出揃っている。その後、普及性のある技術の確立（資材化等）、理論化、実践の広がり等を踏まえて、1956年に『最新微生物農法』を出版した。この著書でほぼ技術の完成が確認される。

島本氏が活動の場としてきた愛善みずほ会は、その後化学肥料等もそれなりに取り入れる方向へと進んだが、島本氏はそれをよしとせず、1954年に、みずほ会副会長としての活動は継続しつつも、微生物農法の研究と普及のための組織として、独自に酵素の世界社を設立した。

1967年5月25日没、75歳。

微生物農法の開発普及活動は次男邦彦氏が継承し、酵素の世界社は今日も活発な活動を続けている。島本邦彦氏は1928年9月13日に名古屋市で生まれた。戦後は父とともに農場の開墾、酵素農法の研究開発に取り組んだ。微生物農法という命名は氏によるもので、特に栽培技術の研究では主導的な役割を果たした。後述する稲作心土栽培は邦彦氏の開発によるものである（『改訂最新微生物農法』1959年で発表）。1985年に愛善みずほ会の会長となり、これを契機にみずほ会は天産自給、有機農業の推進の活動方針をかかげるようになった。

技術内容：島本氏の心土栽培の特色は、地力依存型の栽培で、心土層への根の張りを促し、心土層への根の張りが、秋まさり型の稲型を作り出すと主張する点と有機質発酵肥料の追肥、葉面散布などで生育コントロールを図ろうとする点にある。

島本氏は作土層へのチッソ肥料の施用が、上根（うわね）型の稲をつくりそれが秋落ち型の稲作の原因となっていると指摘する。チッソ吸収型の上根は根腐れに冒されやすいが、心土層に伸びた根（川田信一郎氏がいういわゆる直下根）は根腐れの恐れは少なく、心土層のミネラルを吸収し強健な稲体

を育てる。特に珪酸と苦土の吸収はイモチ病などをはねつけるような硬い稲体を作り上げるとする。

心土層に根を伸ばすためには、発酵堆肥による土作りを基本とし、肥料は有機質発酵肥料を中心に、基肥ではチッソを出来るだけ少量とし、リンサンの肥効を高めるためにリンサン発酵肥料を十分に施す。リンサン発酵肥料ならばリンサン吸収係数の高い火山灰土壌でもリンサンの肥効を確保することができる。

育苗については、やはり健苗主義で、3本分けつ位の若苗が活着も良く無難だとする。また、本田の分けつにあまり依存せず、分けつ苗で坪当たり500茎以上の植え込みを図る。

本田施肥は、つなぎ肥（有効分けつ期、有機質発酵肥料と少量の硫安）、調節肥（最高分けつ期、リンサン発酵肥料）、第1回穂肥（出穂32日前、堆肥と有機質発酵肥料）、第2回穂肥（出穂27日前、リンサン発酵肥料、硫安、尿素）、稔実肥（出穂後20～25日、リンサン発酵肥料、有機質発酵肥料、硫安）という体系である。有機質発酵肥料は島本式では高級粒状肥料と呼んでいるもので、油粕、魚粕、大豆粕、骨粉、鶏糞、米糠等と山土を混ぜてデンプンを加えてバイムフードで発酵させたものである。リンサン発酵肥料は鶏糞、骨粉、米糠、苦土燐酸と山土を混ぜてデンプンを加えてバイムフードで発酵させたものである。調節肥でリンサン発酵肥料を施用している点は独創的である。またこの時期に発酵ブドウ糖エキスの葉面散布も提唱している。いずれも稲体内でチッソ代謝を円滑にし、糖の体内蓄積を促そうとするものである。

発酵エキスの活用では、発酵ブドウ糖エキスの葉面散布でチッソ過多症を解消したり、病害を防止したり、浸種による種子発芽促進などの特殊技術も考案している。

最終的稲型としては**第2図**のような逆三角形のモデルを提案している。心土根（直下根）、太茎、大穂の典型的な多収穫重型の稲型である。

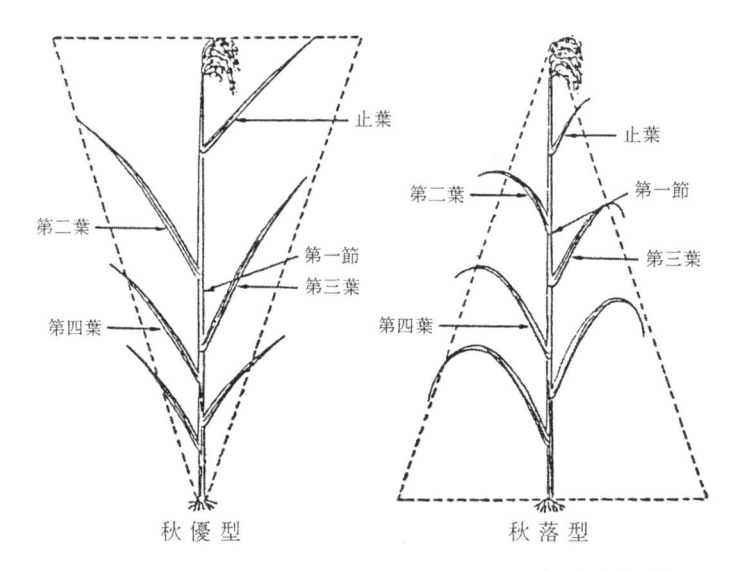

第2図　島本式心土栽培が提起する逆三角形の稲型〔島本覚也[10]〕

5．民間稲作農法の特色と評価

(1) 民間稲作農法の全国的展開状況

　以上、1950年代頃に展開した民間稲作農法の中から代表的と思われる3事例を紹介した。もちろん当時、各地の農村で取り組まれた民間稲作農法はそのほかにも多数の事例がある。農地改革、食糧増産の時代環境のもとで村々では有名、無名の技術的チャレンジが数多く行われていたことは想像に難くない。しかし、今日から振り返ってそれがどの程度の展開状況であったのかを確定することは困難である。
　そこで参考までに、1952年に川田信一郎、早川孝太郎の両氏が実施した全国調査（農林省委託、農業技術協会実施）からその結果概要[12]を紹介しておきたい。

第1表　民間稲作技術の展開状況（普及員調査）

種類		地域 北海道東北	関東東山北陸	東海近畿	中国四国	九州	計
名のある技術	黒沢式	10	4	8	29	11	52
	松田式	0	0	0	11	4	15
	大井上式	2	1	2	6	1	12
	メシア教式	4	3	1	1	0	9
	川崎式	0	0	9	0	0	9
	赤木式	0	8	0	0	0	8
	広川式	0	0	0	7	0	7
	福井式	0	1	0	6	0	7
	その他	9	8	8	4	2	31
	直播	13	5	6	13	5	42
名のない技術	苗代	11	13	8	6	2	40
	田植	6	4	8	3	2	23
	本田	9	8	3	10	4	34
	施肥	4	1	8	3	0	16
	品種	3	3	4	0	4	14
	作付	4	0	3	0	0	7
	計	75	59	68	89	35	326

資料：川田信一郎（1953）[12]

　同調査では全国23道県の普及員300名（回答299名）へのアンケート調査と全国の篤農家1,627名（回答160名）へのアンケート調査が行われた。

　第1表は普及員調査から得られた民間稲作技術等の回答事例数と地方分布の概要を示したものである。普及員調査では民間稲作技術を「名のあるもの」、「直播」、「名のないもの」の3種に大別しているが、「名のあるもの」は23種、回答事例141、「直播」回答事例42、「名のないもの」回答事例143、合計326事例となっている。「名のないもの」について内容の内訳をみると、苗代様式に係わるものが40事例、本田での栽培様式が34事例、田植方式が23事例、施肥法が16事例などであった。

　第2表は篤農家調査から拾い上げられた30種の「名のある民間稲作技術」の一覧であり、**第3表**はそれら30種の民間技術についての回答事例数とその地方分布を示したものである（表には31種挙げられているが、31番目の在来

第2章 昭和戦後期における民間稲作農法の展開

第2表 稲作民間技術の種類と特徴(篤農家調査)

除北海道

	名称	特徴大要
1	赤木式波状栽培	赤木式。波状耕作とも言う。
2	培土分施農法	培土と肥料分施を併せるもの。分けつさせぬ。田中正助氏農法。
3	池上式溝上栽培	溝上式とも言う。2条並木植、溝上高度栽培など。
4*	畦立式栽培	培土により溝上、畦を高くし灌漑水は溝中にて可。
5	並木植	単条並木植。黒沢氏農法の一種とも言う。別種もあり。
6	並木植畦間ニ堆肥施用	並木植にして1回目の除草後畦間に堆厩肥施用。
7	直播栽培	省力目的、麦畦に行う。
8	吉岡式麦間直播	吉岡氏の直播。
9	黒沢式農法	苗育成、栽培、管理、肥料等に亘る。
10	松田式革新農法	二毛作対象の方法。本田に直播、後移植(麦跡に)。
11	不整地栽培	波畦の間に不整地のまま挿秧。
12	代掻き廃止農法	一種の不整地法。代掻き作業を廃す。
13	早播早植農法	早期に播植付、本田に長期間置くを目的。
14	晩植農法	螟虫防除目的と他作物との調節目的の二種。
15	広川氏農法	広島県の広川氏創始と言う。各種方法をとりいる。
16	池口・山下農法	鳥取県の池口・山下氏創案と言う。肥料施用に特色。
17	福井式農法	陸苗代。仮植農法とも言う。
18	24D利用除草廃止	24Dを利用して除草労力を廃す。
19	根助助長農法	奈良県米田氏の創見と言う。育苗中心。
20	大井上式農法	同氏の栄養周期説に基づく農法。
21	丸木式重層苗代	苗代の整地に特色あり。
22	富永式育苗法	方法明らかでない。
23	越中式保温苗代	同上。
24	保温冷床苗床苗代	同上。
25	乾田整地苗代	乾田整地。播種後灌水。
26	特殊畜力利用農法	犬を使用して培土。
27	特殊品種・肥料利用	特殊の品種又は肥料を基本とする。
28	抜塩式農法	海水侵入により塩分多き田に畦立式栽培。
29	宮川式農法	富山県宮川氏の創見と言う。培土を広用。
30	メシア教農法	信仰により特殊肥料に限定せる方法。
31	在来法折衷農法	慣行法に自家創案を広用。各種あり。

資料:早川孝太郎(1953)[12]
*3との違いは不明

法折衷農法は体系的な特徴の認められない諸回答についての便宜上の総称である)。

調査自体が数量的な分析に耐えるものではないので、地方的分布の特色等をこれらの表から議論することは無理である。しかし、当時かなり多種類の民間稲作技術が全国的にくまなく展開していた様子を窺い知ることはできる。また、本稿の前節までに紹介した黒沢式稲作と松田式革新稲作および山形県

第3表　稲作民間技術の地方分布（篤農家調査）

	名称	九州	中国・四国	近畿	中部	関東	東北	合計
1	赤木式波状栽培				2			2
2	培土分施農法						19	19
3	池上式溝上栽培	2						2
4	畦立式栽培	1			1	1	11	14
5	並木植		1		1		1	3
6	並木植畦間ニ堆肥施用				2			2
7	直播栽培	2			2		1	5
8	吉岡式麦間直播		1					1
9	黒沢式農法	4	3	1	3	2	1	14
10	松田式革新農法	24	4					28
11	不整地栽培		1		2	1	2	6
12	代掻き廃止農法					1		1
13	早播早植農法	2						2
14	晩植農法			2				2
15	広川氏農法		1					1
16	池口・山下農法		1	1				2
17	福井式農法		2			1		3
18	24D利用除草廃止			2		2		5
19	根部助長農法			1				1
20	大井上式農法						1	1
21	丸木式重層苗代	2			1	2		5
22	富永式育苗法			1				1
23	越中式保温苗代	1						1
24	保温冷床苗床苗代				1			1
25	乾田整地苗代	3						3
26	特殊畜力利用農法						1	1
27	特殊品種・肥料利用				2		2	4
28	抜塩式農法						1	1
29	宮川式農法				1			1
30	メシア教農法			1				1
31	在来法折衷農法		1	5	4	2	6	18
	計	42	15	14	23	11	45	150

資料：早川孝太郎（1953）[12]

の田中正助氏による「培土分施農法」が当時の民間稲作農法のなかでもメジャーなものであったことも確認される。さらに、これらの「名のある」民間農法は孤立した存在ではなく、その周辺には村々における「名のない」さまざまな農法的試みがあったことも推察される。

　なお、この3種の技術の普及見通しについては、回答者たちの多くが松田式と培土分施農法は伸びる可能性があるが、黒沢式については手間がかかる割には増収効果が小さいので衰退していくだろうと答えていた。なお、この

調査では島本式稲作心土栽培についての回答がないが、島本氏の技術確立がこの調査よりあとだったためである。また、長野県の荻原豊次氏の保温折衷苗代についての回答例がないのは、保温折衷苗代は官側の技術だというのが当時の一般的認識だったためと思われる。

(2) 育苗技術の評価をめぐって

　当時の民間稲作農法が共通して関心を寄せていた一つの焦点は、薄播等による健苗育成であった。本稿で紹介した３事例でも薄播、健苗育成は重要なポイントとなっており、とくに黒沢式と松田式においては育苗方式が技術の中心的柱をなしていた。他方、生産現場での農民の着想と公的な試験研究体制との共同によって編み出され、戦後近代稲作技術の優れた代表格とされる保温折衷苗代もその名の通り内容は育苗技術であった。

　これらの諸農法は独創性という点でも、作り上げた技術内容の点でもそれぞれ優れたものであり、すでに時代環境も転換している今日の時点で相互の優劣を論じることにはあまり積極的意味はない。しかし、戦後農業技術に関する歴史認識として、民間技術としてはたとえば保温折衷苗代だけが記録され、その周りには実はそれに劣らず優れた民間諸技術が多様に展開していた事実が忘却されるかに見える状況のもとでは、保温折衷苗代と同等以上に優れた民間育苗技術が存在していたことを検証することはそれなりの意義があるように思われる。さらにまた、そうした相互評価を踏まえて、当時の技術状況のもとで、たとえば育苗に関して何故に保温折衷苗代だけが公的に取り上げられ、高い評価を受けていったのか、逆言すれば黒沢式等が何故公的な認識から落ちていったのかを検討することも、新しい戦後農業技術史論を構築するうえで一つの視点を提供してくれるようにも思われる。おおよそこのような見地から、以下では主として保温折衷苗代との対比で黒沢式と松田式の育苗技術の評価について検討してみたい。

　保温折衷苗代の技術公開について、社会的紹介者であった近藤頼巳氏は次の諸点を挙げ、寒冷地における通し苗代はこの方式に切り替えるべきだとし

ている[13]。

①苗腐敗病の防止、②苗転びの防止、③表土剝離の防止、④ユリミミズ、アオミドロの発生防止、⑤油紙保温による発芽、苗立ち、初期生育の向上、⑥播種日の早期化（5～7日）、⑦薄播（坪当たり2.5～3合）、⑧以上全体を通じての健苗育成。

これらの諸点のうち①～④は、通し水苗代の様式から秋冬期は苗代用地を乾田状態で管理し、苗代期に短冊型に揚げ床し水陸折衷管理するという方式に切り替えることによって得られる効果であって、これは荻原式だけのものではない。寒冷地稲作を主要テーマとした黒沢式においてもほとんど同様の技術が用意されていた。黒沢式においては、通し苗代からの転換も意識して、苗代予定田における地力培養の方策、苗取り対策も考慮して苗代作土を浅くするという提案、転び苗対策としての芽干しの実施、保温効果も意識した水管理方式の提案等の周到な対策が体系化されており、むしろこの点では荻原式よりもより高度な技術提案となっている。

⑤は荻原氏の独創であり、黒沢式にはみられない。荻原氏創案の油紙使用は、その後はビニールに変わり、さらにさまざまに開発工夫され今日に至っている。これらの被覆資材の使用を抜きに今日の育苗技術を語ることはできない。その意味で被覆資材の使用による保温という荻原氏の着想の技術史的意義は高い。他方、黒沢氏は、保温について水温を高め、水管理を工夫することを提案している。また、発芽勢の向上等について黒沢氏は採種、選別の強化と低温発芽性の強化を提案し、島本氏は発酵液での浸種を提起している。

⑥は荻原式では油紙保温によって比較的簡単に可能となり、これがその後の早期栽培、早植え栽培の体系化に道を拓いたことはよく知られている。しかし、5～7日程度の播種日の早期化は、油紙使用によらなくても可能であり、黒沢氏の場合も同じ程度の播種日の早期化を提起している。

ところで、播種日の早期化は一般的には田植の早期化につながり、それが早期栽培、早植え栽培へと発展したのだが、こうした方向は同時に水田における2毛作を困難にし、水稲作の独往性を高め、水稲単作の構造化を助長し

た[14]。しかし、黒沢式の場合には苗代分けつ確保を重視するため苗代期間を約70日と長く取り、そのことが寒冷地においても2毛作への可能性を高めた。松田式の場合は暖地稲作という条件に加えて、多毛作への積極的配慮が技術の基本におかれており、水稲単作化といった発想はみられない。

⑦の薄播による健苗育成という点で、荻原式よりも黒沢式や松田式の方がより徹底していたことはすでに説明の必要はないだろう。播種密度は黒沢式が荻原式の約10分の1、松田式が約50分の1であった。薄播の位置づけに関しては、黒沢式や松田式における極度の薄播主義の根底には苗代分けつを重視した穂重型生育相という栽培理念があった。荻原式においては健苗のメリットは活着の良さ程度のものであり、黒沢氏らのような栽培理念的背景はなかったようである。

なお、播種様式は荻原式では一般に散播とされていたが、その後出版された荻原式に関する写真集[15]には播種枠を利用した筋播の写真が掲載されている。写真で見る限り、条間2～3寸の播種枠で、黒沢氏考案のものと類似している。この播種枠を使用すれば黒沢式に近い薄播が可能だったと思われる。しかし、筋播播種枠の使用方向は黒沢氏と荻原氏では逆だったようである。すなわち、黒沢氏は短冊の短辺方向の筋播を提唱していたが、荻原氏の写真では長辺方向の筋播となっている。黒沢式における短辺方向の筋播はその後の中耕、間引きなどの苗代管理にとって必須の条件であったが、そのような集約的な苗代管理を想定していない荻原氏の場合は、筋播播種枠の使用は単なる薄播のためで、したがって長辺方向での筋播でもかまわなかったのではないかと考えられる。

以上、育苗技術について、荻原式と黒沢式等その他の民間技術との比較をしてみた。技術内容としては、荻原式も黒沢式もかなりの点で類似していたが、技術水準という点でみれば、黒沢式等の方がむしろレベルは上だったように思われる。荻原式が他と大きく異なるのは油紙という被覆資材を使用する点にあった。ここに荻原式の独創性があるのだが、油紙という資材利用を思いつかなかった黒沢式においては、逆に用水管理等の環境利用技術による

保温対策、水稲自体の低温適応力を引き出す技術対応など、資材依存ではない方向での技術探求が進んでいた。さらに、技術の体系性という点でも荻原式と黒沢式ではいわば体質的違いがあった。荻原式は育苗に限定した部分技術と理解されるが、黒沢式における育苗技術はあくまでも黒沢式稲作の技術体系の不可欠の一部分をなしていた。そのため、荻原氏は部分技術としての普及が可能だったが、黒沢式は体系的であるが故に、部分的技術要素だけを取り出して別の場面で活かすといった対応が難しかった。

(3) 肥培管理技術の評価をめぐって

次に肥培管理技術の側面について、田中正助氏の分施技術[16]と黒沢式等の肥培管理論との対比を試みよう。

田中氏は自らの分施技術について次のように述べている。

「昔は自給肥料である堆肥や厩肥の様な遅効性肥料のみの施用で、稲を作ったため、本田初期の肥効が抑えられ、少肥ながらも肥効が持続される傾向にありました。それに僅かの金肥を加えた程度ですから、全元肥式の方が有利であった事も考へられます。

其後、段々と金肥の施用量が増して来て——収量も躍進しましたが——青田が繁って参りました。それに尚不足だと云って追肥をやるものですから、栄養生長が長引き草丈が伸び天候不順に遭遇すると、稲熱病に罹る危険が多分にあったのであります。処が茲に述べる分施式と云ふのは、元肥として與える肥料の3割なり4割なりを残して、後で稲の生理に適する様に施すのでありますから、肥料の流亡を防ぐことが出来、且つ天候不良な年には残しておいた肥料を少しく減じて施すか、又は全く中止することによって凶作を回避することが出来る弾力性を有つことになります。

尚分施法の要点は、健苗を多く植えて、基肥としては速効性肥料を用ひ、分けつを早め一坪千本なり千二百本なりの目標の茎数を獲得して生殖生長に移し、其後の栄養を充分にして、積極的に多収を得るといふのでありまして、人間に譬へれば母の栄養を満点にして、丈夫な児を生むといふのと同じ理屈

であります。(中略)

　但し、堆肥を沢山基肥に入れることや、暗渠排水をやって土質を改良することは、極めて大切な事でありまして、之を建物に例えるならば、地力の増進は土台を堅固に築くことであり、肥料の分施は造作建築の最も進んだやり方、とでも云ふことになりませう。とにかく根本的土地改良を忘れてはいけません。」(『稲作増収の新研究』1942年)

　追肥と分施は同じようにみえて、考え方に基本的な違いがあること、茎数確保を中心とする栄養生長期の対策と穂を大きくし登熟向上させるための生殖生長期の対策を区別しつつ化学肥料の施用法でコントロールしようという点が田中氏の分施法の要点であった。こうした田中氏の技術論は、その後の近代稲作理論の骨格をなした穂肥などの後期重点追肥理論の基本点を見事に言い当てている。本稿は田中氏の技術自体の検証を目的としていないので多言を控えるが、分施の発想そのものは山形県農試の佐藤富十郎によるもので、その後、分施の考え方を教えられた田中氏は研究者の協力を得ながら氏自身のオリジナルな技術体系を確立していったとされている。また、田中氏の分施法はその後、試験研究サイドにおける後期重点追肥技術としても継承発展させられたが、民間レベルでも寒河江欣一、片倉権次郎、大木善吉など「米作りの神様」とも言われた1960年代の篤農家たち(いずれも山形県川西町)に引き継がれた。

　さて、本題に戻ろう。田中氏は金肥の使用方法だけを言ったわけではなく土作りの重要性にも触れてはいるが、技術の中心は化学肥料による穂肥にあった。これに対して黒沢氏、松田氏、島本氏はいずれも化学肥料の乱用が災いのもとだと説き、土作りや自給肥料の製造や活用方法について独自の技術を考案していた。黒沢氏や松田氏は主として土作りと元肥主義であったが、島本氏の場合はそれに加えて有機質発酵肥料による追肥も重要な技術要素となっていた。いずれにしろ田中氏の金肥、化学肥料重視と黒沢氏らの自給肥料、有機質肥料重視の違いは明確である。

　田中氏はチッソ(硫安)だけでなく、リンサン、カリの3要素の配合、3

分の1程度は有機質肥料の使用が良いとも述べている。しかし、技術の力点はあくまでもチッソ＝硫安の施用法にあったことは明らかである。また、田中氏の分施法を学んだ人々も多くは田中氏の技術のポイントはチッソの施用法にあると理解していたことは想像に難くない。

　栄養生長期の管理については、田中氏も当時の穂重型品種の特性を前提として、田植時点で400～600本程度の茎数を植え込むことを提唱しそのための健苗育成を勧めている。しかし、必ずしも分けつ苗である必要はないとも言い、その場合には植え込み本数を多くすれば良いとしている。田中氏は坪当たり56株植え程度を標準としているので、1本苗の場合は1株7～10本の太植えとなる。健苗育成についての位置づけが田中氏の場合は黒沢式等よりもずっと軽かったことを示している。

　以上のことから、施肥法に関して、その後、田中氏の技術は多くの継承者を得たが、黒沢氏等の技術が実践者を失っていった理由は、技術内容の優劣によるというよりも、主として田中氏の技術がその後の化学肥料主義の社会体制に適合的だったことによると考えられるのである。

　ここで肥培管理技術に関連して島本氏が提起した地力依存型の心土栽培と逆三角形の稲型（前掲第2図）の意義について述べておきたい。

　島本氏が強調する心土層に深く根を張った稲は、川田信一郎氏が氏の水稲栽培研究の最後に近い段階で提起した直下根型の稲とほぼ同様なものと考えられる[17]。川田氏は氏らの調査事例から10a当たり収量が600kg程度までは作土層に分布する上根の根量と収量には高い相関が認められるが、600kg以上になると相関は小さくなることを突き止め、続いて600kg以上の多収穫のためには直下根の発達が重要な意味を持つのではないかと問題提起している。直下根の発達のための方策としてはチッソ施用量を減らす、乾田化、深耕、心土層の構造化、堆肥施用、中干し、間断潅漑、潅漑水の縦浸透の促進などを指摘している。

　前節で紹介した通り島本氏は、川田氏らの研究より20年近くも以前に川田氏らの結論とほぼ同じ内容を、栽培理論としても具体的な技術体系としても

むしろ川田氏らよりも明確な形で世に問うていたのである。

さらに、島本氏が心土栽培（川田氏の表現に従えば直下根型の稲作）と、逆三角形の稲型を一体のものとして把握している点も重要である。直下根型の稲には太くて大きな稈が対応し、太くて大きな稈には大きな穂が対応するのが通例なので、直下根型の多収稲の稲型は短稈多けつ小穂型ではなく太茎、長稈、大穂の逆三角形となるのが必然なのである。他方、田中正助氏の流れを汲む化学肥料多肥栽培の生育型は、その後の穂数型品種の登場を踏まえて、短稈多けつ小穂の稲型（たとえば松島省三氏のV字型稲作等）を典型とするようになり、島本氏が提起する稲型とはちょうど対極に対峙する形となっていた。川田氏の直下根型の稲作への問題提起は稲型論まで到達できずに終わっているが、もし氏が問題をさらに追究していけたとすれば稲型論の転換に到達せざるを得なかったものと推察される。短稈多けつの稲型論は1970年代にはIRRIなどの国際研究機関でも採用されたが、その後この稲型論の限界が明らかになり、今日の世界的な多収理論はむしろ大型の稲型へと転換しつつあることを付言しておこう[18]。

(4) 作付体系技術の評価をめぐって

第3の比較の論点は作付体系や水田の高度利用に関する技術や技術的関心に関してである。先にも述べたように、水稲作は戦後水田利用における独往性を強め、水稲技術の高度化は往々にして水稲単作化を促進しがちであった。こうした傾向を象徴する技術動向が保温折衷苗代を起点とする早期栽培、早植え栽培の普及であったこともすでに述べた。田中正助氏の後継者たち（寒河江欣一、片倉権次郎、大木善吉の各氏ら）が活躍した山形県置賜盆地中心地域の戦後も、土地改良による畑の水田化、水田率の高まりが農業技術運動展開の基本基盤をなしていた。

それに対して、松田式革新稲作では全く異なった方向が目指されていた。松田式においては稲は前作の麦作に支えられ次作の麦作の事情を考慮して栽培され、麦は前作の稲作に支えられ次作の稲作の事情を考慮して栽培される。

成果は、土地利用全体の効果として、さらには経営全体の効果として評価されるべきだという考えがその基礎に置かれていた。松田式では作付型は稲—麦だけでなく、稲—菜種、稲—そらまめなども想定されていた。

また、松田式では作付体系は単なる多毛作ではなく、地力を高め、作物間の有機的結合関係を強めることが意図されており、そうした意味も含めて土地利用の高度化が模索されていたと考えられる。緑肥大豆の導入などはこうした方向性を象徴する取り組みであった。

さらに松田式では畜力利用を前提に技術体系が組み立てられているのも特徴であった。畜力利用は当然、労働軽減、能率向上を狙ったものだが、それだけでなく厩肥利用（糞畜利用）や用畜としての利用ももくろまれていた。畜力利用を粗放栽培と結び付けるのではなく、畜力作業機の工夫や条間等の工夫によって集約栽培に対応できる方式を開発しようとしていた点も注目に値する。

このように作付体系技術をめぐってはいわば松田式の独壇場であり、そのレベルは群を抜いて高いものであった。

もちろん松田式にも問題点はあった。作業体系があまりにも複雑なため、よほど条件が整い、技術に習熟していなければトラブルが生じやすい、堆肥の準備が量的に間に合わない、さまざまな工夫の割には増収等の効果が小さい等が主な問題点とされていた。これらの問題点は恐らくその通りだったのだろう。

しかし、そうだとしても1950年代の時期に民間技術としてこれだけの水準の試みがあったことは技術史上特筆されるべきだと思われる。

(5) 技術の普及性をめぐって[19]

民間農法への批判として、一般的普及性の欠如が指摘されることが多い。提唱者たちが主張するほど技術の内容がすばらしいならばもっと幅広い普及と定着があってしかるべきではないかとの疑問も度々提起されてきた。たとえば黒沢式稲作に関して暖地での失敗例が多かったことなどは上述の批判や

疑問の根拠とされた。しかし、そもそも寒地型技術であった黒沢式稲作が暖地での機械的な実施で多くの問題を発生させたとしてもそれはむしろ当然のことであって、そのことをもって寒地稲作としての黒沢式の価値が減じる訳ではない。農業技術に地域性があるのは当然であって、そのこと自体が技術の欠陥とはならない。

　むしろ問題は、技術を冷静に比較し評価していく姿勢と仕組みが、民間農法の主体側にも、一般農業陣営の側にも欠けていた点にあったように思われる。民間農法側は単に自らの優秀さを主張し、検証のための資料や自らの弱点を公表することを好まず、他方、一般農業陣営側は民間農法はまやかし農法だと決めつけて排斥するという不幸な図式が広く成立してしまっていた。黒沢式稲作に例をとれば、黒沢氏は6石穫りを標榜したが、まさか誰でもどこでも簡単に6石穫りが実現できると考えたわけではあるまい。黒沢氏の標榜は正確には場合によっては6石穫りも可能な技術体系だということだったのだろう。ところが実際には6石穫りの言葉だけが一人歩きし、黒沢式を批判する側は6石穫りが実現しない事実をとらえて黒沢式はまやかしだと決めつけるという具合である。

　また、民間農法の効果等への疑問として、手間がかかる割には効果が小さいという指摘もあったようである。農村に過剰人口が滞留し、現金収入が限られていた昭和初期から1950年代頃までの時期に形成された民間農法は、多くの場合このような側面からの効果判断の視点が薄かったことも事実だった。民間農法が一律に労働力濫費的技術であったという評価は間違いだが、効果判断についての多元的視点が不十分であった点は大きな弱点であった。

　民間農法では技術の体系性や一貫した技術思想が強調される場合が多かった。

　もちろんそれぞれの中味の妥当性は吟味されなければならないが、体系性や思想性の強調は民間農法の優れた特質の一つだと考えられる。しかし、この点も技術の普及性という面では制約条件として働くことが少なくなかった。技術の内容に技能的要素が多く、資材や機械等を基軸に組み立てられること

が少なかった点も一般的普及性における制約条件となっていた。島本式農法においては微生物利用技術をバイムフードという資材に結実させ得たことが、同農法の今日までの継続、発展の条件をなしていたように思われる。

6．むすび—喪われた民間農法の復権のために—

以上、不十分な論述ではあったが、一応明らかにし得たと考える論点を列挙すれば次の通りである。

① 1950年代頃までは全国各地で多種多様な民間稲作農法がかなりのボリュームで展開していた。

② 民間稲作農法のうち今日でもよく知られ、技術史上でも正当な評価を得ているのは荻原豊次氏の保温折衷苗代と田中正助氏の分施法くらいなものであるが、当時もっとも著名で多くの実践者を得ていた民間農法は黒沢淨氏の黒沢式稲作と松田喜一氏の松田式革新稲作法であった。

③ 保温折衷苗代や分施法はそれぞれ優れた技術であるが、黒沢式、松田式、あるいは島本式農法は、それに劣らず、さらに言えばそれら以上の技術内容を有していた。

④ 黒沢式、松田式、島本式は技術内容はそれぞれ異なるが、自給的資材や自然資源を最大限に活用しようとする点、作物の生命力を引き出すことを技術の基本に据えようとしている点、地力培養を基礎とした健康な作物作りを重視し化学肥料と農薬の乱用を厳しく戒めた点などに共通した特徴点がみられた。

⑤ 本稿で紹介した黒沢式等の民間農法は、いずれも体系的で、かつ「稲との対話」を通しての技術実践という体質が強く、購入資材を活用した部分技術としての普及が難しかった。

⑥ 当時の民間農法への批判として、経営無視の労働力濫費主義という指摘がさかんに行われたが、松田式の場合は畜力利用による作業能率の向上と余裕のできた労働力の経営内への集約的投下等、農業経営学的にみてもたいへん高レベルの水準にあった。

これらの諸点を踏まえてみれば、戦後農業技術史は、少なくとも民間農法の評価に関して大きな書き換えが必要だということは明らかではなかろうか。農地改革と食糧増産の熱気の中で、当時、村々には諸民間農法の競演とでもいうべき状況も出現していたようである。

　本稿で紹介できたのはそれらの動きのほんの一端にすぎない[20]。ひろく紹介され、記録されるべき民間農法は外にも多数ある。たとえば、大井上康氏の栄養周期説、岡田茂吉氏の自然農法、楢崎皐月氏の植物波農法、山岸巳代蔵氏の農業養鶏法、賀川豊彦氏提唱の立体農業、猶原恭爾氏が指導した山地酪農、さらに作目毎の諸農法は、林業、林産、水産、加工などにも及び、村々で試みられた名のない農法的試みなどを加えて等々、当時展開した価値ある民間技術は枚挙に暇がない。

　これらの諸民間農法が村々でどのように受けとめられ、また排斥されたのか、いわゆる試験場技術や民間農法相互間でどのようなせめぎあいが展開したのか、民間農法を推進した団体、組織はどんな活動をしていたのか、いわゆる官のサイドや農業団体は民間農法にどのような対応をしたのか、1960年代に入るとこれら民間農法が急速に衰退し、忘れ去られていったのは何故なのか、等々はぜひ解明されるべき論点として残されている。

　今日、わが国の農業技術が大きな転換期を迎えていることはすでに多言を要さない。ほぼ共通して指摘されている転換課題を挙げれば次のようである。
①化学肥料、農薬の多投など、資材依存の高投入型農業方式から低投入型農業方式への転換。
②輪作、有機物の活用など圃場、地域の自然循環を活かしたエコロジカルな農業方式への転換。
③安全性、おいしいさ、健康への寄与等の品質を重視した生産性の高い農業体質への転換。
④自然との対話という農業労働の特質を発揮した喜びのもてる農業労働の実現。
⑤労働の面でも、金銭の面でも、持続性の面でもゆとりの持てる充実発展型

経営の実現。

このような転換課題に関して1950年代前後に展開した民間諸農法は多くのヒントをわれわれに教えてくれるように思われる。過去の民間諸農法にもう一度光をあて、温故知新的にそれらから学びつつ、同時に過去の限界をも冷静に見つめようとすることは、時代的転換課題を追究していく上で有意義な作業ではなかろうか。

注

1) 農水省農林水産技術会議編『昭和農業技術発達史』全7巻、農文協、1995年刊行開始。
2) 農業発達史調査会編『日本農業発達史』全10巻、中央公論社、1953〜1958年。
3) 日本農業研究所編『戦後農業技術発達史』全10巻、農林統計協会、1969〜1972年。
4) 古島敏雄「農民的農法の完成と研究者の協力」日本科学史学会編『日本科学技術史大系』第23巻・農学（2）、第一法規、1970年。
5) 川田信一郎『日本作物栽培論』養賢堂、1976年。
6) 戦後農業技術史への問題視角に関しては次の拙稿を参照されたい。
   中島紀一「戦後の農業技術―得たものと喪ったもの」『総合農学』38-1、1990年。
   中島紀一「稲作技術に関連して」『総合農学』39-1、1991年。
7) 黒沢浄氏の業績についての主な文献としては次のものがある。
   黒沢浄『改良稲作法』愛善みずほ会、1948年。
   御園喜博、川田信一郎「黒沢式稲作法の特色とその普及条件」『農業経済研究』26-3、1954年。
8) 愛善みずほ会については大本教団史を参照されたい。
   大本70年史編纂会『大本70年史』宗教法人大本、1967年。
9) 松田喜一氏の業績についての主な文献としては次のものがある。
   松田喜一『革新稲麦作法』日本農友会、1953年。
   『昭和の農聖松田喜一先生』松田喜一先生銅像保存会、1972年（松田喜一追悼録）。
   松尾大五郎『松田式稲作法に関する調査』農業技術協会、1954年。
   松尾大五郎「いわゆる篤農技術と技術者」『農業技術』1954年8月。
10) 島本覚也、島本邦彦氏の業績についての主な文献としては次のものがある。
    島本覚也『酵素の応用と農業』愛善みずほ会、1949年。
    島本覚也「最新微生物農法」愛善みずほ会、1956年。
    島本覚也『改訂最新微生物農法（上巻）』愛善みずほ会、1959年。
    島本邦彦『大地の叫び　島本覚也の生涯』酵素の世界社、1984年。

島本邦彦『島本微生物農法』農文協、1987年。
11) 板野新夫『土壌微生物学』産業図書、1931年。
なお板野氏の著書に10年ほど遅れて東北大学の岡田要之助氏が土壌微生物学の著書を刊行している。内容的には板野の著書は土は生きているという視点に立って、堆肥製造等を意識した技術学的志向がみられたが、岡田の著書の場合はアカデミックな土壌微生物学の確立への志向がより濃厚であった。
岡田要之助『土壌微生物学概論』養賢堂、1941年。
12) 川田信一郎・早川孝太郎『稲作民間技術の種類と分布』農業技術協会、1953年。
13) 近藤頼巳・岡村勝政「水稲の保温折衷苗代による寒地育苗の改善」『農業および園芸』22巻11号、1947年。
荻原豊次氏の業績については古島敏雄氏の上記文献4）にも詳しい紹介がある。
14) 戦後日本農業における水稲作の独往性については金沢夏樹氏の業績を参照されたい。
金沢夏樹『稲作農業の論理』東大出版会、1971年。
15) 宮坂勝彦編『荻原豊次』銀河書房、1989年。
16) 田中正助氏の業績についての主な文献としては次のものがある。
田中正助『稲作増収の新研究』篤農協会、1943年。
古島敏雄「農民的農法の完成と研究者の協力」日本科学史学会編『日本科学技術史大系』第23巻・農学（2）、第一法規、1970年。
藤橋嘉一郎『近代稲作育ての親　田中正助』水稲分施発祥の地建立協賛会、1991年。
五十鈴川寛『戦後山形県における稲作民間技術』山形県農業技術協会、1995年。
17) 川田信一郎『イネの根』農文協、1982年。
18) 太茎、大穂型稲作への転換を提唱する最近の研究では稲葉光國氏の著書がある。
稲葉光國『太茎・大穂のイネつくり』農文協、1993年。
19) 普及性や経営的評価の側面にも言及した当時の篤農農法批判としては次のものがある。
菅原友太「篤農技術の批判（1）〜（4）」『農業および園芸』24巻6〜9号、1949年。
20) このような視点からの民間農法等の掘り起こしに関しては古沢広祐氏の著書がある。
また下記の拙稿も参照されたい。
古沢広祐『共生社会の論理』学陽書房、1988年。
中島紀一「有機稲作の理論と考え方」高松修・中島紀一・可児晶子『有機米つくり』家の光協会、1993年。
中島紀一「有機農業の技術的系譜とこれからの課題（上、中、下）」『週刊農林』1995年7〜8月。

第3章

地形や土壌の条件と土地利用の諸相

第3章　はしがき

　農学の道を歩き始めてからずうっと関心を持ち続けてきた領域は「地形や土壌などの立地条件に対応して歴史的に形作られてきた土地利用形態、農業形態の把握と解明」だった。

　私は埼玉県志木の生まれで、長く所沢でも暮らしていた。雑木林が続く武蔵野台地が故郷なのである。その後筑波大学に移ってからは筑波山を望む稲敷台地が暮らしの場となった。いずれも関東を代表する畑作地帯である。

　かつて関東は大畑作地帯で、1950年代頃までは畑作研究は関東農業研究の一つの重要分野で、その土地利用、畑作と林野の結びつきなどのすぐれた調査報告が多く蓄積していた。しかし、私たちの時代になるとすでに畑作＝野菜作となっており、普通畑作研究は過去のものとなってしまっていた。

　1970年代の終わり頃、筑波大学に移ってからは地元農業についての土地勘を得たいとの思いから、茨城各地を地形図を手にしてずいぶんと歩きまわった。その時の課題意識はやはり「地形・土壌立地と土地利用」だった。そんな折に東京農工大の渕野雄二郎さんの紹介で梶井功先生のご厚情をいただき「埼玉県農業長期構想検討委員会」の現地調査に加えていただくことになり、改めて埼玉県の畑作地帯を歩くことになった。残念ながら秩父などの山間地域には調査の足を伸ばせなかったが、平坦地域については相当丁寧に歩きまわった。そこで得た基本認識は、埼玉県の畑作には、火山灰台地の畑作地帯と、水田に隣接した低地の畑作地帯の2類型があるということだった。改めて述べるほどもない常識的なことだが、以来私の畑作探究は台地と低地の2

類型と畑を取り囲む林野という枠組みを軸として進められることになった。

　本章に収録した論文は主に畑作を取り上げたものだが、水田作についても同様の視点からずいぶんと各地を歩いてきた。水田地帯にはどういう特質があるのかという関心からのへの最初の本格的アプローチは東京教育大学の助手の頃、友人の田島正廣君の誘いで埼玉の「見沼代用水」や「葛西用水」を歩いたことだった。その頃、田島君は農業水利の実態把握を地を這うような姿勢で取り組んでおり、農業用水調査は最下流から最上流の取水口まで、流路に沿って徒歩でつぶさに歩くことから始めるべきだと主張していた。このときに田島君の解説を聞きながら江戸時代の代表的な農業用水の輪郭を実見できたことはたいへん有益だったが、それだけでなく、同時まだわずかに残っていた中川低湿地の様子を見ることが出来たのも今から振り返れば貴重なことだった。なお、田島君は東京農大で小出博先生の教えを受けた最後の弟子で、田島君から小出先生についてもいろいろ聞かせていただき、以来、この領域の勉強は小出先生の著作や研究姿勢に学びながら進めることができた。

　その後、水田農業についての実態に則した勉強としては、米作日本一で賞を取られたような米作りの名人たちの田んぼを各地に訪ねたり、冷害の年に冷たいヤマセが吹く岩手や青森の太平洋沿岸の見渡す限り青立ちした田んぼを歩いたりもした。これらの田んぼ巡りはただ歩いたというだけでほとんどは文章になっていないが、少しまとまったものとしては『田畑輪換の耕地構造』（農政調査委員会『日本の農業』158号、1986年1月）や一般向け図書の『有機米づくり』（高松修さん、可児晶子さんと共著、家の光協会、2003年2月）などがある。

　第1節は野菜作が席巻している現在の畑作の歪みの基本構造について述べたもので、短文だが私としては愛着のある文章である。後藤光蔵さん（武蔵大学）や渕野雄二郎さんからのお誘いで参加させていただいた東京都農業会議のアグリタウン研究会での報告要旨である。1991年3月のものである。

　第2節は埼玉県畑作論のまとめで、長文の報告なので抜粋とさせていただ

いた。実証研究部分のほぼすべてを割愛することになってしまった。全文は『筑波大学農林社会経済研究』第4号（1985年3月）に掲載された。

　第3節は茨城県の那珂川下流域の「圷（あくつ）」と呼称される良質の低地畑地域の報告で、茨城県農業試験場長を退かれていた石川昌夫先生（土壌学）に導かれての調査研究だった。梶井功編著『土地利用方式論』（農林統計協会、1986年10月）に収録された。

　第4節は茨城大学に移ってからの作で、霞ヶ浦の水源地の台地と谷津田の立地構造と土地利用をスケッチしたものである。茨城大学では耕作放棄された谷津田再生を大きなテーマにすることになった。それについては中島紀一編著『地域と響き合う農学教育の新展開』（筑波書房、2008年3月）や中島紀一著『有機農業の技術とは何か』（農文協、2013年2月）などに詳しく書いているが、本節はその取り組みから得られたこの地域についての農学的基礎認識について記した。茨城大学農学部に事務局がある霞ヶ浦研究会の機関誌の『霞ヶ浦研究』第11号、2008年9月に掲載された。

　第5節と第6節は地域農業と密接な関係を持ちつつ形成、維持されてきた林野利用についての調査報告である。

　第5節は関東の林野の大きな特質である平地林の概要をまとめたもので、明治大学の佐倉朗夫さん（当時は神奈川県農業総合研究所に勤務）との共著である。佐倉さんには横浜の調査にご協力いただいた。農林水産省構造改善局からの委託調査によるもので『農村整備方策地域類型検討調査報告書（1）―里山の利用・管理高度化調整システム調査―Ⅳ　関東地方平地林の農業的利用と都市的緑地利用の事例―畑作地力増進システムの確立と都市的緑地利用の再結合―』1985年3月として報告された。その頃、農村開発企画委員会におられた市川治さんからのお誘いだった。

　第6節は山村での農業的林野利用の実態を探ったもので、現在京都府綾部に住み杣人をしている中島耕平との共著である。調査地は学生時代の先輩の西尾勝治さん（農林家）が住む岐阜県白川町黒川である。調査は一緒に行い、報告文は中島耕平が執筆した。執筆は2004年3月で未発表の論考である。

第1節　野菜は都市でつくるもの

　現在の日本農業が抱える技術問題のなかで最も重要な一つは畑作地帯に蔓延している連作障害である。連作障害とは言葉の通り作物の連作にともなって生じる病虫害や生理障害の総称であるが、最近では連作をしなくても「連作障害」と同じような障害が現われるケースが広がっている。要するに日本の畑土壌全体が深刻な病に犯されつつあるということである。

　ではなぜ、こうなってしまったのか。その理由は比較的簡単なことで、都市から締め出された野菜が、かつて麦や大豆や雑穀やイモなどを栽培していた地方の畑一面に拡がってしまったからである。麦や大豆などのいわゆる普通畑他作物と比較すると野菜作は一般に地力収奪的で多肥多農薬を招きやすく合理的な輪作を組みにくいという性格をもっている。地方の畑作地帯の中心作物だった麦、豆、雑穀、イモなどの普通畑作物は、MSA小麦協定（1954年）に代表されるアメリカの余剰農産物受け入れ政策によって解体、駆逐されてしまっていた。

　野菜作は元来、小面積で集約的に栽培されるものであり、農耕（Farming）というよりも、園芸（Gardening）の技術体系に属するものと理解されてきたし、実際の農業もそのように展開されてきた。野菜は貯蔵や運搬が難しいという技術的特性もあるので、野菜産地は都市内部あるいは都市のごく近郊地域に立地するのが通例であった。野菜畑はふるくから「前栽場（ぜんせいば）」と呼ばれ、野菜は「前栽物（せんぜいもの）」と呼ばれてきたのはそのためである。

　国内では京都が最も著名な例であるが、歴史的蓄積のある都市にはその内部あるいは周辺に必ず優れた野菜産地が展開しており、産地と消費者をつなぐ地場流通のルートも、朝市、野市、振り売りなどの形できめ細かく形成されていた。

　野菜作に代表される都市農業の展開は、飲み水の供給と同じように都市の

成立にとって必須の都市機能であり、その展開度合は都市の成熟度のバロメータでもある。だから、都市農業を駆逐しながら形成された戦後の大都市は、基本的な都市機能を欠いた欠陥都市であり、成熟度の低い未熟都市だと断定せざるを得ないのである。

このような欠陥都市の急膨張は野菜価格の乱高下などの深刻な社会問題を引き起こし、それへの応急対策として、野菜生産出荷安定法（1966年）による指定産地制度が発足し、また卸売市場法が改正され（1971年）、中央卸売市場を頂点とする集散市場体系が強引に形成された。そしてその結果、冒頭に書いたような連作障害の蔓延という事態が全国の畑作地帯に拡がってしまったのである。

連作障害への技術対策としては土壌消毒、有機物施用、接木などの応急措置がとられているが、それらの措置がかえって事態を悪化させてしまうというケースも少なくない。問題の抜本的な解決のためには、野菜は都市でつくるという原則を回復させ、地方の畑作地帯には麦、大豆、雑穀、イモなどの普通畑作物を復活させ、畑作における野菜の作付比率を下げる以外にはないと思われる。

以上のような視点からすれば、野菜は都市でつくるものという原則の回復、都市の規模はその近郊での野菜の供給力をその上限とするという原則の回復、すなわち都市農業の再建、拡充の方向は、単に欠陥都市の現状を救うだけでなく、全国の畑作農業を混乱と病弊から救い出す道だとも言えるのである。

第2節　地形・土壌立地と畑作農法の類型—埼玉県畑作を事例として—

1．はじめに

　戦後日本の畑作農業は、MSA小麦協定（1954年）を一つの画期とする農産物輸入政策の推進のもとで、解体的とも言える困難に遭遇した。

　1950年代中葉までの全国の畑作地帯は、麦類、陸稲、雑穀類、イモ類、豆類などのいわゆる普通畑作物および工芸作物類の生産地であった。しかし、それらの普通畑作農業は、1960年代末頃までに、北海道、南九州などの一部地域を除いて、ほぼ完全に崩壊した。これによって畑作地帯の農業経営は衰退し、労働力の農外・地域外流出の激化、農地の荒廃といった事態も広がっていった。だが同時に、日本経済の高度成長と農業基本法の選択的拡大政策に対応して、普通畑作物産地から野菜産地へと転進していった畑作地帯も少なくなかった。

　以後約20年を経た今日では（1980年頃）、北海道以外の主な畑作地帯は、おしなべて野菜の大産地と化したとさえ言えるような状況となっている。しかも、それらの地域の中には、農業所得などの水準が高く、先進農業地域としての社会的評価をうけている例も少なからず含まれている。たとえば、**第1表**は関東・東山の都県について、1980年度の1戸当たり生産農業所得第1位から3位までの市町村を挙げたものだが、その大部分は、かつての普通畑作地域・今日の野菜産地によって占められている。

　このような変化に象徴される戦後畑作農業の歩みは、圧倒的な兼業化状況のなかにある米作農業とは、きわだった対照をなしている。そこには、戦後畑作農民の営農努力と畑作生産力向上の跡を読みとることができる。

　ところで、農業生産力の向上と言う場合、磯辺俊彦が指摘するように短期競争論的な視点と長期構造論的な視点との2つがある[1]。前者は与えられた経済、社会的な条件のもとでの私経済的な収益性論であり、後者は土地の豊沃

第3章　地形や土壌の条件と土地利用の諸相　97

第1表　関東東山各都県の1戸当り生産農業所得第3位までの市町村

順位	茨城県 市町村名	1戸当たり生産農業所得（千円）	東京都 市町村名	1戸当たり生産農業所得（千円）	群馬県 市町村名	1戸当たり生産農業所得（千円）
1	旭村	3,172	八丈町	972	嬬恋村	5,303
2	波崎町	2,739	清瀬市	915	藪塚本町	2,813
3	鉾田町	2,272	区部	857	笠懸村	2,647
	埼玉県		神奈川県		長野県	
1	三芳村	2,531	三浦市	4,125	川上村	4,056
2	深谷市	2,318	横須賀市	1,450	南牧村	3,552
3	岡部町	1,834	藤沢市	1,441	山形村	1,568
	栃木県		千葉県		山梨県	
1	西方村	2,361	飯岡町	3,740	田宮町	2,568
2	塩原町	2,396	銚子市	3,264	上九一色町	2,399
3	黒磯市	2,294	八街町	2,748	八代町	1,997

資料：1980年度生産農業所得統計。

度向上を中心的内容とする農法的合理性の論理である[2]。社会的生産力の歴史的発展は後者によって示される。農業生産の直接的担い手は個別経営であるから、現象論的にみれば、個別経営の内在的論理として両者が統一された時に、生産力の本格的な発展が現れることになる。

　こうした視点から、普通畑作から野菜作への転換を果たした戦後畑作の歩みをとらえ直してみると、前者、短期競争論的視点からすれば、生産力に関する目覚しい諸成果が生み出されてきたと評価できるが、後者、長期構造論的視点からは、むしろ退行的とも言うべき様相が浮び上がってくる。全体としてみれば、両者の著しい乖離にこそ、戦後畑作生産力展開の特質が認められるのであり、今日の畑作農業が抱えている生産力的矛盾は、多くはこの点に由来している[3]。

　それはたとえば、全国の畑作（野菜作）地帯における連作障害の蔓延の事実に端的に示されている。連作障害発生の歴史的経過や現状を統計的に表現することは難しいが、1976年に農林省野菜試験場が都道府県の野菜担当専門技術員に対して行ったアンケート調査では、次のような結果が示されてい

第2表 主要野菜の連作動向別農家数割合

品目名	連作している農家の比率	内10年以上連作	連作している農家のうち連作障害の出ている農家の比率	連作の理由 他に適当な品目がない	耕地面積が足りない
夏秋キャベツ	57.7%	31.9%	90.8%	52.9%	48.3%
冬キャベツ	79.0	44.2	77.1	59.3	35.0
秋冬ダイコン	74.2	37.6	72.5	48.4	38.0
秋冬はくさい	63.5	40.5	82.5	59.3	34.1
たまねぎ	91.7	58.9	53.0	43.3	37.2
夏秋キュウリ	71.8	22.7	69.2	39.4	45.1
夏秋トマト	47.6	9.8	73.9	46.3	40.5

資料：農水省統計情報部編　1982年度野菜作農家意向調査報告

る[4]。

・連作障害が大問題となっている道府県　30道府県
・少し問題となっている、一部の産地で問題となっている都県　16都県
・たいして問題となっていない県　1県
・連作障害によって消滅したと報告された野菜産地（全国）　63産地
・連作障害が問題となっている野菜産地（全国）

　　葉菜類　　85産地
　　根菜類　　104産地
　　果菜類　　147産地
　　計　　　　336産地

　また、比較的最近の調査としては、1982年に農水省統計情報部が主要野菜9品目について全国の作付農家約25,000戸に対して行ったアンケート調査があるが、その結果は**第2表**のようである[5]。

　これらの調査では、連作障害についての概念規定は明示されていないが、概ね「同じ種類の作物を同じ畑に連作したときに、その作物の生育や収量・品質が低下する現象のすべて」[6]を指していると考えて良いようである。したがって、連作障害が意味する技術学的な内容は多様だということになる。野菜試験場によるアンケート調査結果は、連作障害の原因別に**第3表**のように整理されている[4]。

第3表　野菜の連作障害の原因

1．病害によるもの	65.1%	
｛土壌伝染性病害		57.1%
空気伝染性病害		7.9%
2．病害らしきもの	6.3%	
3．虫害によるもの	6.3%	
4．生理障害	4.8%	
5．土壌の化学性不良	8.9%	
要素欠乏		5.2%
養分不均衡		0.6%
塩類集積		2.2%
土壌酸度		0.9%
6．土壌の物理性不良	5.2%	
湿害		2.0%
乾燥害		0.4%
物理性不良		0.6%
地力低下・劣悪化		1.5%
その他		0.7%
7．忌地現象	1.1%	
8．不明	2.4%	
計	100.1%（541例）	

出所：農林省野菜試験場『野菜における連作障害の現況』1978年、p.7。

　このように障害の内容を原因別に分けてみれば一つ一つの障害それ自体は、従来から知られている類のものも少なくないのであろう。しかし、今日注目しなければならないのは、それらがいわば社会的症候群として全国的に激発しているという点にある。症候群発生の要因、誘因が、単一野菜の連作と周年作化、粗大有機物生産型の普通畑作物の消滅、大・中型トラクタによる過度のロータリー耕、堆厩肥施用の激減、化学肥料施用の激増、農薬・除草剤の多投、ビニール類による土壌被覆等々の戦後確立した技術体系にあったことはすでに明らかであろう。これらの諸技術とその体系は、短期的収益性の論理によって急速に導入普及されていったが、それは長期的な自然の循環や均衡との間に激しい矛盾を引きおこし、連作障害の多発となって現れたのである。したがって、連作障害蔓延という事態はすぐれて現代的な農法問題だと言わなければならない。

連作障害をめぐる今日の局面は、たとえば野菜試験場調査で報告された産地消滅の事例に端的に示されているように、畑作（野菜作）農業の存立自体を脅かすような段階に至っている。こうして、この問題は畑作農業の根本問題として、われわれの前に立ち現われている訳だが、その解決のためには、障害原因別の技術学的究明といった対応と共に、前述した生産力展開に関する2つの論理の乖離という基本構造を見すえて、問題を農法再編の課題としてとらえることが不可欠となっている。2つの論理の発展的統一をもたらす農法再編なしには、戦後畑作の野菜作化に象徴される生産力展開は社会的生産力発展史を画するようなものとはなり得ないであろう。ここに戦後畑作に関する農法論的研究の社会的必要性が認められるのである。

本章は、こうした畑作農法論研究の課題についての各論的アプローチを意図している。具体的には、地形・土壌条件による連作障害等の発現の差異に注目しつつ、畑地の地形・土壌的な立地条件とその基盤の上に形成された農業形態、および両者をつなぐ技術構造に関する類型的整理を試みた[7]。

以下、2．では地形・土壌立地と畑作の技術構造の関連について農法論的側面から概説する。

3．では、埼玉県を念頭において、その代表的な畑作立地基盤となっている沖積低地畑地帯と火山灰台地畑地帯をとりあげ、両地域における連作障害等に関する状況の差に注目しつつ、立地区分と農業類型をつなぐ技術構造について、開発史と農法論の側面から解明する。

4．では、以上の議論の総括として、地形・土壌立地をふまえた畑作農法の類型的把握が、畑作の農法再編という今日的課題において持つ意味について考察する。

なお本章は『筑波大学農林経済研究』第4号（1985年）に掲載された同名の論文の抜粋で、同誌掲載の元論文には、2と3の間に、日本の代表的畑作県であり、かつ県内に多様な地形・土壌的条件を含んでいる埼玉県をとりあげ、地形・土壌立地からみた地域区分とそれに対応する農業類型の折出を試

第4表　地形・土壌立地からみた埼玉県畑作の地域区分とその特徴

地域区分		地形の特徴	主な土壌型	畑地の条件	従来の畑作	最近の畑作
山間地域		急傾斜山地 盆地	褐色森林土	急傾斜畑	普通畑作 工芸作物	工芸作物
丘陵地域		緩傾斜丘陵	褐色森林土 淡色黒ボク土	傾斜畑	養蚕、茶、酪農	養蚕、茶
台地地域	北部	平坦火山灰台地	淡色黒ボク土	平坦台地畑	養蚕、普通畑作	養蚕、葉果菜類
	南部		黒ボク土		普通畑作 根菜類	根菜類
	中部		黒ボク土		普通畑作	普通畑作、果樹
低地地域	利根川	扇状地性低地 自然堤防	褐色低地土	平坦 自然堤防畑	普通畑作、養蚕	葉果菜類 施設園芸
	中川	自然堤防 三角洲性低地	灰色低地土 グライ土		普通畑作 葉果菜類	
	荒川	扇状地性低地 自然堤防 三角洲性低地	褐色低地土 灰色低地土 グライ土		普通畑作、養蚕	

みた節（その結論を**第4表**に示した）と3と4の間に、これらの議論を事例的に裏付けるための沖積低地畑地帯（埼玉県大里郡妻沼町、北葛飾郡吉川町）と火山灰台地畑地帯（所沢市）における調査事例を紹介した節が含まれていたが紙数の関係で本書では割愛した。

注
1）磯辺俊彦「土地所有転換の課題」『農業経済研究』52巻2号、1980年、p.53。
2）磯辺俊彦「日本農業の地帯構成と地域農業の再構成」石黒重明・川口諦編『日本農業の構造と展開方向』農林統計協会、1984年、p.437。
3）宇佐美繁は、畑作も含めた戦後日本農業生産力の展開過程を分析して、①「閉鎖市場」下にある部門における生産力の発展と開放市場下にある部門における生産力基盤の崩壊、②耕種における多毛作的土地利用構造から単作型土地利用構造への推転、畜産における土地生産から遊離した加工型畜産の形成、の2点をその基本的特質として指摘している。宇佐美繁「農業生産力構造の展開構造」暉峻衆三・中野一新編『日本資本主義と農業・農民』講座今日の日本資本主義第8巻、大月書店、1982年、pp.66～70。
4）農林省野菜試験場『野菜における連作障害の現況』（野菜試験場研究資料第5号）同場刊、1978年、pp.1～9。

5）農水省統計情報部『昭和57年度 野菜作農家意向調査報告』（農林水産統計報告58-2）同部刊、1983年。
6）西尾道徳「連作障害の発生について」『日本土壌肥料学雑誌』54巻1号、1983年、p.64。
7）以下、本章ではこうした農業形態とそれを支える技術構造の両者を統一した概念として農法という用語を使うことにしたい。

　農法概念については、「生産力＝技術的視点からみた農業の生産様式」という加用信文による有名な規定がある。また、磯辺俊彦は、それを敷衍して、社会的生産力が原生的生産力に規制されて具体化される農業の生産様式が農法だとしている。本章での用法もほぼこれらの規定に準じている。

　なお、加用は上記の規定に続けて、農法を「農業経営様式または農耕方式の発展段階を示す歴史的範疇概念」とも述べている。この場合の農法は三圃式農法、穀草式農法、輪栽式農法などを指している。本稿における農法概念は、加用の後段の規定からすれば、その下位、内部類型ということになろう。

　加用信文『日本農法論』御茶の水書房、1972年、p.7。磯辺俊彦、前掲注2）p.431。

2．地形・土壌立地と畑作農法

　農業生産は、土地を基本的な生産手段とする点を本質的な特質としており、それ故に、農法は土地の自然的諸条件に制約されつつ歴史的かつ社会的に形成される。この点を水田作農法と畑作農法の対比でみると、土地の自然的諸条件の制約は、畑作農法においてより顕著に発現することはよく知られている。また、日本は地球科学的意味での変動帯の上にあり、地形や土壌条件の複雑さにおいて世界でも特異的な存在となっている[1)2)]。したがって、日本における畑作農法の構造を解明するためには、地形・土壌立地に関する考察が特に重要となる。以下では、次章以降の各論的議論を位置づける意味で、この問題について概説することにしたい。

(1) 地形・土壌立地と農法類型[3)]

　工業生産と対比した農業生産の技術的特質は、自然条件の大なる制約のもとで自然的諸力の活用をはかろうとする点にある。この点についての具体的な内容に関しては、農業は気象条件の著しい制約をうける産業である、農業

は生物生産産業である、農業は太陽エネルギーを固定利用する産業である、等々の議論が広く交されている。これらはいずれも、農業のもつ重要な特質を指摘した貴重な議論であるが、工業もまた、自然と人間との生産的な物質循環の一形態であることを想起してみれば、これらの指摘をもって農業と工業との決定的な区分とすることができないことは明らかであろう。

　農業生産の技術的特質に関する前記の規定の具体的内容は、何よりもまず、それが土地を基本的な生産手段としているという点に求められなければならない。農業は土地を基本的な生産手段とし、土地自体の自然力とその上に作用する日照、降雨、温度などの自然力を利用しつつ、労働対象たる作物を栽培、収穫する産業だと言えるだろう。

　このように、自然物である土地は農業生産にとって本質的な意味を持っているが、それは生産に利用される他の自然と比べて、次の２点において基本的に異っている。すなわち第１は、土地は有限で排他的かつ独占的に利用できる自然だという特徴であり、第２は、気象、地形、土壌などの諸条件に制約されて、農業生産手段としては不均一な自然だという点である。

　土地のもつこうした特質は、そこに等質、等量の労働や資本が投下されたとしても、土地、土地による収穫量の差を不可避的に生じさせる。これが土地の豊沃度の差と呼ばれるものだが、それを構成する要素としては（1）土地のもつ自然素材的な諸特質、（2）土地条件の人為的改変（土地改良）の程度、（3）経常的耕作における労働と技術、の３つを挙げることができる。

　これらの要素のうち、土地の自然的諸特質以外の２者が、歴史的、社会的規定を受けることは言うまでもない。土地の自然的特質については純自然的なものだとも言えるが、ここで問題にしていることは、農業的に利用しうる諸特質であるから、これもまた社会的な影響からは自由ではあり得ない。したがって、土地の豊沃度は、農業生産の自然的特質を出発点とするものであるが、その形成は社会的なものと考えなければならない。

　ところで、土地に対する人間の働きかけについての土地改良と経常的耕作という上述の区分は、働きかけ効果の持続性を指標するものであるが、働き

かけの機能や局面に注目すれば、次のように整理することもできる。
① 土地条件の改変
　土地改良や経常耕作における地力対策などの多くは、主にこの機能を目的としている。
② 自然的諸特質の利用範囲の拡大
　土地の自然的諸特質の実体は、表層の土壌から下層の基盤に至るまで、表面流去水から土壌水、地下水の存在構造まで、その範囲は広狭様々であり、人間の働きかけは、一般により広い範囲の自然的諸特質の利用を可能にしようとする。
③ 自然的諸特質の利用方式の改良
　たとえば、重粘・軽しょうといった土性の違いに対する農業生産的な評価は、耕作技術の発展程度によって変化する。また、土地条件に対応した作目の選択、変更といった行為もこの部類に含まれる。
　土地に対する人間の働きかけについてのこれらの機能や局面のうち、①は豊沃度の高い、いわば理想型への土地への改変という方向に収斂する運動特性を示す場合が多いが、②③については、現象的には多様な型の農法類型への拡散という運動特性を示す傾向をもつ。
　前者は、自然的意味での地形・土壌条件等の質的差異の解消を発展方向とすることになるが、後２者においては、地形・土壌条件等の差異は多様な農法類型の基礎として発展的に固定されてゆく。たとえば、水田は、前者の論理にもとづいて、高度に人工化された土地であるが故に、地形・土壌条件等が農法に及ぼす影響は畑作と比してそれほど大きくはない。しかし、今日の整備水準における畑については、土地条件の質的差異の解消には遠く及ばず、逆に後者の論理も加わって、地形・土壌条件等が農法に及ぼす影響はより顕著とならざるを得ない。
　また、土地に対する人間のこれらの働きかけは、現実には歴史的にも地域的にもジクザクとした歩みを示すので、この点からも各種の農法類型が自然的、歴史的条件を異にする各地域に形成されることになる。

(2) 地形・土壌立地に関する既往の農法論研究

かくして、地形・土壌立地とそれに対応する農法類型という問題は、畑作農法研究において欠くことのできない領域だということになる。では、従来の研究において、この問題はどのように扱われてきたであろうか。

結論を先に述べれば、これまでの農法論研究では、この問題に十分な光はあてられてこなかった。

周知のように、わが国の農法論研究には、飯沼二郎に代表される風土論的な潮流[4]と農法発展の世界史的メカニズムを強調する加用信文に代表される潮流[5]とがある。飯沼らの場合には、各種の農法の併列的分布が議論の中心に据えられるので、農法類型論に関して教えられる点が多い。しかし、類型成立の根拠を主に気候的風土に求めているため、地形・土壌立地については問題にされるところが少ない。

他方、加用らの場合は、各種農法類型の存在は事実としてふまえながらも、本質論的な意味での農法発展のメカニズムを問おうとするために、諸農法類型の現象論的な差異を出来るだけ捨象して、本質論的な特徴をもつ代表的な農法類型を発展段階論的に位置づけようとする。この点について加用は次のように述べている。

「作物の再生産の基礎には、あらゆる農法の段階と類型を通じて共通的に、作物の収奪した地力の補給と、その地力を競合的に横奪して作物生育に致命的大害を与える雑草防除が不可欠の条件であり、その技術的水準に応じた低次のメカニズムから高次のメカニズムへの移行が、農法展開として具現化される」[6]

このように、地力再生産体系、土地の豊沃度の増進、そして雑草防除体系を特に重視する加用らの場合には、当然、土壌についての考察が議論において重要な位置を占めることになる。たとえば、先に参照した論文「農業における土地の経済的意義」[3]には、土壌や地形に関する示唆に富む考察が多く含まれている。しかし、その場合にも関心の中心は地力再生産体系の本

質論的解明におかれていたために、研究は、地形・土壌立地と地力再生産方式の類型的関連といった方向よりもむしろ、豊沃度の機能論的分析という方向へと進んでいった。

チューネンの地力論に注目した加用の議論をふまえて、江島一浩は、土地の豊沃度を次のように定式化した[7]。

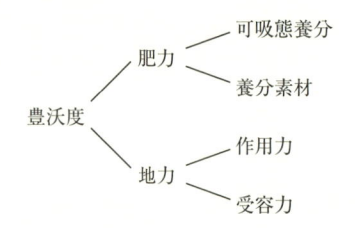

```
                 ┌─ 可吸態養分
         ┌─ 肥力 ┤
         │       └─ 養分素材
 豊沃度 ─┤
         │       ┌─ 作用力
         └─ 地力 ┤
                 └─ 受容力
```

また、江島は各種の農作業がこうした内容をもつ豊沃度にどのような影響を及ぼすかという問題についても詳しい分析を提示している。だが、残念ながら江島の議論も地形・土壌立地と豊沃度増進技術との関連という点にまでは十分には及んでいない[7]。

このように、加用らの農法論においても、地形・土壌立地問題の位置づけは弱い。これは、主要には問題関心領域のズレに起因するものであろうが、同時に認識の基礎にある土壌観も問われなければなるまい。

たとえば、江島は土地の豊沃度についての農法論的定式化に続けて、それと土壌学上の諸概念との関連についても検討している。そこでは、土壌に含まれている植物養分量、養分素材量、土壌有機物、団粒構造、水の作用等が取り上げられているが、それらは、土壌学における機能論的カテゴリーに属するものが多い。機能論の基礎には土壌についての存在論があるはずだが、それについての明示的言及はされていない。

土壌に関する農法論的考察としては、江島の議論が最も詳しくかつ鋭いものであって、他の論者の場合には、重粘土とか軽しょう土とかいった認識レベルのものが多い。しかし、これらは、土性すなわち粒径組織という土壌の理化学性のうちごく狭い限られた一部の生質を指した概念にすぎず、そこには自然体としての土壌といった認識はほとんど感じとれない。

生態的・生成論的土壌学（ペドロジー）[8]では、土壌とは地表に生成された肥沃性をもつ自然体であると考えられており、それは、岩石圏、水圏、大気圏、生物圏の結び目に存在し、無機的自然と有機的自然とを結びつける橋の役割をはたしている。またそれは、「自然的土壌生成因子すなわち気候、岩石、生物、起伏および年代の総合的な影響と人間の経済活動の影響のもとに生成された特殊の独立した自然史的形成物」[9]であり、それ故に、その分布は明確な地域性をもち、それは土壌型として認識されている。したがって、土壌とは、壌土に砂を混ぜれば砂壌土ができるといった類の存在ではなく、分類された土壌型は生物における種に対比されるべき歴史性をもつ自然概念なのである[10]。

このように、土地の豊沃度論の基本をなす生産手段としての土地の不均一性という問題は、ペドロジカルな土壌観によって一つの自然科学的基礎が与えられるのである。したがって、土地の豊沃度の差に関する技術学との対話は、まず、異った土壌型間の豊沃度に関する類型的差異を問い、しかる後に、同じ土壌型内部における豊沃度差の問題へと進むべきだということになろう。

ここで、本稿で地形・土壌立地という用語を用いている理由について付言しておこう。

よく知られているように土壌はそれぞれ固有の土壌断面をもっており、大まかにみればそれはA、B、Cの3層に区分される。断面上部のA層は生物の影響下での土壌生成作用が最もさかんな層で有機物がよく集積している。その下のB層ではA層における有機物の集積を踏まえ、A層と母岩との遷移的な存在をなしている。そして、さらにその下に、土壌生成過程でわずかに変化した風化母材層（C層）が存在する[11]。このうち、農学的意味での土壌として本来の性質をもつのはA層とB層であり、その深さは数10cm程度で1mに及ばない場合が多い。

しかし、われわれがここで問題にしていることは、農業における土地であって、ペドロジカルな意味での土壌そのものではない。そこでは、A層だけを問題にすれば良いという局面もあろうし、C層まで考慮に入れなければな

らないこともある。さらに、排水や土壌水の動きなどに関しては、C層以下の基盤や地下水など、第四紀学的世界全体にまで目を及ぼさなければならない場合もある、そこで、本稿ではこうした問題も考慮して地形・土壌立地という用語を採用したのである。

さて、このようにペドロジーの知見やセンスは、農法論研究の一層の豊富化にとって重要な意味をもつと考えられるが、農法再編の課題と深いかかわりをもつ栽培学などの技術学分野に対しても寄与するところが大きいように思われる。

(3) 地形・土壌立地と野菜の栽培技術研究

野菜の栽培技術研究において、地形・土壌立地問題がどのように扱われてきたかを概観しておこう。

まず、比較的最近に出版された大学用教科書等の内容をみると次の通りである。

杉山直儀著　蔬菜総論（1971年）[12]

この本では、第4編が「土壌条件と蔬菜栽培」と題されて63ページがさかれている。しかし、その大半は土壌の化学性に関する記述であり、本稿でいう地形・土壌立地に関するものは、「第25章土壌の種類」4ページのみである。しかも、その内容は、全国の土壌を沖積土壌、砂地、火山灰土、洪積土壌、その他に分け、たとえば、沖積土壌では排水の良い壌土が肥沃であるといった記述に止まっている。

松本正雄外著　蔬菜園芸学（1973年）[13]

この本には、加藤徹の稿になる「V．栄養と生育―2．土壌と生育」15ページがある。しかし、ここでも記述の大半は土壌の理化学性、土壌の水分や温度といった問題で占められており、本稿の主題にかかわる記述はわずか1ページで杉山氏のものよりもさらに簡略になっている。

位田藤久太郎著　野菜の土壌生態・検定と肥培（1981年）[14]

この本は、標題の通り全316ページすべてが野菜栽培における土壌、施肥

問題に関する論述となっているが、土壌立地の関係は「第4章第2節1．畑土壌の種類と施肥上の注意」の2ページのみで、内容は土壌別の施肥法の簡単な解説に終っている[15]。

斉藤隆著　蔬菜園芸学果菜編（1982年）[16]

この本は、農文協から出版された『農業技術大学野菜編』全10巻の総括を意図した大著であるが、残念ながら地形・土壌立地の問題については項目を立てた論述はなされていない。

このように、最近の野菜栽培技術の教科書では、地形・土壌立地と野菜栽培技術の関連に関する記述はきわめて弱いようである。原著論文についても、こうした問題を取扱ったものはあまり発表されていないが、上記の教科書類でも度々引用されている代表的業績として旧農林省園芸試験場の二井内清之らによる「そ菜の土壌適応性に関する研究」[17]（1963年）がある。

これは、九州の代表的野菜栽培土壌6種をとりあげ、トマト、ハクサイ、カンショ、バレイショ、タマネギ、イチゴ、エンドウを栽培して、土壌の種類と野菜の生育、早晩性、品質、耐病性などとの関係を検討したもので、26ページにわたる詳細な報告である。

筆者には、この試験によって得られた知見の個々について論評する能力はない。しかし、野菜栽培の土壌適応性というテーマからみて、試験設計の枠組みについて、基本的な点で問題を感じるので、以下その点について述べておきたい。

まず第1に、この試験では供試した6種の土壌について、現場から表土だけを採取してきて、3.3m^{2}のレンガ製試験枠に1mの深さに詰めて、そこで各種の野菜を栽培したという。しかし、前節でも述べたようにこのように採取してきた土は、土壌を構成する土壌物質ではあっても、もはや土壌ではない。また、実際の畑では10cmくらいの深さであろう「表土」を1mの深さに詰めたということは、深耕、深層施肥などによって大規模な土層改良を行ったことに似ており、この点でも現場の条件とは著しく異なっている。

第2に、この試験ではすべての「土壌」について、同一品種、同一施肥、

同一管理で栽培試験を行ったという。しかし、各種の土壌にはそれに適した品種や肥培管理法があることは周知の通りである。したがって、この試験は、一種の反応検査ではあっても、それ以上のものとは言えないように思われる。

第3に、この報告では、供試した6種の土壌が分布しているそれぞれの地域における野菜栽培の実態と問題点については何の記述もされておらず、また、試験結果の意味についてそうした実態との関係での論議もなされていない。

以上のように、二井内らのこの報告は、盛りこまれている個々の知見という点では貴重なものなのであろうが、全体としてみれば、野菜の栽培技術と地形・土壌立地との関係といった問題についての研究者の認識の浅さを露呈しているように思われるのである。

このような状況は、研究史を遡ってみても、事情にそれほどの違いはないようであるが、そうした中にあって、第二次世界大戦後間もなくの頃における熊沢三郎と篠原拾喜の報告はきわだった鋭さを示している。

熊沢は藤井健雄・清水茂編『蔬菜園芸新説』(1953年) に「土壌と蔬菜」[18]という報告をよせている。これは、5ページの短いものであるが、北九州における各種の特産野菜と土壌（地質）立地の関係を整理し、それぞれの産地における野菜の生育、収量、病虫害の状況を土壌との関係で位置づけ、さらにそれらの点をふまえて、各種土壌には独特の品種群が対応することを解明している。そして、最後に次のように報告を結んでいる。

「かくの如く、土性は生育の早晩・抵抗性・体組織や成分、従って貯蔵性や食味を支配し、品種分化の原因ともなっている。その根本的な機構は究明されていないが、筆者は土性と根群の機能の因果関係にあると考えている。今後においてはこの根本機構を究明すると同時に、この観念を栽培、進んでは育種に活かすことが必要である。」

実は、先に取り上げた二井内らの研究は、熊沢の発案によって開始されたものだが、残念ながらこの熊沢の見地は生かされることなく終っている。

当時静岡県農試園芸部長をしていた篠原拾喜は『新園芸別冊　蔬菜—近郊

園芸と輸送園芸』（1950年）に「静岡県の輸送園芸」[19]を、また実質的には篠原の編になる『静岡県の園芸』（1952年）に前報をより整理した形で「静岡県における蔬菜園芸地の分布状況とその生産立地」[20]という報告を寄せている。

　これらの報告で篠原は、まず静岡県内の気温と降水量の年間分布を分析し、静岡県の園芸は冬季の温暖な気候条件を活用した秋冬型輸送園芸だという戦略的方向づけをする。そして、こうした気候的立地をふまえた上で、次に、県内の野菜産地の特徴を地形・土壌立地の面から整理している。地域区分としては（1）沖積砂壌土地帯、（2）重粘低湿地帯、（3）火山灰丘陵地帯、（4）洪積粘土質台地帯、（5）海成沖積砂丘地帯、（6）海岸崖地帯の6区分を提起し、それぞれの地形・土壌条件の特徴とそれが野菜栽培に及ぼす影響について述べている。さらに庄内白菜、石垣苺など著名な銘柄産地6ヵ所については、それぞれの銘柄品目と地形・土壌条件との関係が解明されている。

　また、篠原の報告で注目されるのは、地形・土壌立地と産地との関係を単なる対応関係として捉えるのではなく、そこに技術が能動的に介在していることを強調している点である。この視点は、立地論を静態論に終らせないための重要なポイントである。篠原の議論ではこうした見地の上に、どのような耕種技術体系と営農方式が展開しているかまでは及んでいないが、それはむしろ農法論研究サイドに残された宿題と言うべきであろう。

　野菜栽培と地形・土壌立地との関係についての野菜栽培研究サイドからのアプローチは概ね以上の通りであり、全体としてみればかなり不十分な状況にある。その原因としては、産地の実態についての関心の薄さと地形・土壌に関する認識の浅さを指摘せざるを得ないように思われる。

注
1）貝塚爽平『日本の地形』（岩波新書）岩波書店、1977年。
2）阪口豊・高橋裕・鎮西清高「日本の地形」『科学』46巻4号、1976年。
3）本節で取扱った問題については、すでに加用信文による周到な考察が与えられている。本節の記述はそれに学んだ点が多い。加用信文「農業における土

地の経済的意義」同著『農業経済の理論的考察』御茶の水書房、1965年。
4）飯沼二郎『農業革命論（増補版）』創元社、1961年。同『日本農業の再発見』（NHKブックス）日本放送出版協会、1975年。
5）加用信文『日本農法論』御茶の水書房、1972年。
6）加用信文、前掲注5）p.30。
7）江島一浩「農業生産技術への一接近視角」日本農業経営研究会編『昭和57年日本農業経営研究会春季研究集会　シンポジウム報告要旨』同会刊、1982年、p.6。なお、土地の豊沃度に関する江島の総括的整理は論文「地力培養技術の農業経営からの検討」で果されている。ただしこの論文では、可吸態養分は可給態養分、受容力は保持力との用語が使われている。江島一浩「地力培養技術の農業経営からの検討」小倉武一・大内力編『日本の地力』御茶の水書房、1976年。
8）日本におけるペドロジーの歩みは松井健の自叙伝にわかりやすく紹介されている。松井健『ペドロジーへの道』蒼樹書房、1979年。
9）菅野一郎編『日本の土壌型』農文協、1962年、p.15。
10）以上の記述については、筑波大学応用生物化学系永塚鎮男氏のご教示に負うところが多い。
11）前掲注9）p.357。
12）杉山直儀『蔬菜総論』養賢堂、1971年。
13）松本正雄・小倉弘司・高野泰吉・中村英司・加藤徹・鈴木芳夫『蔬菜園芸学』朝倉書店、1973年。
14）位田藤久太郎『野菜の土壌生態・検定と肥培』博友社、1981年。
15）位田が叙述のもとにしているのは、岡本春夫の「畑土壌の種類別性質と施肥」である。これは「地力保全基本調査」の途上でまとめられたもので、表題のテーマに関して、単に土壌の化学性と施肥という問題だけでなく、土壌水の動きや輪作による根群の変化と土壌の関係といった問題にも踏みこみつつ、各種土壌の大づかみな特徴を整理したすぐれた報告である。位田が引用したのは、この報告の最後に列記されている土壌別施肥注意書である。この部分は、岡本報告の結論ではあるが、報告の内容の核心はむしろ、作物栽培、施肥という側面から各種土壌の性質を解明している部分にあるように思える。この部分の岡本の記述はたいへんリアルで、当時の畑作や畑土壌の状況がよく描かれている。

　たとえば、神奈川県三浦半島の野菜畑の土壌悪化に関する次のような県農試の調査が紹介されている。その調査では、野菜連作畑と普通作物＋野菜の輪作畑について、層位別の土壌の状態を細かく検討しているが、その結果、野菜連作畑の問題点として、(1) 土壌の酸性化、(2) 置換性石灰、苦土の溶脱、(3) 塩基飽和度の低下の3点が指摘できたという。大まかにみて、当時の火

山灰台地における野菜連作畑の土壌は養分欠乏、溶脱型の状態にあったということであろう。

こうした報告と今日の野菜畑土壌とを対比してみると状況が一変したことがよくわかる。岡本の報告から約20年を経た今日の野菜畑土壌の中心問題は西尾道徳や堀兼明が指摘しているように土壌の受容力との関係でみた化学肥料施肥の「過剰」、集積型土壌への転換といった局面に移行しているのである。現在、三浦市農協では、管内約300ケ所で畑土壌の化学性に関する定点観則を実施しているが、これは過剰施肥と土壌のアルカリ化防止対策である。三浦半島野菜畑の今日的な土壌悪化の状況については木村伸男もその著書で紹介している。

したがって、位田が取上げた施肥法という点に関しても、今日求められていることは、「過剰」的状況下での各種土壌における施肥特性の解明ということになろう。

なお、「過剰」時代の施肥理論については長谷川杢治の好著がある。

岡本春夫「畑土壌の種類別性質と施肥」鴨下寛外『土壌の種類と施肥技術』農業技術協会、1963年。西尾道徳「土壌管理からみた畑作農業の研究課題　1、2」『農業技術』1983年11月、12月号。堀兼明「県農試の立場から見て—私の農業技術論」『農業技術』1984年1月号。木村伸男『農業経営発展と土地利用』日本経済評論社、1982年、p.161、p.198。長谷川杢治『施肥の基礎と応用』農文協、1982年。

16) 斉藤隆『蔬菜園芸学　果菜編』農文協、1982年。
17) 二井内清之・本多藤雄・小川勉・山川邦夫・興津伸二「そ菜の土壌適応性に関する研究」『農林省園芸試験場報告』D1号、1963年。
18) 熊沢三郎「土壌と蔬菜」藤井健雄・清水茂『蔬菜園芸新説』朝倉書店、1953年。
19) 篠原捨喜「静岡県の輸送園芸」新園芸別冊『蔬菜—近郊園芸と輸送園芸』朝倉書店、1950年。
20) 篠原捨喜「静岡県における蔬菜園芸地の分布状況とその生産立地」『静岡県の園芸』同県刊、1952年。

3．低地畑と台地畑の畑作農法

低地畑と台地畑は共に代表的な畑作基盤であるが、そこに成立している畑作農法は、それぞれかなり異なった構造をもっている。その差異の背景には地形・土壌立地とそれをふまえた開発史上の類型差を指摘できる。そこで本章では、まず両地域の開発史（畑作農法形成史）を略述し、次にそれぞれの農法構造の分析へと進むことにしたい。

(1) 低地畑と台地畑の開発・土地利用略史

①低地畑地域の開発と土地利用

　低地畑地域は、河川による土砂の堆積によって形成されたもので、典型的には上流から扇状地性低地、自然堤防低地（移化帯性低地）三角洲性低地へと展開してゆく。扇状地性低地は扇頂、扇央、扇端に区分される。自然堤防低地は、自然堤防、後背湿地、沼地などで構成され、三角洲性低地は平坦低地と沼地によって構成される[1]。これらの地形のうち扇状地性低地および自然堤防低地には多くの場合褐色低地土および灰色低地土が分布し、三角洲性低地には灰色低地土、グライ土、低位泥炭土などが分布する。

　概ね以上のように地形区分される低地畑地域において、最も早く農耕地が拓かれたのは、扇状地扇端部から自然堤防地帯にかけての地域であった。この地域は利水、治水が共に容易であり、かつ土壌の自然的豊沃度が高かったためである。その後の開発は、水田開発と共に進み、中世期には扇状地地域が、近世期以降には三角洲地域が拓かれるというのが、全国的にみて一般的姿であった[2]。

　埼玉県の場合は、鉄剣で有名になった稲荷山古墳－埼玉古墳群に示されるように、利根川と荒川の自然堤防地帯がまず拓かれた。小出博は行田市を中心とするこの古墳群の地形立地を要旨次のように推定している[3]。

　荒川は当時、現在の元荒川筋を流れていた。秩父山地から流れ出した荒川は寄居付近で平野に入り広い扇状地を形成する。その扇端は熊谷市付近にあたり、そこには豊富な湧水があった。さらに扇状地の東には扇状三角洲とでも呼ぶべき地形が発達していた。古代の人々は、制御が比較的容易な湧水をひいて、ここに水田を拓き、それによる富の蓄積が古墳群を生んだという推定である。

　当時、かんがい農業がどの程度一般的であったかについては議論の余地があろうが、この扇状地性三角洲のさらに東側には大小様々な沼沢地が広がっており、人々はまずそうした沼沢地の周辺の微高地や自然堤防上に定住し、

後背湿地や陸化した沼地に耕地を拓いていったのは確かであろう。自然堤防は、水害にも強く地盤も安定しており、生活用水も得やすく、定住に適した場所であった。また土壌は概して肥沃で、土性としても比較的扱いやすい場合が多く、当時の技術段階における農耕にも適合的であった。

　埼玉県中川低地地域の開発は沼沢地の干拓を特徴としている[4]が、その出発点はこのような古代人たちの取組みにあった。それは、中世、近世へと引きつがれ、最終的には近世初、中期の一連の大土木事業によって仕上げられた。利根川の東遷、葛西用水、見沼代用水の開さくなどがそれである。

　このような事業による農地開発の本流は水田開発におかれていたが、農民の生活にとっては、自然堤防上の畑地も貴重な存在であった。そこはまず、農民の自給的生活用の食料や資材の生産、採取の場所であった。土壌はもともと肥沃であったが、住居も同じ堤防上に立地していたのだから、地力培養のための労働も投下しやすかったと考えられる。

　また、自然堤防上の畑は、当時の農民にとって、商品生産農業の貴重な場でもあった。たとえば、近世期の利根川低地地域や中川低地地域上流部は、関東でも屈指の棉作地帯であり、また利根川低地地域の深谷、本庄周辺は藍や蚕種の有名な産地であった。棉はこれらの地域の中で排水の良い砂質土の畑に、藍はやや粘質の畑に適していたという[5]。自然堤防上の畑におけるこのような工芸作物生産をふまえて、行田を中心に足袋などの地場産業が形成されてゆく。

　他方、中川低地地域の下流部の開発は近世期に集中的に進められた。さらに下流の東京葛飾あたりでは、江戸仕向の特産野菜が興隆するが、その動きは、近世期末には埼玉の八潮、吉川あたりまで波及していたようだ。この地域の畑地はやや粘質で、葉菜類や果菜類の生産に適していた。また、野菜作には下肥が施用されたが、米麦、雑穀を積んで江戸に下った舟は、帰りには江戸の下肥を積んで川を上ったという。中川低地に広がる網目のような農業水路は、そのまま舟運運河の役をはたし、これが低地畑作における商品作物生産の条件をなしていた。

明治期に入ると、棉作は輸入綿花の圧力で急減し、藍もインド藍やドイツの化学染料の影響で衰退し、蚕種の輸出も減退した。代って急増したのが桑と麦であった。埼玉県の桑園面積は、1930年に約40,000haのピークを迎える。その後面積は漸減するが、第2次大戦戦前段階には約30,000haの水準は維持されていた。しかし、戦時下、戦後になるとその減少スピードは著しく速まり、代って野菜作が伸長する。

　利根川低地地域では、戦前すでに桑園間作の形でネギ、菜類の栽培が行われており、戦後の養蚕、麦作の後退に合せて、深谷ネギに代表される野菜産地へと転進し今日に至っている[7]。

　また、中川低地地域下流部では、もともと畑地が少なかったこともあって、戦前期においても桑園時代を迎えず、普通畑作物プラス野菜という形から、次第に野菜の比重を高めつつ今日に至っている。この地域の畑がほぼ野菜一色となるのは1960年代以降のことであった。

　他方、中川低地地域上流部については、戦後間もなく桑園時代を終えるが、本格的な野菜産地となるのは1960代後半期頃からのことで、そこには10年から20年の間があった。この間を埋めたのが陸田の展開である。以下これについて概説しよう。

　東日本における戦後の農地開発は、畑地および平地林の開田を特徴としており、その面積は関東地方の場合、栃木県約35,000ha、埼玉県約15,000ha、茨城県約10,000ha、群馬県約5,000ha、計約65,000haであった（千葉県、神奈川県、東京都では開田はわずかであった）。このうち低地畑の開田は埼玉県約10,000ha、茨城県約7,000ha、栃木県約5,000ha、群馬県約1,000ha、計約23,000haくらいで、残りの約32,000haは火山灰台地や火山山麓地域における開田であった。関東地方におけるこうした開田は、水利権をともなわない、農民による個別的開田という点に特徴を持っており、かんがい用水は、地下水あるいは既存の水田排水からポンプアップによっている。埼玉県、茨城県、群馬県などでは、このようにして開いた水田を陸田と呼んでいる。陸田は1930年の頃、羽生市付近で始められたというのが定説である[8]。

第5表　埼玉県の地域別にみた陸田面積の推移

地域区分		1957年	1969年	1975年
		ha	ha	ha
山間地域		3	15	—
丘陵地域		86	64	46
台地地域	合計	1,933	4,547	3,270
	北部	744	1,112	538
	南部	49	73	54
	中部	1,140	3,362	2,678
低地地域	合計	4,227	9,046	7,601
	利根川	201	436	232
	中川	2,530	6,614	5,699
	荒川	1,496	1,996	1,670
県合計		6,242	13,693	10,937

資料：埼玉県統計事務所

第6表　中川水系低地の陸田面積と用水源

地域別	用水利用		排水利用		地下水利用		計	
	面積 ha	比率 %	面積 ha	比率 %	面積 ha	比率 %	面積 ha	比率 %
上流地域	1,973.25	54.4	976.35	26.9	679.80	18.7	3,629.50	69.0
中流地域	475.07	34.1	621.12	44.5	299.17	21.4	1,395.36	26.5
下流地域	3.80	1.6	155.79	66.3	75.43	32.1	235.02	4.5
計	2,452.12	46.6	1,753.26	33.3	1,054.50	20.1	5,259.88	100

資料：『中川水系農業水利調査報告書』第2編、埼玉県、1963年、p.43。

　埼玉県内の陸田の分布は**第5表**に示した通りで、中川低地地域およびその周辺に集中している。**第6表**は中川水系低地の陸田について用水源別の状況をみたものだが、農業用水や農業排水利用が8割を占めている。これは水利権があってのことではなく、多くは無断取水であったようだ。この地域の畑は自然堤防上にあり、既存水田との比高が1～3m程度であったことが、農地立地についての技術的条件をなしていた。しかし、無断取水は当然既存水利権との軋轢を生じさせる。それ故、用水事情が相対的に厳しい下流域では、用水利用がほとんどなく、逆に地下水利用が増えているのである。
　地下水利用は、既存水路からの無断取水よりも多くの資本を要する。しか

第7表　関東各都県の帯水層深度別面積（km²）

都県	0〜50m	50〜100m	100〜150m	150〜200m	200〜250m	250m以上
茨城	1,127	550	1,710	563		
栃木	1,620	490	180			
群馬		530		150	80	
埼玉		430	390	355	587	300
千葉	1,130	450	730	930	140	140
東京		20	170	570	420	160
神奈川		380	510	165	80	

資料：山本荘毅「地下水の現状1　関東平野」『アーバンクボタ』No.8、1973年。

し、中川低地地域の場合には、利根川や荒川からの浸透水が伏流しており、自由地下水面は10m前後と浅く、水量も多い[9]。そのため、比較的簡便な井戸によって用水を確保できた。

台地地域については、岩槻台地などの中部台地には陸田が分布するが、北部台地や南部台地には陸田はほとんど見られない。この違いは技術的には地下水深度によるところが大きい。**第7表**は井戸の深さから推定した地下水深度の状況を関東各都県について示したものだが、台地における開田の多い茨城県や栃木県に比して、埼玉県では浅層地下水が少ないことがわかる。県内でも岩槻台地などでは、10mから20mくらいの井戸で水が得られるが、南部台地では浅い所でも30mくらいは掘らなくては安定した取水は出来ない。

なお、火山灰台地における開田には漏水という決定的な弱点があった。しかし、この弱点は1960年代に岩手大学の農業土木学者らの手で破砕転圧工法が開発されることによって克服される[10]。それ故に、茨城県などで台地地域に陸田が広がるのは1960年代中頃からであった。

さて、中川低地地域上流部では、こうして陸田が増加の一途をたどったが、1970年の米の減反政策開始を機に減少に転じる。代って、この地域の畑地には、キュウリを中心とするビニールハウスが急速に広まっていった。その自然立地的経過について、斉藤修は次のように述べている。

「館林・加須地域の施設園芸はトンネル段階から陸田に導入されることが多く、連作障害の回避と稲の倒伏をくいとめるために毎年圃場を移動した。

この施設園芸と陸田とを結びつけたのは、灌水労働の省力化や雑草防除などの田畑輪換の機能であったが、それだけでなく、より排水条件が良好でしかも自宅に近く管理しやすいことも、元来は畑地であった陸田がハウスの用地に選択された理由であった。」[11]

②台地畑地域の開発と土地利用

　台地地域は、地形的にみれば、平坦で広々とした台地面とそこにうねうねとくい込む野川、谷津田地域とによって構成されている。埼玉県の場合は、台地面に火山灰が2〜4層にわたって堆積し、その厚さは深いところでは10mにもおよぶ場合がある。堆積した火山灰は風化して、いわゆる関東ローム層を形成する。台地上には、有機物の生産量の多いススキ類が繁茂し、風化火山灰は有機物を集積させる特性があるので、繰り返される火入れ管理も手伝って、表層には有機物を多く含んだ黒ボク土が発達する。

　広々とした台地面に降った雨は関東ロームが多孔質であるが故に多くは地盤浸透し、自由地下水として台地に食い込んだ野川、台地縁辺の谷津田地帯に湧出する。そのため、水量は案外多く、かつ安定的である。自由地下水は、火山灰の堆積構造によって、数層に分かれて存在することもある。

　概ね以上のような特徴をもつ台地地域において、人々の定住と農耕がまず開始されたのは、野川、谷津田地帯であった。そこは何よりも水の得やすい場所であったし、風水害からも安全な場所であった。遠い古代にはそこは海辺であったこともあり、台地の崖下に貝塚が発見されるところもある。その後の農耕の時代に入っても、谷津田地帯の湿地は、低い技術水準における稲作に適した場所であった。そこは耕すことが容易であり、水害、旱害の心配は少なく、有機物を多く含む湿地の土壌は当時の技術条件のもとでは相対的に肥沃であった。

　他方、台地面における農業開発は、関東地方の諸地形地域の中では、最もおくれて着手された。埼玉県南部台地の場合は、江戸幕府の武蔵野開発の延長として、近世中期に開発が始められるが、全国的にみれば、台地開発の本

格化は明治以降のことであり、それがほぼ完了をみたのは、第2次大戦後の緊急開拓によってであった。開発以前の台地面は馬の放牧場としての牧や萱場、秣場などとして使われていた。

　埼玉県南部台地も含めた武蔵野台地の近世期における開発については、菊地利夫[12]、木村礎[13]、伊藤好一[14]らの詳しい研究がある。ここでは、それらの研究にもとづいて、武蔵開発の概要をごく大まかにスケッチしておこう。

　武蔵野台地における新田開発は近世初期から始まるが、本格的な展開は享保期以降のことであった。開発の主体は、元禄期頃までは在地土豪層やその系譜をひく初期本百姓層が多かったが、本格的開発時代に入ると村請け新田が主流となり、個人請負の場合には、在地土豪層に代って都市商人や百姓が登場してくる。入植する百姓は、丘陵地域の村を古村とする場合が多く、古村の側からすれば、過剰人口対策であったらしい。

　開発方式はかなり計画的で、街道の両側に列村の形で住居が並び、その背後に耕地が短柵状に伸び、さらにその先に平地林が続くという形式を典型としていた。所沢市と三芳町にまたがる三富新田の場合は、1戸当たりの配分土地面積は、間口40間（73m）、奥行375間（682m）、約5haであった[15]。内耕地は約3.0haくらいで、残りは屋敷地および平地林である。平地林面積は耕地面積の半分弱であった。短柵状の耕地の中央には、2間巾の耕作道が設けられたから、各戸は19間巾の細長い畑を2本ずつ持つことになり、耕作にあたっては、それを短かく区切って耕区とした。隣家との境や畑の区切りには茶樹やウツギが植えられ、畑の風蝕防止の機能を担った。これらの茶樹は地域的に合計すればかなりの面積となり、それを基礎に製茶業も育っていった。平地林にはナラ、クヌギ、エゴなどの落葉広葉樹が植えられ、堆肥用落葉採取や薪炭林として利用された。屋敷のまわりにはケヤキ、クス、ツバキなどが植えられ、冬の季節風に備えた。

　開発にあたっての技術的困難は、飲料水、生活用水の確保と耕地土壌の地力保全、培養にあった。先に述べたように、武蔵野台地の場合は関東ロームが4層にわたって堆積しており、各層の間には若干の不透水層がある場合が

多く、そこにわずかな量の地下水が宙水として存在している。この宙水は浅井戸で利用できるので、開発にあたってはまずこれが使われた。しかし、宙水はもともと量的に少なく、天候によってすぐに変動する不安定なものであるから、これらの井戸は開発の進展とともに枯渇する場合が少なくなかった。逃げ水と呼ばれていた現象である。武蔵野台地の各地にはスリバチ状の「マイマイズ」などが残されているが、これらは人々が水を追って深く井戸を掘っていった軌跡である。しかし、安定した取水のためには、井戸掘技術の革新を経て、深層の被圧地下水利用の時代まで待たなければならなかった。

　関東地方における被圧地下水利用の途は、千葉県小櫃川地域で上総掘りと呼ばれる掘り抜き井戸技術が確立されることによって開かれた。掘り抜き井戸技術はまず関西地方で確立し、それが小櫃川流域に伝わり、享保期に上総掘りの原型が生まれるが、技術の完成をみたのは明治中期の頃であった[16]。

　また、生活用水問題を解決するために野火止用水なども開さくされた。地力問題に関しては、平地林の機能が重要であるが、これについては後述したい。

　さて、こうして開発された武蔵野新田における農業は、当初から雑穀中心の畑作であったという。たとえば、武州多摩郡小川村（現在の東京都小平市小川町）の元禄期の例では、約370haの耕地のうち、アワ65ha、ヒエ59ha、ソバ95ha、で雑穀合計が220ha、耕地の6割におよんでいたという。さらに、この外に陸稲が27ha作付けられていたというので、夏作に関しては約7割が穀物作であった[17]。

　当時の畑新田の年貢は金納制だったので、これらの雑穀は新田百姓の手で販売された。販売先は江戸と彼らの母村の丘陵地域の村々だったという。なお、ついでながら述べれば、このような雑穀新田の成立によって、丘陵地域の古村では雑穀作が後退し、代って養蚕、織物、林業などの産業が興きたとのことである。

　伊藤好一は、当時の畑作新田を経営的に成立させた条件として①個別経営の規模が大きかった、②耕地配分が合理的であった、③秣場などの共同体的制約から解放されていた、④金肥が導入された、の4点をあげている[18]。こ

のうち③④は地力培養に関する問題である。

　すでに述べたように、畑新田が拓かれた地域の土壌は火山灰土であった。火山灰土は一般に瘠薄な土壌として知られており、戦後の緊急開拓入植者たちを悩ませたのもこの土であった。これは主に、火山灰土の多くがばん土質土壌であるという点に由来している。岡本春夫は、本稿２．の注15) で紹介した報告の中でばん土質土壌の問題点として次の５点を指摘している。
(1)　土壌養分の溶脱が激しい
(2)　アルミニウムの害を生じさせる
(3)　根の養分吸収を阻害する
(4)　土壌のリンサン吸収力が強く、作物にリンサン欠乏症を生じさせる
(5)　土壌養分の含量や構成が独特である

　そして、岡本はこれらの問題点の解決策として、堆肥の多用と石灰による酸度矯正で活性アルミニウムをおさえ、また、可溶性リンサンを大量に補給することをあげている。

　さて、こうした火山灰土の特殊条件は、新田開発当時も同様であった。そこで当時の百姓が取組んだことは、まず堆肥の施用であった。前述のように、堆肥原料の給源である平地林は、私的占有地として個別経営に分割されており、地理的にも屋敷や耕地と連続していた。これらの条件は、集約的な平地林管理を可能にし、堆肥生産量を増加させたと思われる。落葉や堆肥は重量物であるから、畑に隣接した平地林の育成は距離的条件も大きなプラスであったであろう。また平地林の広さ（耕地の半分弱）も概ね適当なものであったと考えられる。

　ところで、伊藤によれば、新田百姓は雑穀の販売代金でかなり大量の糠と灰を購入していたという。肥料成分でみれば、糠はチッソとリンサン、灰はカリを主体とし、灰には若干ながら酸度矯正の機能があった。購入された貴重な糠や灰がどのように使われたかの紹介はないが、恐らく糠は堆肥の発酵材料に、灰は下肥とまぜて播種時いわゆるダラ肥として使われたり、直接畑に撒いたりされたのであろう。いずれにしても、このような施肥方式は岡本

が提唱する近代的なばん土質土壌対策とよく符合するものであった。

しかし、こうした方策がとられてもなお、台地地域における畑新田の生産力は、低地地域の既成畑の6〜7割程度であった。たとえば菊地は次のような反収例を紹介している[20]。

◎大麦
　沖積古畑　上々3.4石、上2.7〜2.8石、中2石余、下1石余
　武蔵野新田　上2石、中1.2〜1.3石、下0.4石

◎小麦
　沖積古畑　上1.2〜1.3石、中0.8〜0.9石、下0.4石
　武蔵野新田　上0.6〜0.7石、中0.3〜0.4石

また、武蔵野新田では上畑にも作付されていた小麦、アワ、ヒエ、ソバなどは、沖積古畑においては中畑、下畑に作付する作物とされていたという。

さて、このようにして確立された雑穀型の畑作農業の形態は、イモ類や桑の導入などを伴いつつも第2次大戦頃までは大きな変化はなく継続されてきた。しかし、戦後になると状況は一変する。

まず第1の変化は化学肥料、とくにリンサン肥料の普及であった。これによってばん土質土壌対策は大きく前進し、作物収量は低地畑の水準に近づいた。また肥利要求度の高い集的作物（野菜類等）の導入拡大も可能となった。

しかし、他方では普通畑作物の野菜類への転換は、耕地における粗大有機物生産量を減少させた。また、都市化の進展の中で工場や住宅地が平地林に進出し、これらの諸条件は、台地畑の地力維持メカニズムを狂わせた。農家は、豚の導入や水田地帯からのイナワラ購入などによって堆厩肥の生産にも努めたが、大勢としては、野菜の多肥要求に対しては化学肥料を、土壌悪化に対しては農薬を多投するという方向をたどった。こうした傾向は、1960年代後半から70年代前半期において特に顕著であり、いずれの野菜産地でも、過剰施肥、地力低下、連作障害などの危機に直面することになった。そして、目下、危機打開の方策が各地で模索されつつあるというのが、今日の局面だと言うことができるだろう。

(2) 低地畑と台地畑の畑作農法

　さて、開発系譜において大要以上のような差異をもつ低地畑と台地畑における農業は、農法構造においてそれぞれどのような特徴を持っているであろうか。ここでは、最近の野菜産地における過剰施肥障害、連作障害といった状況を頭におきながら、地形・土壌立地と地力再生産、土壌管理システムの関係について考えてみたい。

　まず、本章2－(2)で紹介した土地の豊沃度についての江島の概念整理[21]によりながら、低地畑と台地畑の地力論的特徴を整理しておこう。江島は土地の豊沃度を肥力と地力との相互作用により現象する包括的成果概念と規定し、肥力は作土中の可吸態養分と養分素材とからなり、地力は養分素材を可吸態化させたり有害物質を分解させたりする作用力と可吸態養分や養分素材を作土中に保持、受容する受容力とによって構成される規定している。

　本章で取り上げてきた低地畑の土壌は土壌型としては褐色低地土と灰色低地土である。両者とも河川の堆積物を母材として生成された土壌であり、それ故、土性としては粗粒質のものから細粒質のものまでを含んでいる。両者の違いを生じさせた最大の要因は排水条件であり、褐色低地土はより排水の良い地形条件の上に生成される。埼玉県の利根川・中川水系に関して言えば、褐色低地土はより上流に分布し、灰色低地土は下流に分布する。そのため、一般的には灰色低地土は比較的粘質の場合が多い。

　なお念のため述べておけば、ここで取りあげているのは、畑土壌についてである。畑土壌として褐色低地土が分布する地域には、水田土壌としては概ね灰色低地土が分布し、畑土壌として灰色低地土が分布する地域には、水田土壌としてはグライ土あるいは低位泥炭土などが分布する場合が多い。

　さて、このような低地畑土壌を豊沃度概念との関係でみると、まず地力に関しては、土性によって受容力が左右される。受容力の大小には耕深も関与するが、母材の堆積状態から言えば深耕の条件はある。作用力は土壌水の状態によるところが大きく、排水の良い褐色低地土は有機物をよく分解させる

という意味で作用力は大きいと言えるだろう。次に肥力に関しては、褐色低地土においてより消耗が激しいということになる。

他方、台地畑の土壌は、土壌型としては黒ボク土であり、その特質は前節で述べたばん土質土壌という点にある。これを低地畑土壌と同様に豊沃度概念との関係でみると次のように言うことができる。

まず、地力に関しては、受容力が著しく大きい。表層に有機物を集積させるという性質自体、受容力の大きさを示すものだし、活性アルミニウムに由来するリンサン吸収力の大きさも一種の受容力である。しかし、この受容力は著しくアンバランスであり、陽イオン系のアンモニア態チッソ、カリ、石灰、マグネシウムなどは逆に容易に溶脱させてしまう。

また、低地土壌と同様に深耕の条件はある。作用力は全体に弱い。土壌中に含まれるアルミニウムイオンには根の養分吸収を阻害するというマイナスの作用もある。肥力に関しては、仮りに養分素材には問題がないとしても、地力をめぐる上のような状況の故に可吸態養分は少ない場合が多い。

以上略述したように、低地畑土壌（褐色低地土、灰色低地土）と台地畑土壌（黒ボク土）とでは、豊沃度をめぐる構造は基本的に異っている。黒ボク土の場合には、ばん土質についての改善なしには豊沃度の直線的向上は望めない。台地畑農業を低位生産的な雑穀型農業として固定させた理由はここあり、前節で紹介した近世期における低地畑地域との収量格差は、量的な差を言うよりも、まずは類型差として認識すべきものだったのである。ばん土質土壌対策の決め手は可溶性リンサン肥料の多用であり、それは戦後段階においてはじめて実現された。

しかし、こうした特殊対策を別にすれば、低地畑土壌においても、台地畑土壌においても、豊沃度向上の基本的方策は堆厩肥など粗大有機物の施用と深耕にあった。深耕に関しては土壌、耕耘手段、作付作物、養分および有機物補給条件などが直接的に関与する条件となる。前述のように、土壌条件については両地域とも有効土層は厚く好条件に恵まれている。耕耘手段に関しては、最近までは基本的には手労働段階にあり、深耕には困難が伴なったが、

1970年代以降、中・大型トラクタやトレンチャが普及し、労働手段の面からは深耕の条件は一応整った。

両地域の比較でみれば、トラクタ等は経営規模の大きい台地畑地域でより普及している。しかし、実際にはロータリー耕利用が一般的であり、深耕は必ずしも実現されていない。作付作物については、両地域とも浅根性作物が一般的であったが、台地畑における根菜類の導入、低地畑地域の一部でのヤマトイモの導入などは、作付作物の面から深耕への道を開いた。養分等の補給条件については、化学肥料の普及が一つの可能性を開いたが、有機物の補給に関しては、他の深耕条件の整備に逆行して状況は悪化しつつある。

さて、そこで堆厩肥など有機物の施用・循環問題に議論を移すことにしよう。

土地の豊沃度に対する施用有機物の働きは多面的であるが、これについての検討は後にまわし、まずは有機物の施用と消耗の収支について考えてみよう。作物栽培による土壌中の粗大有機物の消費、消耗量と生産量の収支は、大まかにみて、湿田水稲作では大幅なプラス、普通畑作では湿田に比して有機物の消耗は大きいが、ワラ等の生産もあるので若干のマイナス、野菜作では、還元可能な粗大有機物の生産がほとんどないので大幅なマイナスとなる。したがって、有機物の収支バランスを考えれば、畑作の場合は、緑肥生産などを意識的に組みこまない限り、多かれ少なかれ当該畑地外からの有機物補給が必要となる。

化学肥料等が農業外から大量に供給される以前の畑作では、有機物収支バランスの問題は豊沃度の維持向上にとって決定的な意味をもっていた。したがって、各地域の畑作農業には、有機物補給の独自のシステムが組みこまれていた。

水田率の高い地域（経営）の場合は、畑地に対する有機物補給は主に水田からなされ、有機物の経営耕地内自給の体制が整っていた。しかし、畑地率の高い地域（経営）の場合は、有機物を耕地以外の土地から補給しなければならなかった。主たる給源は平地林であった。そのため畑地の売買には対応

する平地林も地付山としてセットされていたという地域もあった。有機物の補給が自己所有の平地林だけでまかなえれば、経営内自給ということになるが、林野の所有は偏在している場合も多く、近郊林野は共同所有という例もあるので、そういう場合には、平地林からの有機物採取のために独自の社会関係が結ばれることになる。

　林健一の神奈川県での調査（1957年）によれば、畑地には冬作は麦、夏作にも普通畑作物がある程度作付られていたという当時の状況のもとで、水田率が30％以上ならば粗大有機物の経営耕地内自給が可能であったという[22]。したがって、本章の対象地域については、低地畑地域は、有機物水田依存・経営耕地外他給型であり、台地畑地域は、有機物平地林依存・経営耕地外他給型ということになる。なお、補足して述べれば、関東地方の平地林は、主に畑地率の高い地域に分布しているが[23]、以上のような事情は、このことの一つの背景をなしていた。

　しかし、その後、畑作における有機物の施用・循環に関する状況は大きく変化した。まず、有機物の生産・供給の事情についてみよう。低地畑地域における有機物の重要な給源であった水田は、乾田化の進行によって水田自体の有機物消耗が大きくなり、またコンバインの普及は稲ワラの圃場外搬出を困難にしている。畑地については、普通畑作物の急減、野菜作の拡大によって粗大有機物の生産はゼロに近い状況となった。台地畑地域における有機物の給源であった平地林は、開田、開畑、都市化によって減少し、また、兼業化等による労賃意識の浸透は、平地林の維持管理や落葉採取の労働支出を難しくしている。他方、戦後畑作地帯では、厩肥生産の拡大を一つの狙いとして、小規模な養豚、養鶏が普及したが、それらのいくつかは巨大規模に成長し、大量の家畜糞尿を排出するようにもなっている。

　次に、有機物消費の側の状況をみよう。第1の変化は、各種化学肥料の開発と大量普及であり、これは有機物施用の必要性を減少させた。

　ここで、土地の豊沃度に対する有機物施用の効果について述べれば、次の通りである。まず、地力に関しては、土壌中の腐植の増加が受容力を拡大さ

せ、微生物活性の高まりや土壌物理性の改善を通して作用力を向上させる。堆肥施用はばん土質改善にも効果があるが、これも有機物の地力増強機能の一つである。肥力に関しては、有機物はそれ自体養分素材となるし、地力の高まりと相まって可吸態養分も増大させる。

さて、こうした有機物の諸機能のうち、その効果を最も短期的に判定しうるのは可吸態養分の多少であった。しかし、この点に関しては、化学肥料による速効的な肥力補給の方が概して勝っていることは明らかであった。養分吸収量の多い野菜作を拡大してゆくにも、化学肥料による肥力補給の方が適合的であった。地力に関しては、有機物施用の意味は失われていなかったが、その効果を短期的に確認することは難かしかった。また、台地畑における最大の問題であったばん土質の改善が可溶性リンサン肥料の多投によって一応の解決をみたことも、化学肥料への信頼性を高めた。

有機物の生産・消費についての以上のような状況変化は、有機物施用量の激減を招き、化学肥料の圧倒的優位の時代を作り出した。農薬の普及がそれを支えた。従来はむしろ少肥国であった日本は、こうして、世界有数の多肥、多農薬国となった。加用がこの事実を解明したのは1964年のことであったが[24]、その後も日本の肥料消費量は増加を続けた。それは野菜作において特に顕著であった。

穀作等と比べると野菜作は概して多肥作物であり、また、作型の前進や連作による根群劣化は作物の養分吸収力を低下させ、一層の多肥を促した。しかもそれは浅耕条件下での多肥、地力消耗状況下での多肥であったから、間もなく深刻な行き詰まりに直面することになる。過剰施肥障害や連作障害の多発がそれであった。

当初はこれらの問題に対しても、新らたな土地改良資材の投与や農薬の多投によって切り抜けようとする動きが多かったが、それだけでは解決にならず、1970年代の後半頃からは、深耕や地力対策的な意味での有機物施用の気運が高まってきた。有機物の施用に関しては、化学肥料施用量の一層の増加のための補足条件としての生糞投入などから始められたが、次第に完熟堆肥

等への認識も深まっていった。完熟堆肥は、先に述べた各種の地力増強機能を持つだけでなく、土壌中の微生物フロラのバランスを回復させる機能もあり、連作障害対策としては、有力な手段の一つとなっている。また、作付体系の面でも、緑肥作物や輪作の導入という動きも広がってきた。

　このような最近の動きを、本章の主題である埼玉県の低地畑地域と台地畑地域との比較でみると、そこには次のような特徴を指摘できる。

　まず、化学肥料普及後の変化については、低地畑地域において、多肥、連作の傾向がより顕著であった。これは、同地域においては、１経営当たりの畑面積が小さく、作付作物も肥料要求度の高い果菜類、葉菜類が中心であったことにもよっている。

　一方、土壌の条件については、褐色低地土や灰色低地土と黒ボク土とを単純に比較することは出来ないが、受容力に関しては低地土の方が劣っている場合が多いと考えられる。とすれば、過剰施肥障害や連作障害は、低地畑地域においてより深刻な形で発現しているはずである。しかし、現実の動きをみると、これらの問題は台地畑地域において、より早く、より広範囲に発生したという傾向が認められるのである。また、それに対応して、有機物の施用、深耕、輪作等の取組みも台地畑地域においてより活発となっている。

　このような一見矛盾した状況は何故に生じるのか。そのメカニズムは単純ではないだろうが、重要な要因の一つとして土壌水の挙動の差異という問題を指摘できるように思える。

　すなわち、低地畑の場合は、自然堤防上に立地し、成立史的にもたん水しにくい場所が畑地として残ったという事情もあり、土壌水の下層地下水への排水は良好だと考えられる。そのため、化学肥料を多量に施用しても、過剰分は雨水の浸透によって下層へ排出されてしまう。また野菜の連作は、土壌中の、さらに細かくは土壌層位別の養分アンバランスや異常集積、土壌病害等を発生させるが、これらについても、雨水の順調な地下浸透によってかなりの程度浄化されると考えられる。他方、こうした事情は、受容力の低さを意味するが、その点は、分施（追肥）方式でカバーされる。分施のための労

力や施肥の経済性を無視できれば、外部への環境負荷の増大という問題を含みつつも、相当な多肥が可能となり、それによる障害も発現しにくいのである。

では、台地畑の場合はどうであろうか。火山灰土に関する従来の常識は、土壌が多孔質であるため雨水の浸透はたいへん良いという点にあった。この認識は、火山灰土水田における漏水の激しさなどによって経験的にも確められてきた。また、最近の例では、野菜産地三浦半島の火山灰土の畑から浸出してくる地下水によって、低地畑が土壌病害の汚染をうけるといった事実もあり、これなども、上述の認識に傍証を与えるかに思える。試験研究の面でも、たとえば鹿児島県農試の松下研二郎らのラインメーター試験[25]など、この認識を支持するようなデータは少なくない。先に紹介した岡本の報告[19]でもばん土質土壌の解説はかなり激しい雨水の浸透を前提としたものだった。

しかし、岡本は同じ報告の中で、神奈川県相模原台地の火山灰土では、降雨による土壌水分の変化は、せいぜい表層50cmくらいまでのことであり、それ以下の層ではあまり変化がないという注目すべき事実を報じている。また、雨水に含まれるトリチウムなどを利用した最近の研究も、火山灰台地の土壌水の動きは、従来考えられていたほど簡単ではないことを明らかにしつつある。

たとえば、榧根勇らの研究[26]によれば、武蔵野台地関東ローム層の場合は、多孔質であるが故に約6mのローム層の中に約4,000mmもの浸透雨水が貯留されているという。それは降水に伴なって順次下層に排出されるが、その平均滞留時間は短かく見積っても4年余におよぶという。ここから単純に計算すれば、浸透した雨水は1年間に約1.5mしか下方に移動しないということになる。土壌水は土壌粒子との結合程度によって、結合水、半結合水、自由水に分けられるが、上の計算は自由水についてのもので、作物が主に利用する半結合水に関しては、その動きはさらに緩慢になるという。

茨城県農試でも小川吉雄らが1973年から5年間、那珂川左岸ローム台地畑における施用窒素の溶脱に関する詳細な調査を実施している[27]。この台地のローム層は約2mであるが、約1mの深さ以下への窒素の溶脱量と1mの土

第3章　地形や土壌の条件と土地利用の諸相　*131*

層内の窒素の残存量は、5年間のトータルとしてそれぞれ施用量の20〜25％であったという。これには施用量の多少は影響しなかった。土壌残存窒素については、降水1,000mm（平均地盤浸透率23％）に対して約30cmの下方移動が認められており、これは櫃根らの報告と一致する。また、施肥は毎年繰り返されるから、土壌残存窒素の絶対量は累積し、そのうち約10％は、作土層内に主に有機態窒素として集積するとも報告されている。

　これらの研究は、まだ部分的なもので、各種の地形・土壌地域での測定や比較までは至っていない。したがって、断定的な判断はできないが、本章の主題にとって注目すべき報告であることは確かであろう。

　また、土壌水の動きについては、敷ワラからビニールマルチへの転換という栽培技術上の変化も影響を及ぼしている。ビニールマルチは、まず、雨水の地盤浸透を妨げ、表面流去量を増加させる。また、これは、毛管破壊の機能ももっていた中耕作業を排除する。こうした条件のもとで、マルチ下の土壌はかなり湿潤な状態におかれるが、自由水の量は少ない。これらのことは、土壌水の上下の挙動に影響を及ぼしているに違いない。

　さて、以上の報告や事例が示すように、火山灰台地における土壌－地盤系の水の動きは、かなり複雑なものだと考えなければならない。そして、少なくとも、過剰施用された肥料成分などが、雨水によって簡単に外部環境へ排出されるとは言えないことも確かなようである[28]。

　台地畑地域において、過剰施肥や連作障害などが比較的出現しやすく、またそれ故に対策としての有機物施用や深耕、輪作等への農家の関心が高いことの一つの立地的背景として、以上のような土壌水の挙動の問題を指摘できるように思われる。

　自然堤防上の低地畑では、昔から、肥力を下肥等で外部から補給する形の農業が営まれてきた。その後、化学肥料時代に入り、この地域の外給的な多肥・連作の傾向は一層強まった。こうした動きに対して、低地畑は驚くほど大きい受容力を発揮しているかに見える。しかし、その内実は、地力再生産体系を軸とする農法の高度化によってもたらされたものとは言えず、外部環

境への排出によるところが大きいと考えざるを得ない。外部環境の容量の大きさが、畑自身の持つ容量を錯覚させているのである。

しかし、今日の多肥、連作の状況は、地域の水系の汚染という形で無限とも思われた外部環境に明示的な影響を与えるほどのものとなっている。土壌病害の水系伝播によって、産地が崩壊に瀕したという例も出現している。水耕のベッドが全滅するように、外部環境の変調によって、地域農業全体が危機に陥る事態を想定することも、あながち杞憂とは言えまい。

他方、台地畑の場合には、ばん土質など土壌の自然的素材の面に欠陥があり、長らく低位生産地域の位置に甘んじてきた。戦後、化学肥料の時代に入り、ばん土質などの問題は解決され、野菜産地へと転じた。しかし、外部環境との関係でみた土壌－地盤系の閉鎖系的特質は、野菜の多肥、連作技術との間に矛盾を生み、過剰施肥障害、連作障害などを多発させた。しかし、これらの条件は、かえって、豊沃度向上への本来的な取組み、輪作、緑肥作物導入、施肥量削減などの新しい栽培様式の模索を促する契機ともなった。その取組みはまだ部分的なものではあるが、一定の成果も生みはじめている。

注
1） 現実にはこのような地形を完全に備えた低地は全国的にはそう多くはなく、小出博によれば、利根川－古利根川（中川）流域は数少ない典型の一つだという。小出博『日本の国土』上巻、東大出版会、1973年、p.193。

　ここで、これらの地形に関する小出の解説を引用しておこう。

　「扇状地というのは、河川が山間部を離れ、突然平野に流れ出すところに形成する特有の堆積地形である。洪水時に山地渓流から流出する土砂礫は、河川によって運搬され、洪水は平野の出口を扇頂として、四方に放射状にはんらん・乱流し、運搬した土砂礫の粗大な石礫質のものをここに堆積する結果、形成した堆積地形が扇状地であって、その前面により細粒の砂礫質のものが堆積して移化帯が発達する。（中略）そして移化帯の前面には三角州が発達する。三角州まで流下すると、洪水は細粒のものだけを運搬し堆積するから、三角州の土層は一般に粘土質である。」小出博『日本の河川』東大出版会、1970年、p.204。

2） 玉城哲・旗手勲『風土』平凡社、1974年。
3） 小出博『利根川と淀川』中央公論社、1975年、pp.65～68。

4）小出博『日本の国土』上巻、東大出版会、1973年、pp.233〜250。
5）籠瀬良明『自然堤防』古今書院、1975年、pp.144〜150。
6）新井鎮久「昭和初期の埼玉県北部農村における青果物産地市場の展開と産地形成」『地理学評論』55巻7号、1982年。
7）前掲注6）。
8）埼玉県中川水系農業水利調査事務所『中川水系農業水利調査報告書』同所刊、1963年、第2編、p.29。
9）新井鎮久・野村康子「中川水系、見沼代用水地域における土地利用の変化と水利用」『地理学評論』45巻1号、1972年。
10）石川武男「開田の『岩手大学工法』について」馬場昭『開田』"日本の農業 No.50"、農政調査委員会、1967年。
11）斉藤修『施設園芸の産地間競争』"日本の農業 No.137、138"、農政調査委員会、1982年、p.63。
12）菊地利夫『新田開発』古今書院、1957年。
13）木村礎・伊藤好一『新田村落』文雅堂銀行研究社、1960年。
14）伊藤好一「南関東畑作地帯に於ける近世の商品流通」『歴史学研究』219号、1959年。
15）佐々木博・沢田裕之・吉田哲夫・横畠康吉「東京近郊、埼玉県三芳村における農業」『地理学評論』42巻10号、1969年。
16）大島暁雄「上総掘りの成立と展開」『日本民俗学』140号、1982年。
17）前掲注14）。
18）前掲注13）pp.295〜301。
19）岡本春夫「畑土壌の種類別性質と施肥」鴨下寛外『土壌の種類と施肥技術』農業技術協会、1963年、pp.210〜213。
20）前掲注12）p.354。
21）江島一浩「農業生産技術への一接近視角」日本農業経営研究会編『昭和57年日本農業経営研究会春季研究集会シンポジウム報告要旨』同会刊、1982年。江島一浩「地力培養技術の農業経営からの検討」小倉武一・大内力編『日本の地力』御茶の水書房、1976年。
22）林健一『農用林に関する調査』神奈川県、1957年。
23）武藤三雄外「関東東山における農業生産構造の地域的特質と農業地域区分方法に関する研究」『関東東山農業試験場研究報告』14号、1959年。
24）加用信文『日本農業の肥料消費構造』御茶の水書房、1964年。
25）松下研二郎・藤島哲男・宇田川義夫「鹿児島県における火山灰土壌畑地の生産力と各種成分の溶脱について」『日本土壌肥料学雑誌』40巻8号、1969年。
26）榧根勇・田中正・嶋田純「環境トリチウムで追跡した関東ローム層中の土壌水の移動」『地理学評論』53巻4号、1980年。

27）小川吉雄・石川実・吉原貢・石川昌男「畑地からの窒素の流出に関する研究」『茨城県農業試験場特別研究報告』4号、1979年。
28）過剰肥料分などの外部環境への排出は、視点を農業内だけにおけば、良いこととされようが、環境保全という面からみれば大きな問題がある。今日、環境保全の側から農業に期待されていることは浄化機能であるが、少なくとも農業が負荷源にならないだけの方策は講じられる必要がある。
　　最近、過剰施肥や連作障害への対策として湛水除塩法が奨励されている。この方法が、脱窒などによって効果を生んでいるならば結構だが、外部環境への流出効果を狙うものであれば、再考されなければなるまい。

　先にお断りしたように、本節は元論文の抜粋であり、元論文にあった妻沼町（利根川低地・褐色低地土地帯）、吉川町（中川低地下流・灰色低地土地帯）、所沢市柳瀬地区（南部台地・黒ボク土地帯）の農家事例調査の報告は割愛せざるを得なかった。3地域の農家事例調査の結果を本章の記述を関連させれば次のような点を確認することができた。
　まず、低地畑地域と台地畑地域との明確な差異である。現行の施肥量は低地畑地域では10a当りチッソ成分で100kgに近いレベルであったが、黒ボク土の台地畑地域では10～30kg程度であった。また、連作状況も低地畑地域では数10年というオーダーだったが、台地畑地域の場合には数年、あるいは10数年であった。連作や施肥に対する受容力は低地畑の方が段然大きいことが示されている。
　こうした状況の中で、低地畑地域の妻沼町でも、台地畑地域の所沢でも連作障害や過剰施肥障害がすでに深刻化していた。両地域ともそれへの対策がすでに講じられつつあったが、その内容をみると明らかに所沢市の事例の方が本格的であった。妻沼町ではまだ対症療法的な段階を脱しておらず、それは、前述の受容力の大きさが逆に災いしているためと思われる。
　一方、下流低地畑地域の吉川町では、連作、施肥という点では、妻沼町以上の状況もあったが、障害は顕在化していなかった。これは注目すべき事実であり、詳細な技術研究が期待される。

4. むすび

　日本農業における施肥技術の特質について加用信文は次のように述べた。
　「表土作業＝浅耕体系の施肥は、必然的に速効性肥料との結合を生じ、その施肥法においても、肥料を土地に対して施すのではなく、直接作物に対して施す施肥体系、すなわち東洋独特のいわゆる『頭割り施肥』の方法を形成せしめ、同時にその多肥化手段として追肥技術を展開せしめたのである。」[1]
　また、山田龍雄は、加用のこの規定を敷衍して、日本農法の基本的特質は「点的管理」、点播（点植）－頭割り施肥－手どう耕（手作業による中耕）という一連の体系にあると述べた[2]。
　加用の規定の前段部分、すなわち、浅耕体系下での速効性肥料の分施による多肥という指摘は、日本農業における施肥技術の構造に関する規定であり、山田が「点的管理」と敷衍した後段部分は、このような構造を固定化している日本農法の運動特性を指摘したものと言うことができる。
　現代日本の畑作農業、それを代表する野菜作における連作障害、過剰施肥障害の問題は、基本的には加用の前段の規定、浅耕体系下での速効性肥料の多肥という構造に関する矛盾発現に外ならない。そして、その解決のためには、輪作・深耕体系への転換と速効性肥料依存からの脱却がはかられなければならないことは明らかだが、そのためには、後段の規定、すなわち「頭割り施肥」「点的管理」という運動特性の変革が必要となる。
　「頭割り施肥」「点的管理」体系の変革プロセスに関する研究は、まだ十分な進展を得ていないが、木村伸男は、作付作物の施肥、土壌管理に関する反応特性を一つの技術的契機とした労働主体における地力、地代認識の成熟過程としてそのプロセスを理解すべきではないかと指摘している[3]。木村のこの指摘は卓見であるが、木村のようなアプローチと同時に、「頭割り施肥」「点的管理」体系の技術的基礎の解明も必要ではないかと思われる。
　自然と人間との物質代謝過程としての農業生産は、面的広がりでみれば、地域－耕区－圃場－作物系と人間労働との関係であり、垂直方向での広がり

でみれば、地盤（地形）−土壌−作物系と人間労働との関係ということになる。こうした視野の中で、「頭割り施肥」「点的管理」体系を位置付けてみると、そこには広がりの断たれた作物−人間労働という関係だけが浮び上がってくる。

では、なぜ地域−圃場、地盤−土壌という系の広がりがそこに入りこんで来ないのか。まず考えられる第１の理由は、そのような広がりをもった系をコントロールする条件や力をその段階における人間労働が備えていなかったということであり、第２に考えられることは、そのような系を意識的にコントロールする必要性があまり生じていなかったということであろう。

たとえば、火山灰土台畑地域のおける第２次大戦以前期の雑穀型普通畑作などは、第１の理由の典型と言えるだろう。また、低地畑地域における今日の限りなき多肥と連作の構造は、地域−圃場、地盤−土壌系の独特なあり方に規定された第２の理由の典型と言える。水田農業の場合も、ある意味では後者の部類に含めても良いかもしれない。さらに言えば、台地畑地域において確認される農法高度化への胎動は、作物−人間労働という限定された関係から、圃場−作物、土壌−作物という範囲に系を押し広げる中で、連作障害等の問題を解決しようとする動きに外ならないが、こうした動きの立地的背景には、逆に自然的意味での地盤−土壌間の連続性の弱さという特性があるように思える。

本章は、地形・土壌立地と畑作農法の類型という視角から、今日の畑作農法の各論的分析を試みたものであるが、こうした視角は、上述のような農法再編のプロセスや条件に関する議論に一つの具体的な足がかりを提供すると考えられる。

注
1）加用信文『日本農業の肥料消費構造』御茶の水書房、1964年、p.18。
2）山田龍雄「アジア農法の日本的様相」岩片磯雄教授退官記念出版編集委員会編『農業経営発展の理論』養賢堂、1973年。
3）木村伸男『農業経営発展と土地利用』日本経済評論社、1982年。

第3節　低地畑地域の畑利用方式—茨城県那珂川下流域の事例—

1．低地畑地域の畑利用方式の特徴[1]

　今日の関東地方畑作を代表する土地基盤は関東ロームの台地地帯であるが、一般に水田地帯と理解されている沖積低地にも少なくない畑地帯が分布している。

　統計的に低地畑のみを抽出して示す資料はないので、それを自然堤防地形と読み変えれば、関東地方における分布は**第1表**に示したとおりで合計は1,161km^{2}である。台地地形の合計は7,835km^{2}であり、自然堤防地形はその15％にしか当たらないが、歴史的にみて自然堤防地帯は、畑作の立地基盤として台地地帯に劣らない重要な位置を占めてきた。

　自然堤防地帯は現在も地形形成が進行中の河成低地なので、当然水害の問題が付随する。しかし、自然堤防地帯のある河川の中下流域における水害（洪水）の様相は、高水工法による築堤が進展した現在とそれ以前ではかなり異なっていた。すなわち、かつての増水はおおむね漸次的であり、洪水域は広かったので洪水水位は現在ほど高くはなく、微高地である自然堤防は必ずし

第1表　関東各都県の畑地基盤（地形・土壌）の分布

単位：km^2

地形土壌型＼都県	茨城	栃木	群馬	埼玉	千葉	東京[1]	神奈川	関東地方計
台地	2,196	1,411	631	946	1,688	551	432	7,835
自然堤防・砂丘	455[2]	41	37	240	250[3]	45	133	1,161
黒ボク土	2,192	1,856	1,721	840	1,552	408	1,002	9,571
褐色低地土	123	136	246	108	176	48	50	887

資料：全国国土調査協会「日本の自然と土地利用　Ⅲ　関東」1979年。原資料は国土調査都道府県別20万分の1土地分類図。

注：1）島部は除く。
　　2）うち鹿島郡125km^2。
　　3）うち九十九里浜167km^2。

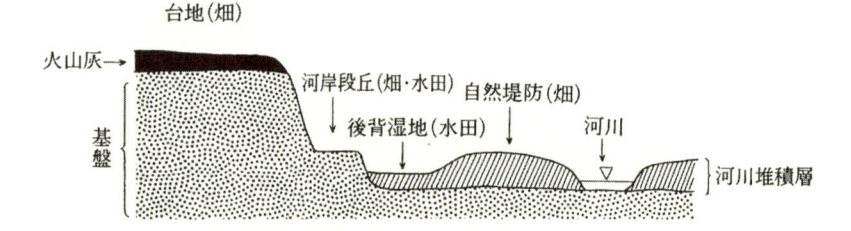

第1図　低地畑（自然堤防）の地形—那珂川下流をモデルとして—

も水害常襲の地ではなかった。

　第1図に自然堤防地帯の地形を模式的に示したが、自然堤防と台地にはさまれた後背湿地は次第に水田化されていった。築堤の進展のなかで、どこに堤防を築くかは大きな問題であったが、堤防地盤の安定と後背湿地に拓かれた水田の保全のために自然堤防上に築堤されることが多かった。そのため堤外地となってしまった低地畑も少なくない。こうした低地畑は必然的に水害常襲地となった。地域によっては低地畑が「流作場」と呼称されるケースもあるが、それらは築堤後、堤外地となったところの場合が多い[2]。

　低地畑のこのような地形条件は、同時にこの地域に舟運の発達をもたらした。舟運の発達は農産物の市場出荷の条件を作り、また、下肥、金肥の導入の条件ともなった。こうしたなかで都市近郊の低地畑地域には集約的な野菜産地が形成されていった。例えば、東京の場合は、東に江東、葛西の低地畑地帯と西に多摩、荏原の台地畑地帯という二つの畑作地帯をもっている。梅村又次は、第2次大戦以前頃までのこの二つの畑作地帯について、集約的な東郊（低地畑）と粗放な西郊（台地畑）との対比で整理できることを、下肥流通に関する渡辺善次郎の詳細な研究に依拠しながら論証している[3]。

　低地畑における作付作目は、こうした事情から都市近郊については野菜類（主に葉菜類）が優越し、土地利用率も高かった。しかし、遠郊地域では商業的野菜作の条件に欠ける場合が多く、陸稲、麦、雑穀、豆類などの普通畑作物の作付が多かったが、商品作物としては棉・藍などの特殊工芸作物や桑なども広く栽培されていた。とくに桑は水害回避という意味もあり、戦前期

における遠郊低地畑の代表的作目であった。しかし、桑は戦時統制経済期以降激減する。その後を一時期、普通畑作物が畑を埋めたが、高度経済成長期に入ると野菜産地に転ずるかあるいは陸田化する地域が多かった[4]。

さて、このように一口で低地畑といっても、農業形態としては集約的野菜産地から桑園まで各種の展開が認められるのだが、地力維持方式などについては、低地畑一般として次のような特徴を指摘できる。

低地畑地域の地目構成は、水田と畑で、山林を欠く場合が多い。水田は後背湿地に立地する場合が多いので、おおむね湿田で土壌有機物の消耗は少なく地力は低位に自己保全される。一方、畑はおおむね排水がよく地力消耗的な構造をもつ。そのため畑へは外部からの地力補給を要するが、水田（湿田）では有機物（ワラ）需給に余裕があるので、ある程度は水田からの地力補給が可能となる。また、野菜作の場合は稲ワラは敷ワラ等として必須の資材でもあった。

河川の役割も重要である。集積型の地形条件のもとで、長期的にみれば低地畑の自然的肥沃度は基本的には洪水によってもたらされたものであったし、短期的には河川由来の有機物、いわゆる川ゴミの採取も畑の地力維持にとって重要な意味をもっていた。したがって、低地畑に対する河川の役割は、台地畑における平地林と対比的に理解することもできる。

このように低地畑は比較的安定した地力再生構造をもっていたが、野菜産地となった地域については、下肥、金肥の施用など早くから多肥地帯として展開してきた。戦後、化成肥料の普及に伴って多肥傾向は一層増大した。最近では、台地畑野菜産地の3〜4倍の施肥をしているという例もみられる。

低地畑に限らず野菜畑の養分条件は、化学肥料多肥の時代になると、かつての欠乏の局面から過剰の局面へ転じており、台地畑地域では過剰施肥の問題が重大化しつつある。ところが、低地畑の場合には台地畑以上の多肥傾向にもかかわらず、過剰施肥問題の現われ方は一般に軽微である。これは低地畑土壌の肥料受容力（保持力）が大きいからというよりも、良好な排水（透水）条件のゆえに肥料成分が下方へ流亡するためとみるべきであろう。この

条件は、追肥重点の施肥技術を発達させ、そのことによって施肥量は一層増大してゆく。また、こうした排水（透水）条件は、連作障害要因の除去にも一定の効果があり、そのためもあって低地畑では台地畑に比して連作傾向が強い。

　地力再生産構造をめぐる上述のような特徴は、用排水条件の完備した水田（乾田）のそれと類似しており、個別経営レベルでみれば独立地片的な土地利用の型を生み出してゆく。独立地片的な土地利用の型は一定の市場条件のもとでは集約的な土地利用を発展させるが、これは経営耕地規模の小ささとも対応し、また、耕耘作業等の機械化の展開が弱いという傾向をもたらす。また、最近の連作障害等に関連した土地利用再編問題に関しては、こうした土地条件は取り組みを遅らせる傾向をもつ。

　低地畑における土地利用方式の特徴はおおむね以上のようにいうことができるが、関東地方でこうした低地畑農業が展開してきたところとしては、次のような地域がある。利根川中流の深谷市付近から中川・江戸川・荒川の下流域にかけて、鬼怒川中流の結城市、下館市、下妻市周辺、那珂川下流の水戸市周辺、久慈川中流の常陸太田市周辺、相模川中流の相模原市周辺。

　そこで次に、これらの諸地域のなかから那珂川下流、水戸市の低地畑地帯を取り上げ事例に即して低地畑における土地利用展開の状況を紹介しよう[5]。

2．圷（あくつ）畑野菜産地の形成

　茨城県を中心として北関東の各地では、低地畑を「あくつ」、「あくと」、「したばたけ」（下畑）」[6]などと呼称する例が多い。

　「あくつ」には「圷」の字が当てられることが多い。「圷」は「塙」に対して作られた国字である[7]。柳田国男などによれば、「あくつ」は水害常襲地というよりも生産力の高い上畑というイメージが強いようである[8]。茨城県結城市、下館市の鬼怒川中流の自然堤防地域では、このような畑を「あくと」と呼称し「肥土」の漢字を当てている。「あくつ」「あくと」の語源は「あくた（芥）」であるようで、上流から良い土や有機物等が流れ着き堆積する生

産力の高い土地という意味のようである。

これに対して台地畑は「のがた（野方）」と呼称され、言葉としても低生産力地的なイメージが定着している。

最初に那珂川について簡単に紹介しておこう。那珂川は栃木県那須山系に源流をもつ山岳性の河川で、幹川延長約150km、流域面積は約3,270km^{2}である。那須山系から流れ出した那珂川は、栃木県黒磯市から大田原市にかけて広大な扇状地（那須野原）を形成し、烏山町、茂木町の狭窄部で八溝山系の端を横切り、茨城県御前山村から下流域に入る。自然堤防がよく形成されているのは御前山村の那珂川大橋より下流約40kmの流域で自然堤防地形の面積は約80km^{2}である。

下流域の立場から那珂川の特徴をみると、中流に保水性の大きな大扇状地をもつため流量の年間変動が小さい、上流の土砂流出は激しいが烏山・茂木の峡窄部があるため下流における土砂の堆積は少ない、下流の河床勾配は1/1500～1/2500でかなり急である、などの諸点が指摘できる。

こうした特徴のゆえに、那珂川下流はデルタの形成が微弱で、河口に至るまで中下流的な自然堤防地帯が続いている。建設省の那珂川改修計画は昭和16年に決められ、28年に一部改訂されたが、これまでのところ計画の達成率は3割程度と低く、下流はほとんど無堤のままとなっている。この状態は低地畑における土地利用の安定化という視点からみて問題ではあるが、下流においても河床勾配が急で外洋に面しているという条件のゆえに、洪水の場合にも滞水時間は案外短く（潮汐の関係もあって半日を超えることはまれ）被害はあまり大きくはないという事情もある。

さて、御前山村那珂川大橋以下の自然堤防地帯の土地利用の現状をみると、まず、御前山村、桂村、緒川村あたりでは主に桑園、陸田、タバコ作などが展開し、下って千代橋以下の常北町、那珂町から水戸市に入ると一面の野菜畑に変わり、さらに河口近くの常澄村までくると再び陸田が優勢となっている。圷の野菜畑は、自然堤防の緩く波打つような地形に畑の境木としてマサキやタマツバキなどが点々と植えられた特徴ある景観をなしている。

第2図　那珂川下流の低地畑（自然堤防）地帯分布

　坪畑野菜産地の典型的な展開がみられるのは水戸市である。第2図に示したように、坪畑は河川の蛇行湾曲部の内側に分布している。市内わずか15kmくらいの範囲（自然堤防面積27km^2）でしかないが、産地の様相はバラエティに富んでいる。
　上流から主要産地名と主力作目をあげれば、岩根＝ゴボウ、国田＝イチゴ、ナスなどの果菜類、渡里、中河内、柳河、青柳＝ネギ、吉沼＝ハクサイ、小カブなどであり、いずれも伝統産地である。岩根のゴボウは関西市場出荷が中心であるが、他の産地はおおむね水戸市場出荷を主体としており、水戸の都市形成とともに発達してきた。
　土地利用率などをみると最も集約的な産地は吉沼、相対的に粗放な産地が岩根で、他はその中間ということができるようだ。代表的な作付体系を示せば、吉沼は「春ニンジン・春ダイコン－秋ハクサイ」を基本とし一部に小カブ、ホウレンソウなどの周年的作付が入り土地利用率は200～250％程度、岩根は「陸稲－ゴボウ－ナガイモ」の年1作型の3年輪作で土地利用率100％、その他のネギ地帯は吉沼のような年2作型に年1作型のネギが加わり土地利用率は150～200％程度である。
　地形条件の類似した小地域内の野菜産地でありながら、なぜこのような形態分化が生じたかは興味ある問題だが、一応考えられる理由として、水戸市

街との距離、土壌条件の微妙な差異、経営（畑面積）規模などを指摘できる。

第1の距離の問題については、町人・商業地区として栄えた旧下市との関係が重要であった[9]。吉沼は下市と隣接しており、岩根は最も離れている。これらの産地が形成された頃の距離感覚は、都市膨張と自動車時代の現在とは著しく異なっていたことも注意されなければならない。第2の土壌条件については、基本的な土壌型はいずれも褐色低地土であるが、土性には若干の差異があり、吉沼はやや粘土質が強く、渡里、中河内などのネギ産地はやや砂質が強く、岩根はその中間である。第3の経営規模は田畑合計ではいずれも平均1ha弱程度であるが、畑だけをみると吉沼が最も狭く、上流にいくにしたがって広いという傾向がある。岩根などではかつての水田が現在ではゴボウ畑となっている例もあり、いわばゴボウの「独往性」による畑地規模の拡大とでもいうべき状況もある。

3．圷（あくつ）畑野菜産地の展開と再編動向

以上のような点に注目しながら、次に岩根、中河内、吉沼の3産地について歩みと現状をみてゆこう。**第2表**に3地区の農業概況を、**第3図**にそれぞれの圷畑の代表的土壌断面を示した。

第2表　圷畑野菜産地の農業概況

地区名	年次	農家戸数 戸	専業 %	第1種兼業 %	第2種兼業 %	男子農業専従者の有無 あり %	うちあとつぎ専従者あり %	1戸当たり耕地面積 計 ha	水田 ha	畑 ha	1戸当たり野菜収穫面積 ha
岩根	1960	135	25.1	35.5	39.2	—	—	0.85	0.12	0.72	0.37
	1970	130	22.3	34.6	43.0	33.5	6.9	0.88	0.13	0.74	0.42
	1980	117	20.5	18.8	60.6	39.3	3.4	0.81	0.16	0.64	0.37
中河内	1960	114	38.5	36.8	24.5	—	—	0.99	0.34	0.64	0.47
	1970	105	27.6	27.6	44.7	52.3	10.4	0.94	0.39	0.55	0.43
	1980	88	27.2	25.0	47.7	48.9	6.8	1.03	0.43	0.59	0.54
吉沼	1960	126	39.6	19.8	40.4	—	—	0.91	0.42	0.49	0.24
	1970	121	24.7	28.0	47.1	44.6	19.0	0.92	0.60	0.31	0.27
	1980	112	20.5	21.4	58.0	40.1	13.3	0.94	0.66	0.27	0.31

資料：農業センサス集落カード。

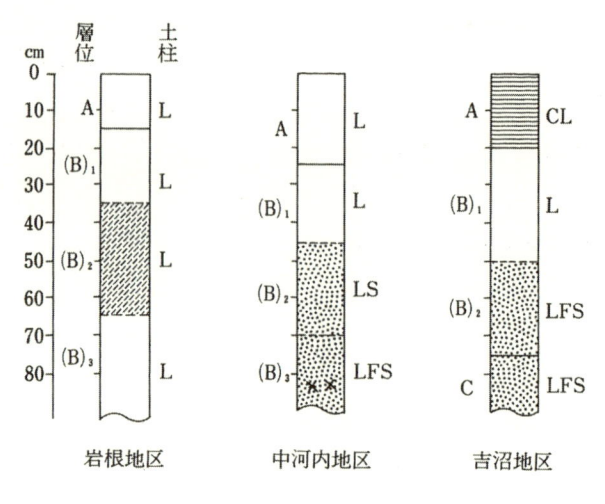

第3図　坏畑野菜産地の代表的土壌断面図

注：A：作土　(B)：集積のない遷移層　C：母材
腐植含む　粘質　砂質　斑紋含む
CL：埴壌土　L：壌土　LS・LFS：砂壌土

(1) 岩根地区

　茨城県のゴボウの作付面積は、戦後、昭和40年までは埼玉県に次いで全国第2位、41年以降は第1位となっている。その茨城ゴボウの発祥の地がここ岩根地区である[10]。

　ゴボウはその色によって黒ゴボウ、赤ゴボウ、白ゴボウの3種に分けられる。黒ゴボウと赤ゴボウは台地畑（野方）の産で、黒は黒ボク土（クロノッポ）、赤は淡色黒ボク土（アカノッポ）の土色によっている。白ゴボウは坏畑の産で収量は黒や赤よりも2割ほど多い。また、白ゴボウは食味、品質の点でも優れており市場評価も高かった。しかし、その後形状のよい黒や赤のほうが生産量も圧倒的に多くなっていったため、最近では市場評価は逆転してしまった。

　岩根地区が白ゴボウの産地となったのは明治末のことで、一貫して関西市

場出荷を主体としており、現在の販売形態は地元仲買業者への個人販売である。その後ゴボウは周辺の圷畑地帯全域に普及したが、連作障害（ヤケ症）等の問題もあって、現在では再び岩根地区中心に限定されるようになっている。

　この地区がゴボウ産地として続いている理由としては、まず土壌条件が指摘できる。すなわち当地区の土壌は**第3図**に示したように、土性は壌土で、下層まで変化なくほぼ一層をなしている。これはゴボウの根の伸びにとって重要な条件である。また、ゴボウは湿害に弱いが、ここの圷畑は地下水位が低く排水条件はとくによい。そのためもあってヤケ症も出にくい。

　作業面では掘取作業が最も問題となるが、当地区の土壌は掘りやすく作業性に優れていた。この点は手労働の時代にはとくに重要な産地条件であった。土壌の化学性にかんしては、ゴボウは酸性を嫌うが圷畑の土壌はこの点でも問題はなかった。

　ゴボウは連作を嫌う作物なので、栽培に当たっては連作障害対策、連作体系確立が大きな課題となる。通常4～5年に1作程度が望ましいとされる。また収益性からみて一般にある程度の規模の作付を要するために、経営内の土地利用計画においてはかなり規定的な位置を占める場合が多い。そのため、優良なゴボウ産地では収益性の高い集約的な作目との結合がむずかしいという場合が多く、そのためもあって、規模拡大の傾向は一層強まる。この点も、その後より集約的な野菜産地へと転換していった中河内、吉沼などの諸地区と当地区とを分けた一つの要因であった。

　戦前頃までの作付体系は「ゴボウ－麦・陸稲（3作程度）－ゴボウ」というものだったが、戦後になってナガイモが導入され、麦がほとんど姿を消し「ゴボウ－ナガイモ－陸稲－ゴボウ」という体系が一般的になった。この体系は連作障害対策という面では万全なものではなかったが（農家は陸稲・麦を2作入れることが望ましいという）、栽培的にも収益性の点でも比較的安定していたので、トレンチャなどによる掘取作業機械化とあいまって作付規模は拡大していった。

当地区には典型的な圷畑のほかに、それと連続するやや谷状になった地形、低位の河岸段丘、典型的な後背湿地などがある。このうち伝統的なゴボウ畑は典型的な圷畑のみで、自然堤防内の谷状地形と後背湿地は水田に、低位河岸段丘は粗放な普通畑として利用されてきた。その後上述のようなゴボウ作の拡大に伴って後背湿地以外はほとんどすべてゴボウ畑となっていった。しかし、これらの新しいコボウ畑は連作障害が発生しやすいなどの問題を孕んでいた。

　施肥および土壌管理に関しては、かつては水戸市街からの下肥と陸稲、麦のワラ堆肥の施用が励行されていたが、昭和35年以後に化学肥料のみとなり、堆肥もほとんど施用されなくなった。化学肥料の施用量はゴボウで窒素成分20～25kg/10 a、ナガイモで70kg/10 a程度で、排水性のよい土壌条件を考慮してもかなり多くなっており、畑の疲れによる多肥化が指摘できる。

　最近では、東北地方にナガイモの大産地ができたためナガイモの収益性が悪化し、「ゴボウ－陸稲－ゴボウ」という作付もみられるようになった。例えば、専業的野菜農家で畑2.5ha程度として、ゴボウ1ha（うち秋播0.2ha）、ナガイモ0.5ha、陸稲1haといった形である。こうした無理な作付のためヤケ症などの問題は深刻化しつつあり、すでにドロクロ等による土壌消毒は必須のものとなっている。

　ゴボウは連作障害が出やすいため、産地が移動する作目の代表例のようになっている。しかし、当地区では上述のような問題を抱えなからも、70年以上にわたって産地が維持されてきた。それには圷畑の土壌条件による支えが大きかったのだが、最近の栽培動向のなかではその支えの範囲を超えようとしている。土作りと作付体系の再編が求められているのだが、農家の対応は土壌条件のよさもあって、かえって緩慢である。

(2)　中河内地区

　まず、当地区の野菜産地としての歩みを略述すれば次のようである。かつて当地区の特産野菜はサトイモで圷畑の桑園に間作されていた。サトイモも

桑も水害への抵抗性の強い作目である。昭和5年頃よりハクサイやヨマキキュウリなどが導入され、地元市場だけでなく一部は組合を作って東京市場出荷もされていた。戦後になると桑に代わってネギが広まり、またキュウリに連作障害が出たためにゴボウの作付が増加した。35年頃になるとゴボウにヤケ症が広がったためキャベツに転換し、ネギ、キャベツなどの東京出荷を主体にするようになる。ところが東京市場では間もなく遠郊大産地主義が強まり、小産地の当地区などは苦境に立たされるようになる。この頃集落の野菜出荷組合が結成される。しかし、なお大産地との競争には勝てず、また交通条件も悪化したので40年頃から再び地元市場出荷主体に切り替えられた。

　昭和47年に水戸市内の市場、問屋を統合して水戸公設卸売市場が開設され（青果関係は4市場、5～6の問屋が2社に統合合併した）、ここが地元産地の育成の方針をもっていたため、以後全量水戸市場出荷となった。49年には県の野菜価格共済補償事業（47年発足）に組合として加入した（ハクサイ、キャベツ、ネギ、レタス）。

　このような当地区も野菜産地として長い歴史をもっているが、その間、生産力的には圷畑を基盤にしながらも単品目化・中央市場出荷・連作障害といった変転の後、再度水戸市場の地元産地となって現在に至っている。この水戸市場産地への回帰を契機として、当地区では土地利用再編への動きが現われ出した。以下この点について述べよう。

　出荷組合長のY氏は当時を振り返って、昭和30年代後半から40年代後半にかけての時期に作付体系と土づくりに重大な手抜かりがあったという。すなわち当時の圷畑は連作障害が現れにくいこともあって、市場動向のみに惹かれて連作傾向を強め作付体系の乱れをあまり気にとめなかった。また、ネギ、ゴボウなどの作付は深耕効果があるが、同時に有機物の消耗も激しいのにその点を考慮せず、化学肥料の多量施用のみで堆肥はほとんど施用しなかった。そのため作柄は全般的に悪化し、とくにアブラナ科の作目や根菜類には土壌線虫やネコブ病の被害が多発してしまったのである。当初は排水条件のあまりよくない畑に限られていたが、次第に排水のよい圷畑にも被害は広がって

いった。

　昭和45年頃から、こうした状況への対策として、輪作体系の確立、土作り、施肥量の削減などの動きが現われ出す。

　そのさい、地元水戸市場が果たした役割は大きかった。水戸市場には地元の特産野菜などを大切にする姿勢があり、また、地元産地育成の方向で産地市場的な役割（集荷物の他地方市場への転送等）も果たしている。また、地元産地に対して市場として、土作りやイネ科作目を取り入れた輪作体系の確立を働きかけたりもしている。そのため、水戸市場に切り替えた当地区の出荷組合では、経営や土地利用の必要にあわせた多品目生産に取り組めるようになり、現在では出荷品目は15品目くらいになっている。

　ここで、先進的な取り組みをしているY家の事例（畑2.7ha、水田0.6a、労働力3人）を紹介しよう。

　当家では畑でネギ50a、秋キャベツ50a、カリフラワー春15a、秋30a、ハクサイ35aなど11作目を作付けている。代表的体系は「加工用トマトー春キャベツーネギーレタスーハクサイーバンダムー冬キャベツートマト」（4年7作）といった形である。土地利用にかんする当主の方針は、異種作目を組み合わせた輪作体系、土地利用率の抑制（150％を目標）、夏期休閑による土壌管理などである。輪作作目としてはバンダム、加工用トマトが導入された。バンダムの茎稈は土壌還元される。夏期休閑（3ヵ月程度）は3年に1度くらいを目標にし、その間に有機物施用（半乾牛糞4〜5t/10a）、プラウ耕、土壌消毒（DD20l/10a）などを実施する。これによる夏期雑草の抑制効果も大きい。そのほか有機物施用にかんしては稲ワラ120a（自家産60aはバインダ刈）をネギ、ハクサイの敷きワラ等に使っている。

　また、栽培関係では施肥量の削減、疎植などを方針としている。例えばネギの標準施肥量はN・P・Kの成分量で各25kg/10a程度だが当家では15kgくらいに抑えるようにしている。また、栽植密度についても標準の1割減くらいにしている。これらの対策によって、作物の健康状態はかなり改善され、作業性も向上したという。

以上のようなY家の取り組みは、まだ地区内では一般化するには至っていないようだが土地利用再編の萌芽として注目されよう。

(3)　吉沼地区

　当地区も産地の歩みは中河内地区と類似しており、現在は集落の出荷組合による水戸市場出荷である。中河内と比較すると当地区のほうが土壌が粘質で地力があり、畑の経営規模は小さいという特徴をもっている。そのため当地区では作付は葉菜類を主体として軟弱野菜の集約栽培の方向に進んできた。この方向は一般的にいえば、土壌管理についての周到な対策を伴わないかぎり深刻な連作障害問題などを予測させるものである。

　ところが、当地区の場合もアブラナ科作目への集中と土地利用率の増加という状況が続いているのだが、全般的に障害の出方は顕著ではない。数年前からネコブ病の被害が出始めたが、土壌線虫の被害はあまりない。一方土壌管理の面では、当地区は相対的に水田が多く有機物源にはめぐまれているのだが、堆肥施用の機運も弱い。これは、かなりの程度土壌条件によるものと推定されるが、このことがかえって土地利用再編への動きを弱めているようだ。

　ここで、当地区の先進的農家の中からK家の事例（1 ha、水田1 ha、労働力3人）を紹介しよう。

　当家の畑の作付は春作にダイコン、ニンジン、秋作にハクサイ、カリフラワー、ブロッコリーという年2作型を基本として、ほかに小カブの周年的栽培（春作重点）をしている。作付体系としては「ダイコン－ハクサイ－ニンジン－カリフラワー・ブロッコリー」という形でさらに小カブが加わり、ほぼ全面アブラナ科の状況である。付近の農家ではコマツナや中国野菜などの集約栽培も始まっておりこの傾向は一層強まりつつある。そのため当家でも3年前から秋作にネコブ病の被害が出始めた。土壌条件としてみると、排水のよい典型的な圷畑では被害が少なく、排水があまりよくない畑で被害が大きい。春作は低温のためか被害はあまりみられない。土壌線虫の被害は出て

いない。施肥量は春作が窒素成分で20kg/10ａ、秋作が15kgくらいで年々増加の傾向にある。全般的に根の状態が不健全化し吸肥力が低下しているのだろう。

　こうした状況への対策としては、土壌消毒（秋作の前にPCNB剤20kg/10ａ施用）、春作ダイコン、小カブの後にソルゴー、バンタムの作付（茎稈すき込み、40ａ）、プラウ耕（1年おき）、牛糞施用（1年おき、4t/10ａ）などを実施している。PCNB剤の施用量からすればネコブ被害の程度はそれほどひどくはなっていないようだが、対策はまだ部分的、対症療法的な段階にある。例えば、当家には1haの水田があるがそのワラはほとんど使われておらず、堆肥作りも再開されていない。また、作付体系の再編への動きもまだ本格化していないのである。

　以上、三つの坏畑野菜産地の概要を紹介したが、それぞれ坏畑の土壌条件を生かして特徴ある産地として長い歩みが続けられてきた。3産地の土地利用を対比してみると岩根地区が相対的に粗放であり、また連作障害等の矛盾は最も顕著となっていた。茨城県のゴボウ産地の主流は坏の白ゴボウ地帯から台地の黒・赤ゴボウ地帯へと移行している。台地のゴボウ産地の状況をみると、新興産地であっても連作障害のために5〜10年程度で産地移動するのが通例となっており、それらと比較した場合、産地の維持という点で岩根の事例は注目されるべきであろう。

　水戸市場の近郊産地として、多品目高品質集約栽培の方向で進んできた中河内、吉沼の場合も、土地利用率の増加、アブラナ科作目への作付集中、化学肥料の多肥と土作りの努力の弱化というなかで連作障害、土壌環境悪化の問題に直面するようになってきている。

　しかし、この場合も台地畑野菜地帯の一般的事例などと比較すると、矛盾の発現はかなり緩やかである。こうした状況の立地的条件としては坏畑の土地条件が重要な意味をもっていた。

　しかし、連作障害等の状況からの脱却の動きという点になると、坏畑地帯

の停滞をいわなければならない。例えば、ゴボウについても台地畑地帯の先進的産地では、それを土壌改良的作目として位置づけて高品質安定生産の体制を確立しているといった事例も少なくないのである。また、圷畑地帯の地力維持にとって重要な意味をもっていた田畑複合（ワラ生産）という条件も、圷畑側からの利用の衰退が続くなかで台地畑野菜産地へのワラの流出という状況もみられる。圷畑の優れた土地条件が土地利用再編への契機をつかみにくくしているのであろう。こうした点にも低地畑野菜産地における土地利用の現在的特徴をみることができる。

4．低地畑地域の土地利用の展望

　最後に低地畑地域、とくに野菜産地における土地利用の今後について、技術・経営と政策の両面から幾つかの点を指摘しておこう。

　技術・経営面では、まず低地畑地域の特質を生かした戦略の確立が必要であろう。台地畑の大規模野菜産地が主流を占める今日の産地状況のなかで、小規模な低地畑地域が存在の独自性を見出してゆくとすれば、それは、地力にめぐまれた低地畑の土地条件を生かして、集約的な高品質産地の方向以外にはないだろう。また、低地畑産地の多くが都市近郊の産地としての伝統をもっており、独特の特産野菜（品種）を確立してきた点なども今後に生かすべきであろう。その場合、今日の集約的、資材多投的土地利用段階に対応した地力再生産体系の確立が必要となる。前項で紹介した中河内地区のY氏の取り組みなどは、そのための先進事例として注目されるのである。

　政策的な面からみると、低地畑地域は農業地帯としてほとんど位置付けられてこなかった。農業生産施策の面では低地は水田、畑は台地という単純な固定的な見方があり、低地畑の基盤整備などはほとんど問題にされてこなかった。低地畑を含む低地地域の基盤整備が実施される場合にも、計画の中心は水田で、畑は独自の位置付けをもたないという例が多い。そのため畑は一律に水田化されたり、水田区画の都合で排水不良地へ移動させられたり、畑の土壌が撹乱されてしまったりする例も少なくない。低地畑の生産力的独自

性は何よりも自然堤防上の褐色低地土という土地条件にあるのに、その点が認識されていないのである。河川行政の面でも都市防災、水田保護程度までは一応政策領域に含まれているが、低地畑の保全については考慮されない場合が多い。

　しかし、低地畑は台地畑に劣らない重要な畑作基盤であり、とくに都市近郊の野菜産地としてはその機能は大きい。したがって、低地畑の立地的特徴を生かす方向で総合的な政策の確立が必要であろう。

注

1) この問題について詳しくは、小出博『日本の国土』下巻、東大出版会、1973年、pp.293〜306、本書第3章第2節（中島紀一「地形・土壌立地と畑作農法の類型」『筑波大学農林社会経済研究』4、1985年）、を参照されたい。
2) 柳田国男『分類農村語彙』下巻、国書刊行会、1948年、p.125。なお、築堤のさいに越流堤などが設けられ、河川法上の遊水地に指定された地域もある。こうした場所では、治水機能と遊水地内の農地の安定利用との関係など各種の問題が内在している。これも低地畑地帯の土地利用方式をめぐる一つの問題領域であるが、この点については、林尚孝・中島紀一・青木眞則「利根川中流遊水地とその土地利用に関する研究（1）」『水利科学』163、1985年、を参照されたい。
3) 梅村又次「北多摩地方経済の停滞と甲武鉄道」『経済研究』35巻2号、1984年、渡辺善次郎『都市と農村の間』論創社、1983年。
4) 関東では、バーチカルポンプによる排水路からの取水や浅層地下水の汲み上げなどによる個別的な開田を「陸田」と呼ぶことが多い。陸田は昭和30年代前半から40年代前半にかけて急増し、地域的には埼玉、茨城、群馬などに多かった。本書第3章第2節参照。
5) 那珂川下流の低地畑農業については、すでに石川昌男の紹介がある。石川昌男「あくつのゴボウと野がたのゴボウ」『農業茨城』27巻11号、1975年、同『農家の土壌学』農山漁村文化協会、1977年、pp.172〜182、を参照されたい。
6) 台地に食い込む谷津田の周辺や台地の崖下にも小面積ながら「下畑」と呼ばれる低地畑をみることができる。ここには台地面の黒ボク土に台地下層の母材が結合して生成された土壌が分布しており、黒ボク土の台地畑に比して生産力が高い場合が多い。しかし、この下畑と本節で取り上げている自然堤防地帯の低地畑とは立地的に別のものである。三好洋「両総火山灰台地に分布する『ちばまつち』と『両総火山灰土』の生成論的ならびに土壌理化学的性

質の比較研究」『千葉県農試特別研究報告』2、1966年、を参照されたい。
7) 鏡味明克『地名が語る日本語』南雲堂、1985年、p.15、『新編常陸国誌』には坏について次のように記されている（復刻版、崙書房、p.646）。「一面ニ平ラナル低キ地ヲ云ヘリ、所謂塙ト云フ所ノ下ノ地ヲ云ヘリ、大カタ川ゾヒニテ、水入ノ地ニカギリテ云ヘルカ如シ」
8) 柳田国男『分類農村語彙』下巻、国書刊行会、1948年、p.125。
9) 水戸市は城下町として知られているが、武家屋敷は西部の台地上に立地しており上市と呼ばれ、町人の街は東部の低地に立地し下市と呼ばれていた。下市は街道、舟運河岸の要所で商業都市として栄えた。なお、ここにあげた坏畑の野菜産地は、いずれも戦後水戸市に合併した地域である。斉藤義則「水戸の都市形成史」『茨城大学地域総合研究所年報』18、1985年。
10)『茨城のごぼう』茨城県刊、1981年。

第4節　霞ヶ浦の水源地としての谷津田の構造と保全

1．はじめに

　1970年代、80年代の「鯉の大量斃死」「アオコの大発生」などを機に地域の幅広い取り組みとなった霞ヶ浦の環境保全を目指す市民運動は「霞ヶ浦の水質浄化」を基軸として展開されてきた。その過程で国や県も「霞ヶ浦の水質浄化」を重要な政策課題と位置付けるようになり、「霞ヶ浦富栄養化防止条例」（1981年）、「霞ヶ浦水質保全条例」（2007年）の制定など新しい法制度も構築され、官民連携した取り組みが進められつつある。その結果、水質のいっそうの悪化はある程度食い止められ、次のステージの目標として目に見える形でのいっそうの浄化が課題となり、「泳げる霞ヶ浦」「アサザの再生」「葦原や砂浜が広がる湖岸の再生」などが官民連携したスローガンとして掲げられるに至っている。

　そうしたなかで霞ヶ浦の環境保全を目指す市民運動においては、「霞ヶ浦の水質浄化」だけでなく「霞ヶ浦流域地域での自然共生型の暮らしづくり」「霞ヶ浦流域地域での自然共生型の地域づくり」「霞ヶ浦沿岸地域における自然と地域経済・地域社会の関係性の見直し」等も重要な課題として意識されるようになっている。こうした多面的課題に目を向け、取り組みの方向性を豊富に広げていくためには、あらためて地域にとって霞ヶ浦はどのような自然的あるいは歴史的、さらには生活的存在であったのか、そこにはどのような未来的価値が秘められているのかを問い直していくことも必要な課題となっている。

　本章では、おおよそ以上のような状況認識から、霞ヶ浦沿岸地域の農業的土地利用の特質について、この地域の特有な耕地形態である「谷津田」に焦点をあてて考えてみたい。

　筆者は1978年に埼玉県から土浦市に移住し、86年に八郷町に移り、霞ヶ浦

流域住民の一員として暮らしてきた。その間、霞ヶ浦の市民運動に深く関わることはできなかったが、主に農業、農村という持ち場から、この運動には共鳴し、その発展、進展に強い期待を寄せてきた。本章は、そうした著者が、霞ヶ浦流域の特質に関して感じ、考えてきたことについての覚え書きである。

2．関東ローム層台地を主な水源とする霞ヶ浦

　河川や湖沼の基本的な性格を規定するものとして水源の構造がある。

　日本の河川や湖沼の水源は山岳森林地であることが一般的である（山岳性の河川）。これが日本の河川や湖沼の安定した水量と水質の清浄性の基盤となってきた。ところが霞ヶ浦は違っている。霞ヶ浦のもっとも大きな水源（集水域）は台地であり、そこは基本的には人々が暮らす生活域となっている（台地性の河川）。山岳性の水源としては筑波山があるが、流域に占める比率は大きくはない。たとえば琵琶湖の場合は、水源地はすべて山岳森林地であり、霞ヶ浦とは立地的特質が大きく異なっている。

　霞ヶ浦流域の台地は関東ローム台地の一部をなしており、その東端に位置している。台地地形は、縄文海進のころ形成された遠浅の海底が、海岸線の後退によって陸化し平坦な台地となり、その後の過程で日光、浅間山等の噴火火山灰が断続的に堆積して形成されたとされている。断続的に堆積した火山灰層の間には水成と思われる薄い粘土層がある。不透水性の粘土の薄い層と透水性の良い火山灰の層がサンドウィッチ状に多層的に堆積している。不透水性の粘土層毎に地下水層が形成され、さまざまな層位から湧水が流出している。

　この湧水が霞ヶ浦の水源となるのだが、霞ヶ浦流域全体がその集水域となっており、その面積は広大である。集水域に降った雨のかなりの部分が土壌水となり、集水域の植生・生態系を育て、緩やかなスピードで湧水となり、地表水として流出していく。

　表層に関東ロームが堆積した台地という点では、武蔵野台地と霞ヶ浦流域の筑波や稲敷の台地は類似している。しかし、噴火火山に相対的に近い武蔵

野台地と、東に離れた霞ヶ浦の台地では堆積した火山灰の厚さが大きく異なる。武蔵野台地には火山灰が厚く堆積し、霞ヶ浦の台地には火山灰は薄くしか堆積していない。

　このことは土地利用のあり方において大きな違いをもたらした。火山灰が厚く堆積した武蔵野台地では、「掘兼（ほりがね）」の地名や「まいまい井戸」の遺跡等が伝える通り、地下水が深く、水の得にくい台地として知られている。ところが霞ヶ浦流域の台地では地下水の層位が浅く、幾層もの浅い層位からの湧水がある。それらの相対的に高い標高からの湧水が水源となり台地の縁辺部分では手のひら状の小谷が開析され、この湧水を水源として谷津田が、相対的に高い標高から拓かれてきた。たとえば茨城大学農学部がある阿見町の場合、台地面の最高標高が25m位の地域であるが、標高20m位の縁辺地から谷津田の源頭が始まっている。これらのことから地域の農地の立地形態としては、武蔵野台地では畑地中心であったが、霞ヶ浦流域の台地では縁辺部には畑地と谷津田が混在する田畑複合地帯が形成されてきた。

3．霞ヶ浦台地の伝統的土地利用

　農村地域の土地利用問題にアプローチする場合、集落の立地は重要な起点となる。霞ヶ浦流域の農村集落の多くは、谷津田源流の少し下方（いくつかの小谷津田が合流するあたり）、台地の崖下、そして低地部の自然堤防地帯に立地している。なかでもこの地域で特徴的な集落立地は谷津田集落である。

　台地縁辺で、谷津田源流から少し下がった場所は、人々が地域自然の恵みをうけて暮らしていく上でたいへん好都合な場所である。まず、安定した飲み水が得られること、薪などの生活資料が安定して得られること、谷津田が水田基盤としてたいへん安定していること、台地面でも畑作がある程度は営めること等がその有利な立地条件として挙げられる。

　面積の点では台地面の平坦部が圧倒的に大きい。ここは伝統的農業という視点からすれば「水が得にくい痩せた大地」ということになる。平坦な台地面では水が得にくいことは説明の必要もないだろうが（しかし、この点につ

いても現地をよく観察すると台地上の平坦地に広範囲に湿地帯が広がるなど独特な地形があったりする)、「痩せた大地」というとらえ方には異論もあるかも知れない。これは自然として質が劣ると言うことではなく、伝統的農業の視点からすると耕作にあまり適さない条件だったという意味である。関東ローム層を母材とする土壌は、土壌分類としては黒ボク土と呼称され、農耕の視点からする地力に劣り、作物栽培には困難を伴うことが多い。その性質にはさまざまな側面があるのだが、端的にはこの地域の黒ボク土はリンサン吸収係数が高く、作物栽培においてはリンサン欠乏を起こしやすいという問題点をもっている。また、母材が軽く細かい火山灰であることから、土壌としてとても軽く、乾けば風に飛ばされやすい（風蝕）。冬期にこの地域の畑で、ムギが作付けされていない場合に起こる猛烈な土塵風は、黒ボク土のこうした性質によっている。この地域の黒ボク土は地方名ではノッポ土と呼称されている。黒色が強い土は黒ノッポ、赤褐色の土は赤ノッポと呼ばれている。黒ノッポの黒色は炭化物を含む有機物の色とされ、赤ノッポは、炭化物や有機物を多く含む黒色の表層が風蝕等によって失われた土だとされている。

　しかしもちろんこのような台地面のノッポ土にも適合した植物もある。代表的な種はススキとマツ（アカマツ）である。だから、かつて長い間、霞ヶ浦流域の台地面は、ススキの原か松林に覆われていた。土地利用の類型としては、農地（畑地）は多くなく、原＝ハラ（ススキ草原）とヤマ（アカマツ平地林周辺の集落では森林のことをヤマと呼称している）が主体をなしていた。そして広大な台地面がススキの原と松林であることは谷津田に注ぎ込む湧水が豊富に安定化させた。降水のほぼすべてがハラやヤマの腐植土に浸みこんで土壌水となり、それが時間を経て湧水としてゆっくりと流出していくのである。

　台地面がススキ原か松林であるということはまた、かつての霞ヶ浦流域住民の暮らしにとってたいへん重要なことだった。

　ススキ原は、まず、萱場（かやば）として草屋根の住居生活の基本的基盤をなしていた。また、そこは秣場（まくさば）として農耕や運搬用の牛馬の

餌の採取場となっていた。また、歴史を遡ればそこは広大な馬の放牧地「牧」とされていたことも伝えられている。萱場、秣場利用の場合には、春の草生を良くさせるために冬期には共同作業として火入れがされた。この毎年のように実施された火入れが黒ボク土の黒色（炭化物や有機物の色）の基となっているのではないかと推定されている。

さらに台地面の薮地は、田畑の堆肥や敷草のための柴地・柴山（その頃主な堆肥材料は林野の薮をなしていた若木や下枝や下草であり、鎌で刈り取り得るそれらの草質・木質の植物資源は「柴」と総称されていた）として重要な場所となっていた。当時、田畑の地力維持のためには田畑面積のおおよそ2〜3倍程度の柴山・林地が必要だとされていた。

さらに松林は販売用の薪の豊富な資源となった。江戸時代から昭和戦前期頃までは、この地域の最大の特産物は「薪」であり、舟運を使って江戸・東京へ出荷されていた。

台地面のススキ原や松林は、このようにしてこの地域の農村の暮らしを支えていたのである。これらのハラやヤマは、多くの場合、ムラの共同の土地として利用管理されていた。いわゆる村山である。村山はムラ（農家集落）による共同所有・共同利用の地であることが多く、その後の時代にも入会地（共同利用地・コモンズ）として利用され、村人には利用権が保障される例が多かった。

台地面の畑利用には困難があったのだが、しか畑利用はそれとして重要な土地利用であった。台地の畑は「野方（のがた）の畑」と呼称され、地力が低い場合が多かったので、地力維持にとりわけの取り組みがされていた。堆肥施用、霞ヶ浦の水草や藻の施用など、そのために多くの労働が投下された。農業経営的には、地力維持の取り組みが十分にされてさまざまな作物が心配なく栽培できるようになった内畑と、粗放な作付けとならざるを得ない山畑に区分され、それぞれの利用が図られていた。山畑ではホウキモロコシ（コウリャン）や桑園が広がっていた。内畑での主な作物は、大麦、小麦、豆、サツマイモ、落花生、そして陸稲だった。また、松林は伐採され薪を出荷し

た後は、火入れして陸稲畑等として数年使われ、その後松山に戻すという焼畑＝移動耕作方式の土地利用もごく普通に実施されていた。

　台地面はこのような土地条件と土地利用状況のなかで農地化が遅れていたため、明治期以降は開拓対象地としても位置付けられてきた。早い時期の取り組みとしては女化開拓（牛久市）などが著名だが、昭和戦後の食料増産時代には、地元増反開拓、入植開拓ともに盛んに取り組まれた。開拓農民は関東ロームの黒ボク土と格闘していったが、そこでは小規模な養豚が堆肥のための糞畜として重要な役割を果たし、それがその後この地域における畜産の起源となっていった。しかし、こうした台地面の畑利用は、昭和戦後のアメリカ余剰農産物の政治的受け入れによる「畑作崩壊」のなかで壊滅的打撃を受けることになった。

4．高度経済成長期以降の新しい土地利用

　台地面の伝統的土地利用が大きく変化したのが、高度経済成長期における首都東京圏の急膨張と大量生産＝大量消費の社会体制の形成を経た後の、都市的開発と畑作農業の野菜産地への転換であった。

　都市的開発については1970年代以降の筑波研究学園都市開発や工業団地開発、1980年代以降の各所での住宅団地開発などがあった。筑波研究学園都市は霞ヶ浦流域（小野川、乙戸川、花室川などの台地性河川流域）の最大の平地林地帯の皆伐によって造られた。これらの大面積の都市的開発は、霞ヶ浦流域の生態系を大きく壊していった。

　都市的な土地利用開発による開発負荷についてはすでに多くの論及がされているが、地域の水循環という面でも大きな問題を生むことになった。地域の降水を土壌が受け止め、湧水利用等も含めて反復利用されながら地域の植生を育んでいくという生態系形成的な水循環を、都市的開発は壊してしまったのである。大規模な都市的開発によって、地域の降水のかなりの部分が土壌水とはならず、表面水のまま、河川に流出してしまうことになった。また、排出される都市的な大量の下水も霞ヶ浦の大きな汚染源となっていった。

そうした意味で、大規模な都市的開発と霞ヶ浦の水質汚染は、天地の恵みを受けた「いのち育む地域自然の循環的あり方」の解体という点で結びあった象徴的事象と位置付けられる。病んでいるのは霞ヶ浦の水だけでなく、流域の土地利用こそが深刻に病んでいるのであり、その根は共通だと考えるべきなのである。

　高度経済成長による首都圏の急膨張は生鮮農産物の需要を拡大させた。東京都を囲む神奈川、埼玉、千葉、茨城の各県は、いずれも比較的に畑地比率の高い田畑複合地帯であり、麦、陸稲、雑穀、豆、イモ、タバコなどを主作物とする「普通畑作」地帯であった。それが戦後の畑作崩壊の中で、おおよそ神奈川→埼玉→千葉→茨城の順で首都圏近郊の野菜・果樹園芸地帯へと転換していった。

　著者が勤務する茨城大学農学部のある阿見町について見ると1966年に制定された野菜生産出荷安定法の最初の野菜指定産地として「秋冬ハクサイ」が指定されている。タバコは1960年代が生産のピークで、80年代頃までは地域農業の重要品目の位置に残っていた。阿見町の野菜作の華は何とってもスイカで、スイカ－ハクサイがいちばん普通の作付体系となり、90年には茨城県の銘柄産地に指定されている。野菜の粗生産額のピークは79年の30億7,000万円で1970年代以降91年までは20億円台が続いた。

　このような野菜産地化の推進は、1961年に制定された農業基本法に基づく「農業近代化」「選択的拡大」（園芸と畜産の拡大）政策の線上のことであり、従来の周辺林野や霞ヶ浦等に依存した地力維持、畑地改良のあり方から、化学肥料の多投（特に溶性リン肥などのリン酸肥料の多投）、そして農薬多投、その後の土壌消毒の一般化、マルチ・ハウスなどのビニール利用、そしてトラクタによる徹底した耕耘という技術的あり方への転換として進められた。「スイカ－ハクサイ」の作付拡大のなかで平地林の畑転換が広範囲に、急速に進められた。

　高度経済成長期以降の霞ヶ浦流域の地域農業展開のもう一つの柱は専業的畜産の拡大であった。なかでも養豚の拡大はめざましかった。先に述べたよ

うにこの地域の養豚は関東ローム台地との農民の格闘のなかから、畑の地力維持のための糞畜から出発し、サツマイモの蔓などを自給的な餌として次第に頭数を増やし、有畜複合の専業的畑作農家が群として形成された。1970年代頃から、次のステップとして専業的肥育豚経営へ、さらには専業的繁殖・肥育一貫の大規模養豚経営が各所に誕生していく。1980年代には小規模頭数の有畜複合経営は次第に姿を消し、養豚は巨大専業経営の点在という形態となり、しかも地域の飼養総頭数はピークに達していく。

　このような野菜産地化、大規模専業養豚経営の成立という60年代以降の地域農業の展開は、いずれも霞ヶ浦流域の生態的に安定した地域のあり方を大きく変えた。自然と共生し地域の好い環境を育んできた農業は、環境負荷的存在へと環境論的位置を転じることになってしまった。

　いま、こうした霞ヶ浦流域の農業や土地利用のあり方の見直しが迫られているわけだが、これからの論議にあって注意すべきことは、1960年代以降の農業近代化の線上で展開した地域農業の活力は1980年代中頃を境として著しく低下し、現在では地域農業は空洞化し、衰滅の危機が迫る状況になっているという点である。農業側からの土地利用への積極的力はすでに著しく小さくなっている。こうした状況認識を踏まえるならば、地域自然論、地域環境論の面からも、批判していくだけでなく、地域農業の望ましい方向での再建論と再建支援策を至急に検討していくという課題が見えてくる。

5．農業空洞化と耕作放棄地の広がり

　1980年代中頃以降の地域農業空洞化の様相については、別稿で阿見町について整理した（末尾の文献[3]）。詳しくは別稿を参照いただきたいが、ここで要点だけ紹介しておこう。

　阿見町は、1970年代、80年代の時期には茨城県南地方を代表する露地野菜地帯として農業活力の高い地域として知られていた。代表的な作物としてはスイカ、ハクサイ、ネギなどがあった。しかし、現在ではそうした園芸産地としての体制は崩れてしまっている。阿見町農業の現状は、端的には「地域

農業の空洞化」の進行と言わざるを得ない。それは耕作放棄地、遊休農地の広がりに端的に示されている。2002年の阿見町農業委員会の独自調査では、阿見町の総農地面積は2,789ha、遊休農地面積は711ha、遊休農地面積比率は25.5％と推計されている（工業団地未利用地も含む）。

　農業粗生産額については、ピークは80年前後で約60億円だったが、85年には53億円に減少し、04年には31億円にまで落ち込んでいる。ピーク時の約半分である。主作物である野菜については80年がピークで30億円、それが04年には15億9,000万円とやはり約半分になっている。粗生産額の減少、すなわち地域農業の活力の衰退は、80年代から90年代にかけての時期に特に著しく進行したと推定される。

　農業生産の基本要素である農地、農家、農業労働力についてみると、崩れが最も激しいのが労働力で、続いて農家、最後が農地という枠組みとなっていた。

　農業労働力（農業就業人口）については、85年3,220人、05年1,886人で59％の減少で、さらに年齢構成では、65歳以上は85年には19％であったものが05年には56％にまで上昇している。

　農家については、総農家数は85年が1,805戸、05年には1,085戸で40％の減少となっている。内部構成では05年には主業農家18％、準主業農家13％、副業的農家40％、自給的農家29％となっており、全体の7割は副業的農家と自給的農家によって占められている。

　農地については、耕地面積統計が把握した耕地面積は85年2,850ha、05年2,170haで、24％の減少となっている。農地は減少してはいるものの、かなりの部分が一応は農地として残されているということである。しかし、労働力の減少と高齢化、農家数の減少と副業的農家化、自給的農家化のなかで、農地利用はきわめて粗放になってきている。耕地利用率は05年には71％にまで低下している。耕作放棄地面積は先に紹介したとおり農業委員会の独自調査（2002年）では711ha、総農地面積の25.5％と推定されている。このような農地利用の衰退は畑において特に顕著であった。

すなわち阿見町農業の空洞化は、端的には農地利用の空洞化、農地の遊休化として表れており、それは農地利用主体の大きな崩れに由来していると言うことが出来る。

6．林野利用の変遷と実態

林野利用の変遷と実態についても少し紹介しておきたい。

既述のように、霞ヶ浦流域の台地のかつての土地利用は、原＝ハラ（ススキ原）ヤマ（松林）が支配的だったのだか、その後、まず畑地が拓かれ（食糧増産による畑地開発と野菜産地化に伴う野菜畑への転換）、続いて大規模な都市的開発が進み、林野面積は大幅に減少していった。茨城県の森林率は31％で大阪府と並んで全国最下位となってしまっている。

阿見町の事例でみると森林率は1960年には23％だったが、2000年には18％となってしまった。樹種の構成はマツ＋広葉樹からスギ・ヒノキ中心へと変化し、林野管理という点では過半の林野は管理放棄の状態となっていると推定される。1980年代から広がったマツ食い虫の被害は甚大で、壊滅したマツ林の多くは次の林地利用に進めないままに放棄されている。広葉樹林は、かつては炭材林として重要な役割を果たしてきたが、炭の需要が消滅して以来、たんなる放棄林と化したところが多い。竹林も竹材需要に支えられて重要だったが、その需要も消滅し、産物はほぼタケノコだけとなってしまい、放棄竹林が広がってしまっている。

7．谷津田の存在と構造―特にその源流域に注目して―

以上を踏まえて本章の主題である谷津田の存在と構造について考えてみたい。

谷津田とは茨城県、千葉県の地方語であり、広義には谷間に拓かれた田んぼの意味だが、この地方特有のあり方としては、両県とも広大な台地を抱えており、その縁辺に手のひら状に小規模な田んぼが開析、開田されており、狭義にはそうした台地性の細い小さな谷に拓かれた田んぼを谷津田として呼称

してきた。台地に食い込んだ谷津田を谷津田の典型とするという点をここでの了解としておきたい。

　谷津田は天水田である。天水田とはその地域の降水に依存し、それ以外の水源を有しない田んぼのことである。天水田は一般には原始的で、劣った、あるいは遅れた田んぼとのひどい評価が下されている。しかし、この認識はかなりの間違いで、霞ヶ浦環境論の視点から、今後訂正されていくことを望みたい。

　天水田は、地域自然論、地域の水環境論の視点からすれば素晴らしい存在である。地域の降水は、台地の土壌水として受けとめられ、そこからの湧水で田んぼが拓かれ、湧水や浅い地下水は安定した飲用水として農村集落を支え、しかも、それらの湧水は利用されることによって地下水を潤し、さらに反復利用され、地域に循環的で豊かな水環境を作っている。

　深層の地下水（深井戸）に依存する田んぼ以外は、広義には田んぼのほぼすべては地域の降水に依存して成立している。ただ、大河川、この地域で言えば利根川や鬼怒川などの山岳性の大河川の水を用水として利用している田んぼの場合、田んぼの地域と河川の主な集水域がかなりずれており、これらについては天水田の概念から外して、河川潅漑の田んぼと認識するのは良いだろう。しかし、小貝川や桜川などの場合には集水域に占める台地の比率がかなり高く、そこを用水源としている田んぼは、地域の降水に依拠するという点では、天水田とあまり変わらない構造を持っている。

　ここで、谷津田における湧水の反復利用について少し解説しておこう。

　まず、先にこの地域では降水の多くが土壌水として保持されると述べたが、一般論としては降水は必ずしもその多くが土壌水として保持されるとは限らない。むしろ、土壌にその条件がなければ、降水はそのまま表面水として流出、流下する部分が多くなる。霞ヶ浦流域の場合は、地形が台地で、そこはヤマとハラとして平地林、ススキ原の植生で覆われ、表面は腐葉土で覆われている。これらの条件は降水の土壌水としての保持にたいへん好都合である。

　土壌水として保持された降水は、地表近くの土壌水分として植物や土壌微

生物、土壌小動物たちの生活を支え、また湧水として地表に現れたとき、地域の水環境としてより積極的な役割を果たすことになる。すなわち、人を含む動物たちの生活を支え、環境を穏やかに循環的に整えていく。そこに谷津田が拓かれ用水として利用されると、田んぼに湛えられた水として、広範囲に浅い湖沼的環境が作られ、その水は再び土壌に浸透し、土壌水として補給され、二度、三度と湧水として表出することになる。

さて、台地の縁辺に食い込む小さな谷に拓かれた谷津田は、このような地域の水循環の核心、すなわち湧水の多面的、循環的活用の核心に位置している。

地形や植生としては、谷津田は、田んぼ、水源林、小川などの水系の三者のセットとして存在することになる。そうした谷津田は何よりも水稲を育てる場であるが、それだけでなくドジョウ、メダカ、タニシ、ウナギ、タナゴ、コブナ等々沢山の水生生物の生きる場ともなってきた。また、そこはカエルやヘビなどの棲み処となり、ネズミやウサギやタヌキなどの生息地となり、多種の鳥たちの集う場ともなってきた。

しかし、谷津田はいつでも水が潤沢に得られる場として在るわけではない。谷津田の水は当然ながら下流にあってはより多く得られるようになる。谷津田地域で生きてきた人々は、長い経験から谷津田の各所における、季節毎の水の状態を知った上で、ぎりぎりの地点まで谷津田の開田をしてきた。それ故に谷津田は常にやや水不足の水田として存在することになる。このことが最も典型的に現れるのが谷津田の源流部である。

上述のことを繰り返せば、谷津田の源流は台地の土壌水の湧出部に始まるのだが、そこには谷津田を拓き、谷津田を田んぼとして安定して運営していくに十分なだけの水が常に在るわけではない。そこで谷津田の源流を拓くにあたって人々は水を集め、水を溜めていく工夫を重ねてきた。

阿見町の谷津田の源流を観察してみると、最上部の田んぼの先には小さな堀が台地のなかに相当な長さで掘られていることに気が付く。あたかもゾウリムシの尻尾のような形の堀である。これは谷津田の源流に水を集めてくる

ために掘られた堀であり、これを筆者らは「集水堀」と呼ぶことにしている。長い集水堀から少しずつの土壌湧水を集め、それが春の時期に田んぼを仕付ける（シロカキをして田植えができる状態を作ること）に足るだけの水が得られるギリギリの処から谷津田は拓かれ始めていると考えられるのである。そのギリギリの調和性はまことに見事と言う他はない。

この地域には溜池が少ない。いま溜池には社会的な関心が集まるようになり、これを大切に保全していきたいという認識が広がっている。この認識は正しく、貴重であるのだが、天水田の源流にはいつも溜池が作られている訳ではない。霞ヶ浦流域で言えば、溜池が多いのは霞ヶ浦の東岸、行方市（旧玉造村）、北浦西岸の旧北浦村であり、霞ヶ浦西岸には溜池は少ない。阿見町には186本の谷津田が拓かれているが、溜池をもつ谷津田は8本に過ぎない。これは溜池という形態がこの地域の水源形態に適していなかったからだと考えられる。霞ヶ浦流域における溜池問題については詳しい調査研究が必要だが、この地域の谷津田の水源構造としては、溜池ではなくむしろ集水堀が一般的なあり方のようだという認識は確認しておいても良いように思われる。

8．耕作放棄される谷津田の源流部

以上のように、霞ヶ浦水源地としての谷津田の存在の、そのまた核心部は谷津田源流・谷津頭にあるのだが、いまそこは耕作放棄の場となってしまっている。

阿見町における著者らの谷津田源流土地利用調査の結果では谷津田源流域の耕作放棄は特に著しい。霞ヶ浦の水源としての谷津田の耕作は、その核心部、すなわち、その源流＝谷津頭においてほぼ壊滅状態となっている。

そのことを認識した上で、私たちの次なる課題は、この状態をどのように把握し、それへの対応方策をどのように構想していくのかという点にある。

こうした状況に対して一つの対応策として提起されているのは谷津田の基盤整備である。機械化稲作に適応しにくいことが、谷津田、とくに源流部における耕作放棄の原因となっているので、農業機械利用が可能となるような

第3章 地形や土壌の条件と土地利用の諸相

基盤整備を進めることができれば、耕作の再開、継続は可能となるだろうという提案である。しかし、基盤整備には多額の経費がかかり、農地所有者全体の合意が必要で、また国や自治体からの資金支援が不可欠となっている。それは多額の公的資金導入と農地所有者の長期にわたる経済負担を要する事業である。いまそうした投資の可能性は少ないと考えざるを得ない。

ゴルフ場開発等の補償などで、谷津田の基盤整備が行われた場所もある。そうした箇所を調べてみると、たしかに谷津田源流まで耕作は続けられている。しかし、水利はその地の湧水等の利用ではなく、別の用水のパイプライン利用となっており、排水路はコンクリート水路となり、谷津田源流の自然とは切り離された存在となってしまっている。すなわち基盤整備された谷津田は、農地としては利活用されているのだが、谷津田源流が有してきた自然的価値に関してはかなりの程度失われていると考えざるを得ない。

耕作放棄された谷津田源流＝谷津頭の状態はどのようになっているのか。阿見町の場合には植生としてはセイタカアワダチソウ優先となっており、水路、水系の生き物については、アメリカザリガニが優占種となってしまっている例が多い。

谷津田は湿田だとの常識がある。たしかに、谷津田源流部では浅い土層から泥炭土（地元名ではケド）が出ることが多く、この点ではこの常識は支持されるようにも思われる。しかし、別の一般論からすれば、湿田・湿地の立地は下流低平地である場合が多いのだが、谷津田源流はすでに述べてきたように最上部に位置しており、必ずしも水が集まり対流する湿田・湿地的地点にあるという訳ではない。先に述べたように、谷津田は水源水量との関係では、やや水不足の状態まで拓かれており、湿田的あり方は地形立地に由来するというよりも、水不足対策として湿田的管理がされてきたという側面も強かったと考えられる。冬期も含めて常に田んぼに水を保持していくことで、栽培期間中の水需要に対処しようとしてきた場合も少なくなかった。そういう谷津田の場合には、耕作放棄されれば、人為的湿田化への取り組みもなくなり、谷津田地域の乾燥化がもたらされているとも考えられるのである。

セイタカアワダチソウは乾性的環境に適した植物であり、耕作放棄谷津田がセイタカアワダチソウ優先の植生となっているということは、耕作放棄による谷津田地域の乾燥化の証明ともなっている。耕作放棄谷津田について、耕作されていた頃と同様に湛水操作をしていくと、セイタカアワダチソウ優先の植生はガマ、アシ、マコモなどの湿性的植生に変わっていくことは筆者らのうら谷津再生活動のなかでも確認されている。

　このように耕作放棄された谷津田地域の生物相は、外来侵入生物であるセイタカアワダチソウとアメリカザリガニ優先となってしまっているのだが、しかし、よく調査してみるとそこには絶滅危惧種などの希少生物も生息も確認される。阿見町で著者らが再生保全に取り組んでいる「うら谷津」ではホトケドジョウ、メダカ、イチョウウキゴケ、ミズニラなど14種の希少生物の生息が確認されている。これらはかつてはどこにでもいたごく普通にいた生物であり、それらは耕作放棄谷津田でからくも生き残っていたということだろう。付言すれば基盤整備された谷津田ではこれらの希少生物の生息は確認されていない。

　さて以上の観察から得られる仮説的結論は次のようになろう。

　谷津田は谷津田として伝統的方法で耕作された時に、環境論、自然論の視点から見た効用が最も高く実現される。基盤整備を実施されると耕作継続は容易になるが環境論、自然論の面からは、谷津田の良さは相当に失われる。耕作放棄された谷津田では、環境論、自然論的良さは相当程度確保されるもののそのままでは外来侵入生物種の優先状況が作られてしまっている。

　要するに、耕作放棄谷津田は、資材置場や住宅用地などへの転用、基盤整備による近代化稲作の導入等と比べれば、環境論、自然論の視点からすれば、はるかに良いことなのだが、その良さは伝統的な谷津田耕作には及ばないのだ。

9. 市民参加の谷津田再生＝谷津田耕作と自然共生型地域づくりの展望

　上述の認識から導かれる実践的課題は、伝統的方法による谷津田耕作の再開である。しかし、伝統的方法による谷津田耕作の一般的再開は、現状の農業情勢と農家の営農状況からすれば、農業政策としての推進は難しい。農家が経営として伝統的方法による谷津田耕作を再開していく道を模索することは重要な課題ではあるが、米過剰が構造化している現状では、狭義の農業政策としては政策的正当性を確保することも容易ではない。

　しかし、地域の自然論、環境論の視点からは、谷津田、なかでもその源流域は、水源林・田んぼ・水系の3点セットの場として、霞ヶ浦の水源としても、地域にまとまって残されている自然エリアとしても、地域の暮らしの自然性回復の場としても、あるべき保全方策の骨格が伝統的耕作法という形ですでに与えられているという点でも、たいへん重要な位置を有している。

　谷津田再生のためには、地域づくりの視点から、こうした現代的意義付けを明確にしていくことがまずは必要だろう。

　耕作放棄された谷津田はもちろん農家の所有地ではある。しかし、農家はその利活用も保全も自らの力では出来なくなっており、その状況には当面は大きな変化はないだろう。そこは土地所有や耕作利用の力は及びにくく、その反面、自然論、環境論、生活論からすれば土地所有者も含む地域住民にとっては別の価値、効用を作り出す可能性を持っている土地である。ここに公的セクターの関与が加われば現代的コモンズ形成の可能性があると著者は考えている。

　経験ある農家を先導者として、幅広い市民や、地域の子どもたちが参加するプロジェクトとして「耕作放棄谷津田の再生活動」は一般的課題となり得るのではないか。そこに自然共生型地域づくりの展望が拓かれていくのではないか。そこに創られる人の輪と地の広がりこそ新しい地域社会の基礎となっていくと考えられるのではないか。

　たとえば、阿見町の場合には、そういう活動の場となり得ると考えられる

耕作放棄谷津田は数十箇所はあると推定される。

10. 市民参加による谷津田再生＝谷津田耕作の可能性

　市民参加による谷津田再生についてはすでに様々な取り組みが進められている。筆者らも阿見町上長地区で「うら谷津再生プロジェクト」に取り組んでいる。本節の結びとしてそこから得られた知見のいくつかを紹介したい。

　まず、耕作放棄地での耕作再開は案外容易だということを強調したい。「うら谷津」では、耕作再開の原則は無肥料・無農薬としているが、作柄は案外良い。耕作放棄は地力の回復、養成過程でもあり、しばらくの間は施肥は無用なのである。さらに耕作放棄の生態系は農地・作物特有の病虫害や耕地雑草とは異質であるため病虫害の心配は少なく、雑草の被害も思いのほか軽微である。「耕作放棄地」という言葉に埋め込まれた恐怖感はとりあえず返上して良いと思われる。

　第2は、耕作継続にあまりこだわる必要はないという点である。耕作再開当初に得られる上記のメリットは概ね2〜3年で失われていく。次第に病虫害等も出やすくなるかもしれない。そこで耕作を継続するにはそれなりの技術も必要となっていく。しかし、そこであえて頑張る必要もないようにも思われる。耕作を再開すべき放棄地は当面いくらでもあるのだ。耕作継続に不都合を感じた場合は、未練なく耕作放棄したら良いのだ。

　第3は、耕作再開地を再び放棄するとその後に素晴らしい自然の世界がやってくることも知って欲しい。2〜3年の再開耕作で、圧倒的だったセイタカアワダチソウはほぼ衰滅していった。代わって在来の一年生草本の素晴らしい野草地が出現してくる。70〜80種位の多様な植物種が出現することに驚かされる。雑草・野草の生態系は再生活動の進展のなかでダイナミックに動いていくのだ。

　第4は、耕作の方法としてはできるだけその場所の自然なあり方を尊重することである。

　作物の状態を良く観察していけば不耕起、自然栽培も十分に可能である。

耕しすぎないよう心がけることを言いたい。

　第5は、耕すなかで、その土地の自然なあり方が次第に見えてくる。それは穏やかな自然景観として現れてくる。その自然の変化をゆっくりと味わっていきたいものである。そうした自然の変化の時間的テンポを尊重し、人為優先とならないように気をつけたい。「穏やかに働きかけつつ自然の変化を待つ」という気持ちの大切さを強調したい。

　第6は、したがって「整備計画」等について事前に確定し、その計画に沿って活動していくという人為優先の対応ではなく、その土地の時々のあり方との対話の中で活動方針を見直し、行きつ戻りつ、だんだんと取り組んでいくという姿勢を重視したい。こうしたあり方ならば誰でもが少しずつ無理なく再生活動に参加していけるよう思われる。

参考文献
1）中島紀一・五月女忠洋・田上耕太郎・藤枝優子・竹崎善政・鈴木麻衣子「茨城県阿見町における谷津田源流の土地利用の実態（2006）」茨城大学農学部フィールドサイエンス教育研究センター報告第1号、2006年
2）中島紀一・五月女忠洋・田上耕太郎・藤枝優子・竹崎善政・鈴木麻衣子「耕作放棄谷津田の復田過程に関する研究―茨城県阿見町上長地区うら谷津における実践事例報告」『いのち育む有機農業（有機農業研究年報第6号）』コモンズ、2006年
3）中島紀一・小名木卓磨・川島隆行・竹崎善政・塚原良子「阿見町農業の動向―2005年農林業センサス結果を中心に」茨城大学農学部フィールドサイエンス教育研究センター報告第2号、2007年
4）中島紀一（編）『地域と響き合う農学教育の新展開』筑波書房、2008年
　　また、「うら谷津再生委員会」ホームページ（http://www.geocities.jp/urayatusaisei/）も参照いただきたい。同ホームページには上記文献もPDFファイルでアップされている。
5）山田晃太郎「耕作放棄谷津田の再生活動と自然の変化―うら谷津再生プロジェクトの経験から―」『阿見町の身近な自然2012』阿見町環境保全基本調査報告書、2013年3月

第5節　関東地方平地林の農業的利用と都市的緑地利用の事例

1. はじめに

　関東地方における里山の最も典型的な形態は平地林である。関東にも奥山に連続する形の里山は存在するが、面積としても、平地林が主体をなしている。林野庁が1980～1983年に実施した「平地林施業推進調査」によれば、関東地方にある平地林の面積は約30万haで、関東地方総面積の約1割を占めていた。

　全国的にみて、関東地方は台形地形がよく発達した地域であり、典型的な平地林は台地上に分布している。台地地域は関東地方のなかでは農業開発が最も遅く開始されたところである。本格的な開発は近世中期以降に始まり、第2次世界大戦の緊急開拓によってほぼ完了した。平地林は農業（農地、集落）開発とともに造林され、開拓畑の地力維持のための農用林、自給および江戸・東京等仕向けの薪炭林（一部は用材林）、集落や農地を季節風から守る防風・屋敷林など、重層的な利用構造のもとで、地域社会や地域経済において重要な役割をはたしてきた。

　しかし、高度経済成長期に入ると、平地林に関するこれらの需要は著しく弱化する。平地林の育成・管理機能は、伝統的に確立されてきた重層的な利用構造のなかに組み込まれていたので、利用の崩壊がそのまま育成・管理の放棄＝森林の荒廃へと直結してしまうケースが広範に出現した。

　利用されなくなった平地林地は、開発（主には都市・工業的な、一部は農業的な）候補地とみなされ、かなりの面積が開発のために転用されていった。だが、過度な開発転用は、地域における緑地スペースの消失という新たな問題を生んだ。そのため、都市サイドから、逆に、緑地としての平地林の維持、保全という要求が高まり、それに対応する行政施策も模索されるようになる。

　元来、平地林はその立地的、歴史的条件から林業、農業、住を中心とする

生活環境、という大別して三種の利用領域の重複面に存在してきた。これらの利用領域のうち、林業的、農業的利用は著しく衰退し、半面で、新たに都市サイドから生活環境的な機能が強調されるようになった、というのが今日の局面だと言うことができる。しかし、従来の平地林の生活環境的利用は、林業的、農業的利用による森林の育成・管理のうえに成立してきたものであり、それ自体としては育成・管理機能を欠いている。

　平地林の維持、保全という都市サイドからの新たな要求にとっての最大の障害は、平地林を開発候補地と位置付ける政策体系（税制を含む）にあるが、この問題を別にすれば、森林の育成・管理機能を新たにどのように確立するかが重要問題として浮かび上がってくる。公園的管理の発想では経費的にも技術的にも行き詰まりは目に見えている。林業的、農業的利用の再建しか策はないように思われる。現存する平地林の多くは、すでに成林あるいはそれに近い林分となっていることからすれば、なかでも、森林の管理機能を併せ持つ農業的利用の再建が急を要するということになる。

　そこで注目されることは、畑作における地力の衰退、連作障害の蔓延という今日の事態である。関東地方の畑作の中心は野菜となっており、これらの問題は他地方にも増して深刻化している。そしてこうした事態は畑作農家に土づくりの重要性を再認識させ、畑への堆肥施用の機運を高めつつある。現在、堆肥の原料として最も一般的に使われている稲ワラであるが、質的には平地林の落葉のほうが優れていることは農家ならよく知っている。そこで地力低下や連作障害に悩む野菜農家が平地林の落葉掃きを再開したという事例もわずかではあるが生まれてきている。

　ここでは、以上のような視点から、関東地方における平地林の利用再建の可能性を事例的に検討することとする。まず、2．では関東地方の平地林の現況について3、4では平地林の利用崩壊の過程と利用再建への今日的要請について概観し、5．では利用再建への萌芽的事例として(1)茨城県筑波郡豊里町（現つくば市）、(2)埼玉県川越市福原地区、(3)神奈川県横浜市の事例を紹介したい。

2. 関東地方の平地林の現況

関東地方における平地林の現況は林野庁「平地林施業推進調査」(1980～1983年)[1]で明らかにされている。そこで、まず同調査から結果の要点を紹介する。

同調査では平地林を下記のように定義している。

(平地林の定義)

平野部及び都市近郊に所在し、通称平地林あるいは都市近郊林と呼ばれる森林とする。

具体的には標高300m以下で、傾斜15°未満の土地が75％以上を占める市町村に賦存する森林とする。

当該市町村を確定するにあたっては上記条件の他社会的条件(都市近郊等)、面的広がり等を考慮して若干の修正を行った。

第1、2表はこうした定義に基づく平地林の現況である。

平地林は関東地方全域に分布しているが、とりわけ茨城、千葉、栃木、などの東関東の諸県に多い[2]。このうち国有林が占める割合は6.6％(対森林計画区域内森林面積、これに森林計画対象外民有林面積を加えれば約6.3％)でその比率はきわめて低い。ちなみに関東地方の林野総面積における国有林

第1表 林野庁調査による関東地方都県別平地林分布

単位：ha

県名	調査対象市町村面積計 (A)	森林面積 国有林	森林面積 対象内民有林	森林面積 合計 (B)	森林率 (B/A ×100)	(参考) 対象外民有林面積
茨城県	465,255	12,816	88,733	101,549	21.8	454
栃木県	204,448	2,705	39,142	41,847	20.5	不明
群馬県	91,349	349	4,684	5,033	5.5	不明
埼玉県	245,705	340	18,205	18,545	7.5	2,244
千葉県	382,478	527	89,184	89,711	23.5	3,828
東京都	58,764	1,357	8,241	9,598	16.3	2,850
神奈川県	131,120	604	13,940	14,544	11.1	4,826
合計	1,579,119	18,698	262,129	280,827	17.8	不明+14,202

資料：林野庁「平地林施業推進調査報告書」(総括編) 1984年、p.8。

第2表　林野庁調査による関東地方平地林の森林現況

単位：ha

区分 都県	対象内民有林計	所有形態					
		公団	都県	市町村	財産区	個人	法人	その他
茨城県	88,733	4	490	1,148	77	73,556	1,612	11,846
栃木県	39,142	248	1,372	276	16	32,438	4,710	82
群馬県	4,684	10	25	337	—	3,040	1,250	22
埼玉県	18,205	—	422	157	10	15,955	1,656	5
千葉県	89,184	—	2,431	639	—	69,834	9,952	6,328
東京都	8,241	—	503	150	—	5,542	1,026	1,020
神奈川県	13,940	—	738	200	94	10,020	2,720	168
合計	262,129	262	5,981	2,907	197	210,385	22,926	19,471

区分 都県	樹種						林齢			
	スギ	ヒノキ	マツ	他針	クヌギ	他広	竹林	0～ 20年	21～ 40年	41～ 60年	61年 ～
茨城県	9,953	3,251	43,641	72	7,408	19,680	1,977	24,059	47,455	9,869	3,381
栃木県	8,367	4,918	6,673	70	1,553	17,335	225	16,241	16,052	2,519	956
群馬県	602	120	1,145	6	26	2,602	135	1,578	2,334	372	218
埼玉県	2,586	1,520	4,142	40	451	9,217	182	5,296	10,732	1,448	480
千葉県	23,743	1,928	29,239	4	665	25,830	2,646	27,641	43,299	7,848	2,621
東京都	3,501	649	210	18	47	3,741	49	2,864	4,547	550	219
神奈川県	2,344	416	1,588	49	435	7,893	468	6,176	4,811	1,413	352
合計	51,096	12,802	86,638	259	10,585	86,298	5,682	83,855	129,230	24,019	8,227

資料：林野庁「平地林施業推進調査報告書」（総括編）1984年、p.12。

の比率は27.4％（1980年林業センサス）である。

　このように平地林地域の森林は、そのほとんどが民有林であるという点に特徴をもつが、これをさらに所有形態別にみると、80.3％が個人有で、法人有8.7％がそれに続いている。同調査では「法人有」のうち相当部分が不動産関連会社の所有地であろうと推定している。個人有平地林の保有規模別農林家構成については悉皆調査資料を欠いているが、関資農政局が1967年に実施した抽出調査（集計戸数1,252戸）では、0.5ha未満が40.2％、0.5～0.1ha層が20.7％、1.0～3.0ha層が24.7％、と零細保有が圧倒的部分を占めていた（第3表）。

　樹種別構成では雑木広葉樹38.3％、マツ34.1％である。地域的にみればマツは茨城、千葉の両県に多く、広葉樹はそれ以外の西関東の諸県に多く分布している。マツの樹種としてはアカマツが多い。このようなマツと雑木広葉樹を主体とする樹種構成は、ローム台地を主要地形とする平地林地域の土壌

第3表 関東農政局調査による平地林保有規模別農家構成比

単位：％

都県	集計戸数 戸	～0.5ha	0.5～1.0	1.0～3.0	3.0～5.0	5.0～10.0	10.0～
茨城県	337	35.9	21.7	25.8	6.2	5.9	4.5
栃木県	201	24.4	21.4	31.3	12.9	5.0	5.0
群馬県	40	57.5	15.0	20.0	2.5	5.0	―
埼玉県	162	44.4	19.1	21.6	6.8	4.3	3.7
千葉県	368	43.8	20.4	25.0	6.3	4.3	0.3
東京都	47	40.4	19.1	29.8	2.1	4.3	4.3
神奈川県	97	59.8	22.7	10.3	5.2	1.0	1.0
計	1,252	40.2	20.7	24.7	7.0	4.6	2.8

資料：関東農政局「関東地方における平地林の実態とその利用」『昭和42年度関東農業情勢報告第3部』1967年、p.70。
注：低標高林地保有農家の意識調査結査による。

第4表 関東農政局調査による平地林面積

都県	平地林面積 ha	保有形態別 国営	公営	私営
茨城県	149,502	10.6%	3.1%	86.3%
栃木県	79,681	1.1	0.5	98.4
群馬県	13,316	6.7	3.3	90.0
埼玉県	41,082	0.7	5.8	93.4
千葉県	170,060	4.7	4.0	91.3
東京都	14,571	3.7	3.1	93.1
神奈川県	32,090	―	4.7	95.3
計	500,302	5.2	3.4	91.4

資料：関東農政局「関東地方における平地林の実態とその利用」『昭和42年度関東農業情勢報告第3部』1967年、p.66。

生産力の低さやここが薪炭生産地帯だったという条件などを背景としている。林齢は21～40年生が約半数を占める。この林齢は、薪炭林として成林とみなされるが、用材林としては伐期までなお年数を要することを意味している。

　林野庁調査が明らかにした平地林の現況は概ね以上のようである。関東地方の平地林に関しては、この林野庁調査に対比しうる先行調査ではないので「平地林の現況」の歴史的推移を十分に示すことは出来ないが、参考までに関東農政局による1967年の調査結果[3]を**第4表**に掲げた。

この調査では、平地林を標高300m以下の低標高林地と定義しており、林野庁調査よりもやや範囲が広い。**第4表と前掲第1、2表**とを対比してみると、最大の変化は総面積の減少であり、その他については大きな違いはない。1967年関東農政局調査の平地林面積は50万ha、1980年林野庁調査は約30万haで、約20万haの減少である。しかし、ここで林業センサスから関東地方の林野総面積を拾ってみると、1960年151万ha→1980年145万haで6万haの減少となっており、この点からすれば、平地林20万haの減少という数字は調査基準の相違に基づく過大なものと考えざるを得ない。だが、センサスに現われた林野面積の減少は、主に平地林地域で起こったと推定されるので、高度経済成長期における平地林地域の森林の減少は少なくとも6万haを超えていたことは確かであろう。

　このような大幅な減少の中身としては、農地開発およびその他の開発転用が想定されるが、それは、どのような形で進行したのか。この問題についても十分な資料は無いが、林野庁調査の一環として実施された森林保有者の抽出アンケート（回答160名）によれば、過去10年間に森林を売却したことのある人が3分の1、その売却理由の43％が「地域開発の要請のため」となっている。1978年に茨城県林政課が実施した抽出アンケート（平地林地域9市町村森林保有者対象、回答540名）[4]でも、同様な質問に対して「売却経験者」43％、売却理由「地域開発の要請のため」49％であった。こうした点から考えれば、平地林面積の減少は、利用構造の崩壊という事態を前提としつつも、行政サイドからの開発政策に依るところが大きかったと判断される。

3．平地林の利用構造の原型

　関東地方平地林地域の潜在自然植生は、概ねカシ林域（シラカシ群集）であろうと推定されている[5]。このことは、現在みられる平地林の落葉広葉樹やマツを主体とした植生が人為的に形成されたものだということを傍証している。先の林野庁調査では、平地林の林種構成を人工林53％、天然林41％としているが、これは雑木広葉樹林の多くが萌芽更新によっていることを示す

ものであり、ここでの「天然林」は潜在自然植生を意味しない。

1．でも述べたように、関東地方の平地林は農業（新田）開発とともにその一環として形成された。武蔵野新田はその典型例である[6]。たとえば埼玉県の三富新田の場合には、新田百姓1戸当たり間口40間（73m）、奥行370間（675m）、約5haの短冊形の土地が配分された。百姓はそのうち3.0ha程度を畑に拓き、残りを屋敷地および平地林地にあてたとされている。平地林地は畑面積のおおよそ半分で、そこにはナラ、クヌギなど雑木広葉樹の苗が植えられた。

こうして形成された平地林は、薪炭林（一部用材林）、農用林、防風・屋敷林などとして重層的に利用されてきた。以下これらの利用諸側面について略述しよう。

まず、薪炭利用に関しては、新田百姓自身の自給仕向けがその出発であった。自給剰余分は林野の少ない水田地帯の集落等へ販売された。一方、江戸・東京をはじめとする都市の発達は、巨大な薪炭需要をつくりだした。明治中期以降の養蚕・蚕糸業の拡大（蚕室の暖房など）や第2次大戦後の澱粉糖化業の興隆（澱粉加熱燃料など）も薪炭需要を拡げた。薪炭、特に薪は付加価値の小さな重量物であるため、産地は需要地の近傍に集中する傾向もあった。こうした諸事情を背景として関東地方の平地林地帯は有力な薪炭産地として発展してゆく。

炭については、全国的にみて生産量が急増するのは明治後期以降のことで、その生産は主に山間地域で担われた[7]。したがって、関東地方の平地林地帯の場合は全体として薪のほうが主体であったと考えられる。また、地域分布でみれば、炭は相対的に西関東方面に多く、東関東では薪中心であったようだ。東関東には利根川、鬼怒川などの舟運が発達していたが、薪はこれらの便によって都市に運ばれた[8]。こうした薪炭の商品生産化の進展につれて地元自給仕向けは圧迫され、自給用燃料は主に森林管理残滓としての粗朶（そだ）利用となってゆく。

用材利用については、山武杉など一部に有力な林業地帯も生まれ、また、

マツについては、土木工事用の杭木や梁材としての需要もあり、産地化した地域もあった。しかし、全体としてみれば、ローム台地という土壌条件に阻まれて用材林帯としての展開は微弱であった。

農用林としての平地林利用には、堆肥原料としての落葉採取、家畜飼料としての下草刈り、苅敷材料としての若草・若枝刈り、杭木などの資材採取、などがあった。関東の典型的平地林地域であるローム台地畑作地帯についてみれば、利用の中心は、これらのうち堆肥原料としての若柴や落葉採取である[9]。台地畑の土壌は土壌型としては概ね黒ボク土であるが、この土はリンサンの吸収係数がきわめて大きい不良土壌である場合が多い。その抜本的改良のためには溶性燐肥の普及を待たなければならなかったが、当時としてはせめても若柴や落葉の堆肥施用は不可欠だったのである。たとえば、先に紹介した武蔵野新田における畑と平地林の2：1という面積比の基礎にも、必要堆肥生産量があったと考えてよいだろう。

防風・屋敷林としての利用に関しては、関東地方の冬は乾燥し強い北西の季節風が吹くという気候条件と、黒ボク土がきわめて軽鬆だという土壌条件が問題となる。

畑の冬作は麦であり、それ自体、防風・土壌保全機能をもっていた。しかし、その麦も、強い季節風によって生育は不安定であり、防風林や防風垣は不可欠のものだった。防風垣としては圃区の境に茶樹などが植えられた。防風効果は防風林の高さの10倍の距離の風下でも接地面の風速はほぼ半減するとされている。また、黒ボク土は霜柱が立ちやすく、それによる麦株の浮き上がりが風害（凍害）を助長するという問題もあった。慣行的な対策としては、堆肥、草木灰、下肥、あるいは種子を練り合わせたいわゆるダラ肥施用などがされてきた[11]。ここでも平地林は重要な役割を演じていた。

住居環境の保全への平地林の機能については、防風効果とともに冬期夜間の放射冷却による気温低下の抑制という面もみのがせない。屋敷林は、生活域における大気の状態を撹乱させ、放射冷却による気温低下を抑制することによって、そこに相対的高温域を作り出すことが観測によっても確認されて

いる[12]）。

　以上略述したように、関東地方の平地林は畑所の百姓山として形成され、主として農業的利用、林業的利用、環境保全の三つの側面から重層的に利用されてきた。そしてこの三者は、まず、農業的利用が森林の育成・管理機能を併せ持ち、育成された平地林は林業的に利用され、農業的、林業的に利用管理された平地林が、環境保全の面でも重要な役割を果たす、という形で相互に関連しつつ一つの安定したシステムを形成していた。

　なお、平地林の所有と利用の関係については、所有は概ね零細所有で主に林業的利用に関係し、農業的利用については入会的な慣行も形成されている、という例が多かったようだ。

4. 平地利用の崩壊と新規需要の形成

　以上のような関東地方の平地林利用構造は、高度経済成長期における諸事情の変化のなかで基本的に崩壊してゆく。

　まず、基幹エネルギーの石油への転換、ことに生活燃料の石油やプロパンガスへの転換によって、薪炭需要が消滅し、また、新しい土木、建築資材の開発によってマツなどの用材需要も縮小し、林業的利用は解体する[13]）。**第1図**に、農家へのプロパンガスの普及と自給用薪炭採取中止の関係を、千葉県北部一集落の事例で示した[14]）。

　農業的利用については、化学肥料の普及によって衰退する。とくに、溶性燐肥の大量施用による火山灰土壌の改良効果は顕著であり、このことが化学肥料への農民の信頼感を高め、堆肥施用の機運を後退させた。また、ティラー、トラック、耕耘機、トラクタなどの農業機械の普及は役畜牛馬を不用にし、平地林の採草利用もなくなった。

　こうした需要面での変化に加えて、兼業化の進行など平地林の利用主体をめぐる状況も大きく変わった。平地林利用に関する諸作業は主に冬期に実施されてきたが、農家の兼業化はまず冬期の農外就労から始まったので、そこに労働力の面で競合関係が生まれた。商品生産的であった林業的利用にして

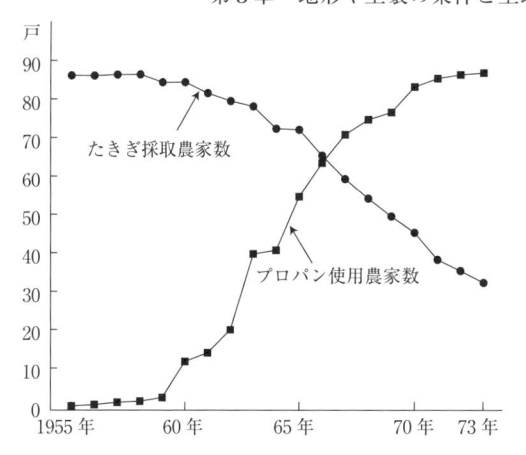

第3章 地形や土壌の条件と土地利用の諸相　*181*

第1図　たきぎ採取・プロパン使用農家数の推移（千葉県成田市M集落）

注：1）調査農家数は88戸。
　　2）「たきぎ採取農家」は少しでもたきぎを採っている農家、したがって「山掃除実施農家」とは別。
出所：土嶺彰「農家の林野利用をふりかえる」東京教育大学農学部成田分室報告、7、1974年。

も、収益性の点で農外兼業にはとても及ばず、平地林利用は構造的な労働力不足に陥る。農業面では冬作への野菜作の進出があったが、これも平地林利用における労働力不足に拍車をかけた。また、様々な形での就労機会の拡大は収益性の低い山仕事などの筋肉的重労働への忌避感を強めた。

こうした農業的、林業的な利用の崩壊は、下刈り、枝打ち、間伐などの森林管理作業の放棄につながり、林地は荒れてゆく。荒れた林地は、マツクイムシなどの被害をうけやすく、また、ゴミの投棄場などにもなりやすい。先に紹介した林野庁調査（森林所有者160戸のアンケート）によれば、過去5年間に、下刈りをした家59％、除伐蔓切り49％、植付47％、間伐46％、枝打40％、落葉採取16％であった[15]。茨城県林政課（540戸アンケート）では、下刈り56％、落葉採取39％、間伐39％、除伐蔓切り32％、植付16％、枝打13％であった[16]。こうして、平地林の住居環境保全機能も弱化する。**第2図**に茨城県におけるマツクイムシ被害の推移をしめした。1971年の茨城県のアカマツ立木量は541.7万㎥、1983年までの累積被害量244.9㎥で、アカマツ林の

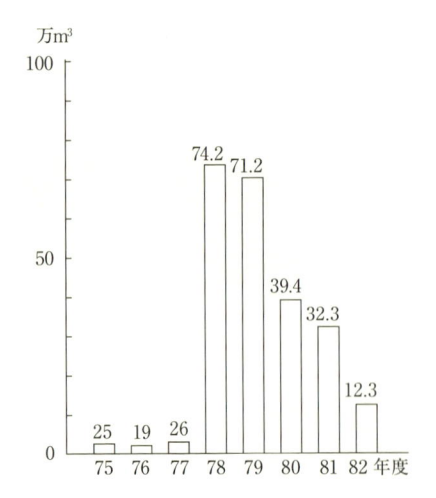

第2図 マツクイムシ被害材積の推移（茨城県）
出所：茨城県『農林水産業の動向』1983年、p.161。

ほぼ半分が壊滅し、被害はなお拡大しつつある。

　大要以上のような形で、関東地方の平地林の利用構造は内部から崩れてゆくが、同時に、外部からの開発圧力も急増する。

　まず、農地開発についてみると、農地改革にともなう未墾地買収（緊急開拓）で平地林は重要な対象とされた。関東地方で買収された未墾地は8万1,212ha（民有地率53.5％）であったが、その多くは平地林であったと推定される[17]。さらに、1960年代になると火山灰土壌の開田技術が開発され[18]、米価政策にも支えられて、開田が進行した。関東地方ではこうして台地等に拓かれた水田を「陸田」と呼ぶ場合が多いが、その面積は約6万5,000ha程度と推定される。これには畑からの開田も相当面積含まれているが、平地林からの開田もかなりあったと考えられる。

　しかし、より大きな問題は言うまでもなく、都市、工業サイドからの開発圧力であった。これに関する法制過程を振り返ると、1950年国土総合開発法、1956年首都圏整備法、1962年全国総合開発計画、1968年新都市計画法、1970年新全国総合開発計画、1971年農村地域工業導入促進法、1974年国土利用計

画法と続く。これらのうち関東地方の平地林に対して、特に大きな影響を及ぼしたのが、新都市計画法であった。

　新都市計画法では、都道府県知事の指定によって「一体の都市として総合的に整備し、開発し、及び保全する必要がある地域」を都市計画地域と定め、その内部を市街化区域と市街化調整区域に区分する。前者が開発促進地区であり、後者が開発抑制地区である。促進や抑制のための政策手段は開発の許認可制、税制、選別的財政投資などであった。

　市街化区域については、農地や林地も宅地なみの税評価で課税されることになった。しかし、農地については都市農業や緑地空間としての意義から、固定資産税や相続税の実質的減免措置がとられることが多かった。林地については、そうした措置はほとんど講じられなかったので、課税圧力のもとで売却転用が進んだ。東京都やその周辺では、1ha程度の林地の相続に1億円に近い税が課せられるという例もある。

　市街化調整区域については、農地法、森林法、に加えて農業振興地域整備法が制定され、全体として強い開発抑制措置がとられた。しかし、農地と林地を比べると、開発規制は林地のほうがずっと緩かった。例えば、林地は農業振興地域の指定から外されるという場合も多い。1974年の森林法改正では林地開発への規制は強まったが、なお、1ha以下の開発の場合は森林の伐採についての届出制のみであり、都道府県知事の許可制となった1ha以上の開発についても許可基準は比較的緩い。さらに、工業団地の建設など地方自治体等が推進する開発事業については、林地では、ほぼ無規制に近いという場合も多い。**第5、6表**に茨城県における森林法改正以降の林地開発の状況を示した。

　このように、高度経済成長期を経て関東地方の平地林は、伝統的利用構造の内部崩壊と開発圧力の高まりの中で、その面積を大幅に減らしていった。しかし、都市化や化学肥料農業など開発要因の拡大は、同時に平地林への新たな需要も創り出した。

　都市化の進行と成熟は、住民のあいだに緑地スペースの拡充への強い要求

第5表 茨城県における林地開発の状況（民間開発）

単位：件、ha

開発行為の目的\年度	総数 件数	総数 面積	工場、事業場用地の造成 件数	工場、事業場用地の造成 面積	住宅用地の造成 件数	住宅用地の造成 面積	ゴルフ場の造成 件数	ゴルフ場の造成 面積	レジャー施設の造成 件数	レジャー施設の造成 面積	農用地の造成 件数	農用地の造成 面積	土石の採掘 件数	土石の採掘 面積	その他 件数	その他 面積
1975年	37	(1,630) 746	4	(27) 17	3	(24) 21	16	(1,411) 675	2	(145) 14			11	(20) 16	1	(3) 3
1976	34	(336) 219	1	(7) 5	2	(86) 76	2	(130) 51			6	(38) 31	20	(61) 44	3	(14) 12
1977	39	(630) 315	3	(6) 6	3	(18) 18	7	(500) 230			7	(30) 26	18	(74) 34	1	(2) 1
1978	37	(306) 255	4	(91) 84	6	(79) 72					7	(31) 29	19	(104) 69	1	(1) 1
1979	43	(224) 131	8	(26) 20	2	(5) 4	1	(38) 17	2	(6) 6	10	(53) 44	19	(95) 39	1	(1) 1
1980	48	(202) 143	3	(8) 8	5	(30) 27	1	(49) 18	3	(8) 6	14	(48) 42	22	(59) 42		
1981	37	(149) 128	7	(42) 39	2	(14) 13			2	(4) 2	5	(26) 26	20	(61) 46	1	(2) 2
1982	47	(285) 212	12	(118) 92	4	(9) 9	1	(61) 38	8	(21) 14	6	(18) 16	14	(53) 39	2	(5) 4
計	322	(3,762) 2,149	42	(325) 271	27	(265) 240	28	(2,189) 1,029	17	(184) 42	55	(244) 214	143	(527) 329	10	(28) 24

資料：茨城県『農林水産業の動向』1983年、p.162。
注：（ ）書は開発行為に係る森林の面積。裸書は対象森林面積。

第3章 地形や土壌の条件と土地利用の諸相　185

第6表　茨城県における林地開発の状況（公共事業等による開発）

単位：件、ha

開発行為の目的＼年度	総数 件数	総数 面積	工場、事業場用地の造成 件数	工場、事業場用地の造成 面積	学校、博物館用地の造成 件数	学校、博物館用地の造成 面積	住宅用地の造成 件数	住宅用地の造成 面積	公園運動場等の造成 件数	公園運動場等の造成 面積	農用地の造成 件数	農用地の造成 面積	道路の新設又は改善 件数	道路の新設又は改善 面積	その他 件数	その他 面積
1975年	3	(45) 43	1	(42) 40									1	(1) 1	1	(2) 2
1976	3	(32) 26	1	(14) 10					1	(6) 6	1	(12) 10				
1977	4	(273) 270							3	(233) 231	1	(40) 39				
1978	12	(113) 108	1	(2) 1	3	(16) 9	1	(8) 8	4	(25) 21	4	(69) 69			2	(9) 9
1979	8	(146) 133									4	(103) 102				
1980	16	(351) 319	4	(106) 96	1	(4) 4	1	(21) 21	3	(21) 11	6	(169) 160			1	(30) 27
1981	23	(356) 342	1	(44) 44	5	(13) 13	5	(64) 62	5	(19) 16	6	(206) 200			1	(10) 7
1982	24	(400) 342	4	(178) 142	2	(5) 5			6	(21) 19	9	(106) 81			3	(90) 68
計	93	(1,716) 1,556	13	(413) 355	11	(38) 31	7	(93) 91	22	(325) 304	31	(705) 661	1	(1) 1	8	(141) 113

資料：茨城県『農林水産業の動向』1983年、p.163。
注：（ ）書は対象森林の面積、横書は開発行為に係る森林の面積。

を生み出す。それに伴って、都市行政において公園、緑地の拡充、整備は基幹的位置を占めるようになる。当初の施策は、都市公園の整備、増設に限られていたが、コスト面の問題もあり、次第に非公園緑地、すなわち農地や平地林なども施策対象に含むようになってゆく。住民の要求も、単なる公園的緑地の確保だけでなく、地域全体の環境・緑保全へと発展する。また、最近の森林浴ブームも森林への住民の関心を高めた。問題の局面は少し異なるが、荒廃した平地林は防災、防犯という点でも、都市行政に新たな課題を提出する。こうして、都市化の発展によって、状況はまた一転し、平地林の保全が求められるようになる。

　さて、高度経済成長期に、関東地方の平地林地域の畑作は、従来の普通畑作からほぼ一面の野菜作へと転換する。これらの地域は概ね地価も高く、そのもとでの土地利用は高度集約化の方向に進むことが多い。そこでは、化学肥料と農薬の多投による連作がすすみ、地力減退、連作障害などの問題が深刻化する。関東平地林地域の野菜作は、近郊野菜としての鮮度や品質の良さによって遠郊大産地の野菜と対抗しようとするが、それだけに連作障害などによる品質の低下は深刻な問題となる。そこで、農家は対策として改めて堆肥施用に取り組むようになる。堆肥の材料としては、まず、稲ワラと大規模畜産から排出される家畜糞尿が使われた。しかし、コンバインの普及は稲ワラ需要を逼迫させ、また、生糞尿の大量施用は土壌の状態をかえって悪化させるというケースも多発させた。さらに、高品質野菜の生産には健苗育成も重要であり、それには良質の腐葉土が不可欠である[19]。こうして、良質堆肥、良質腐葉土の原料としての平地林の落葉への農家の関心が再び高まってくる（第7表）。

　このように、都市、農業の両面から平地林への新規需要が成立してくるが、相対的に強い行財政力を持つ都市側の需要も、行財政力によるだけでは民有地が主体をなす平地林の育成・管理機能を確立させることは難しい。もしここで、農業面からの新利用と、都市的利用とを結合させることが出来れば、平地林は新たな安定した利用構造を獲得することになる。

第7表　素材別堆肥生産特性

素材名	10a当たり乾物量トン	堆肥生産量	堆肥品質
松葉葉	0.3～0.4	少	秀
雑木落葉	0.3～0.4	↓	↑
稲ワラ	0.5～1.0		
ソルゴー	2.0～3.0	多	劣

　各地の事例の中には、こうした方向での萌芽的取り組みを見いだすことが出来る。次に、茨城県豊里町（現つくば市）、埼玉県川越市、神奈川県横浜市の事例を紹介しよう。

5．調査事例

(1)　茨城県筑波郡豊里町（現つくば市）

1）事例の概要

　豊里町は筑波研究学園都市の一画にある。かつては典型的な平地林畑作農村であったが、現在は学園都市関係の開発がかなり進んでいる。現在の畑作は芝一色で、平地林は林業的にも、農業的にもほとんど利用されずに荒れており、山火事など防災上も問題であった。一方、周辺の市町村にはマツの落葉を必要とするタバコ農家がいた。タバコ農家の市町村にもマツの平地林はあったが、マツクイムシの被害がひどく、思うようにマツ葉が入手できずにいた。そこで、豊里町での山掃除（マツ葉掃き）を町役場、専売公社の出張所、タバコ耕作組合などが仲介、斡旋し、周辺市町村のタバコ農家50戸が40haの山掃除をした。山掃除は今後も継続的に実施されることになっている。町当局はこうして掃除された平地林10haを公園的に整備し、旧住民と学園都市新住民のふれあいと憩いの場にしようとしている。地元住民は防災対策としても、この事業を歓迎している。

2）豊里町の農業と平地林

　豊里町の農林地の地目構成は、おおまかにみれば畑：水田：林野がほぼ2：

1：1であった。1960～1980年の変化をみると、農林地全体で約1割の減少、地目別には畑と林野が減少し水田が増加した。畑は概ねアカッポロクと呼ばれる生産力の低い火山灰土（アカノッポ土）、水田は谷の浅い谷津田と陸田、林野はアカマツ林である。1960年の畑作の状況をみると、冬作はほぼ全面に麦、夏作は陸稲が4割、イモ類（主に甘藷）、野菜類、工芸作物類（落花生、タバコなど）がそれぞれ2割程度であった。また、林野はすべて民有地で、農家の約4割（666戸）が林野を保有していた。保有規模は1ha未満が71％、1～5haが26％で、ほとんど零細保有であった（1960年農林業センサス）。

林野の林業的利用としては薪が主体で、20～30年生の山を薪とし、40年生以上のマツは梁などの建築材とした。農林家は立木のまま山師と呼ばれる業者に販売し、山師は元山（もとやま）とよばれる作業員を雇って立木を伐採し、薪や梁材を作って馬車で出荷した。価格的には用材林の方がずっと良かったが、薪山の方が回転が早いので、薪山で売る家が多かった。なお、山師も元山もほとんどは地元の人だった。

農業的利用では、堆肥や床土腐葉土のための落葉採取が中心であったが、当町には平地林が多かったので、有機物の需要にはかなり余裕があった。他方、当町の西部、猿島郡などには平地林の少ない地域もあり、それらの地域の人々が、当町の平地林で落葉や自家燃料用の粗朶（そだ）を取らせてもらうというケースも多かった。

また、平地林の伐採跡地では、1～2年はあまり肥料をやらなくても陸稲がよく穫れるので、まず、陸稲の作付けなど畑地として利用し、その後に植林して再び平地林に戻すという切替畑方式も広く行われていた[20]。

平地林の主な管理作業と利用の権利関係は次のようであった。

＊植林：伐採後、春に、地域内の苗業者から苗を購入して植林する。植林後3～5年は夏草刈りなどの管理が必要。作業者は概ね平地林所有者。
＊枝打：農家は、枝打ちで落とした枝を自家燃料として使った。平地林のない人が、所有者の許可を得て、枝打ちをさせてもらうこともあった。その場合は、落とした枝は作業者取り。

＊間伐：間伐材は薪にして販売した。希望する非所有者に間伐させることもあったが、その場合には、所有者は出来た薪の２割程度を現物で受け取った。
＊夏草刈：所有者にかかわりなく、誰が行なっても良かった。
＊松葉さらい：鎌で草を刈り、熊手で松葉をさらう。冬一回目の松葉さらい（一番ざらい）は所有者とその許可を得た人のみ。二回目（二番ざらい）は誰がやっても良い。料金徴取のようなことはなかった。
＊マツの根株掘り：非所有者が許可を得て、自家燃料用に伐採後のマツの根株を掘った。

以上のように、当地における平地林の育成・管理はほぼ全面的に、自給的、農業的利用作業に支えられていた。また、他地域と比較すると、非所有者の利用規模はやや緩やかであったが、それは、当町内における自給的、農業的必要に比して、平地林面積に余裕があったためと思われる。

しかし、こうした農業と平地林の構造は、1960年代に崩壊していく。

地域全体としてみると、1964年の筑波研究学園都市建設についての閣議決定、1970年の筑波研究学園都市建設法の成立によって、学園都市開発の渦中におかれることになる。それに伴って、地域農林業の構造は大きく変わる。

まず、農業面では、兼業化の急激な進行をベースにしながら、畑の陸田化と畑作物の芝への一元化が進んだ。農業センサスでは、芝は畑面積の半分程度となっているが、実勢としては７～８割は占めていると推定される。水稲と芝は兼業と強く結合し、停滞的な農業構造を作り出す[21]。芝生産は著しく地力収奪的なもので、また芝は畑への有機物施用を積極的に嫌う。たとえば、芝のための借地地代は、他作物生産の場合の２倍程度だが（10 a 当たり芝２万円、他作物１万円）、これは、表土剥ぎなどの極端な地力収奪料と解されるものである。

こうして、町内における平地林の農業的利用は消滅した。平地林の林業的利用については、薪需要の激減に伴って、すでに1970年林業センサスでは、町内１ha以上の林家144戸のうち、林産物の販売なしの家が134戸という状

況になっていた。こうした中で、豊里町森林組合は1980年に森林愛護組合に改組される。

3）平地林利用再建への取り組み

　こうして、平地林利用は崩壊し、山は荒れたが、幸いなことにマツクイムシの被害は、これまでのところあまり大きくない。1983年度の町役場資料では、林野470haのうち、マツクイムシ被害面積は約50ha（11％）となっている。しかし、荒れた山は防災上の問題もあった。1979年には山火事で28haの平地林が焼けたが、延焼の原因は枯草の堆積などの山の荒廃であり、逆に、下刈りがされている山は、類焼をまぬがれるという傾向が認められた。桜井種生氏の調査によれば、筑波研究学園都市地域の平地林で下刈りを実施しているのは約半数である。また、下刈りの実施者が平地林所有者だというケースは約3分の1にすぎず、多くは猿島郡の野菜農家だという[22]。

　一方、その後、山掃除を担当することになった周辺市町村のタバコ農家側には次のような事情があった。

　専売公社土浦出張所管内（18市町村）の1984年度のタバコ耕作者は288人、耕作面積333.7ha（1戸当たり1.16ha）である。1960年代中葉以降、この地域のタバコ作は栽培戸数を激減させつつ、1戸当たり面積を倍化させてきた。そこには競争原理が働いていたわけだが、それは品質向上への強い要請ともなった。茨城県は黄色種タバコの北限で、品質確保のための条件はきびしい。また、タバコは沖積の砂壌土を好み、火山灰土にはあまり適さないという問題も抱えている。加えて、規模拡大による連作傾向の強まりもある。土壌中の肥料成分のバランスの関係で、タバコは今日最も一般的な畑作物である野菜類との輪作が難しい。専売公社土浦出張所の話では、連作畑は全体の約9割におよんでおり、土壌消毒は必須の作業となっているという。良質堆肥の施用はこうした問題への中心的対策であった。さらに、タバコは諸作物のなかでも特別に種子の小さな作物であり、播種、育苗のためにはきめの細かいさらりとした腐葉土が必要だという事情もあった。このような腐葉土の原料としては松葉が最上である。松葉は発酵（発熱）が緩やかに長期間にわたっ

て進むので、育苗床の醸熱材料としても適しており、発酵使用後は翌年の播種床用の腐葉土となる。

こうして、タバコ農家にとって落葉採取の必要性は以前にも増して高まってきた。ところが、タバコ産地のマツ山は次々とマツクイムシにやられ、農家は落葉のとれるマツ山を他地域に求めざるを得なくなる。たとえば、県内でも有名なタバコ産地である新治郡出島村（タバコ農家35戸、タバコ収穫面積32.6ha、1982年）の例でいえば、1971年はアカマツ林1,040ha、無立木地25haであったが、1981年にはアカマツ林26ha、無立木地292haとなっておりマツ山はほぼ全滅の状態となっていた。

他市町村のタバコ農家野菜農家が、豊里町の平地林の山掃除に入るという例は、個別的には以前からあり、平地林所有者、タバコ・野菜農家双方から喜ばれていた。こうした事例やタバコ農家側の事情をふまえて、豊里町役場と専売公社土浦出張所では協力して、他市町村タバコ農家の豊里町平地林への受け入れを組織的かつ大規模に進めてみようと相談した。1983年10月のことである。

平地林所有者側のとりまとめは役場が担当し、タバコ農家側は土浦タバコ耕作組合が希望者をまとめた。役場では、面積的にまとまりのある地域の平地林を選定し、山掃除についての所有者の了解をとった。該当所有者は町内50名、町外50名、面積40haであった。所有者からの反対はなかった。荒廃した山の掃除でとくに大変なのは1年目である。しかし、山掃除をする側は松葉の採取が目的なので、2年目以降も継続的に山掃除が出来なければ、労ばかり多くメリットは少ない。そこで5年間は山掃除権を保証することを事業の前提とし、念のため平地林所有者から承諾書をとった。

落葉採取を希望したタバコ農家は、阿見町33名、新治村10名、美浦村4名、土浦市3名、計50名だった。掃除をする平地林は、各地域のタバコ組合ごとに割あて、掃除は組合ごとに実施した。10年あるいは20年も放置された平地林の荒廃はひどかった。荒れた平地林はジャングルのようでグループ作業でなければとてもやる気にはならなかったろうと山掃除に参加したタバコ農家

は語っていた。作業はまず、草刈り、蔓切り、枯木集め、などを集団で実施し、松葉採取の区画を割あてて個人別に行なった。

「広報とよさと」に掲載された、町外タバコ農家と町内平地林所有者の声を次に再録する[23]。

松葉の提供に感謝の気持ちでいっぱい　阿見町　細田英一さん

　私たちの周囲では、松の木がマツクイムシの被害で全滅しています。そのため、たばこの苗床に使う松葉がなくなり、集めるのに一苦労をしています。松葉は保温性があり、苗を育てるには最高です。また、たい肥にも使用するので、どうしても必要なものです。

　苗床に必要な松葉の量は坪当たり10把で、私のたばこ耕作面積3haでは苗床が60坪となり、全部で600把を必要とします。（1把は両手でやっと回る1束）。松葉をさらう山林の面積は出る量によって多少の差はありますが、私の家では約2haになります。この地区だけでも、たばこ耕作者が10人、耕作面積にして約19haですので、かなりの量が必要です。

　これまでは竜ヶ崎市で集めていました。豊里町は専売公社のお世話で知り、町農政課や地主さんの協力で松葉を集めることができ、感謝の気持ちでいっぱいです。

　豊里町に来て、まずびっくりしたことは、松の緑がいっぱいだったことです。下草刈りは山林が荒れていたり、うるしかぶれなどで大変でしたが、きれいにしました。豊里町の松は私たちの最後の砦となりました。私たちは今、自分の山林を荒らして、町外の山林をきれいにしているようなものです。

山林がきれいになり自然と親しむことは最高　豊里町遠東　大塚英雄さん

　山林の下草刈りはここ15年間は行わず、荒れ放題になっています。以前は、まきやたい肥などを必要としたので、下草刈りは重要な仕事でしたが、今は、燃料はガス・石油化し、また、野菜作りをする人が少なく、山林を相手にしても採算が合わなくなってしまいました。そのうえ、働く場所があるので、

なおさら山林から遠ざかってしまうものだと思います。

このたびの下草刈りでは、荒れた山林がきれいになり、マツクイムシの被害も少なくなると思われるのでうれしいことです。山林がきれいになれば、きのこ狩りや散歩などで自然と親しむことができます。この地区は一部、開発などで山林が消えたため、緑があり、自然と親しめることは最高だと感じています。

下草刈りは町を通さずに、個人で申し込んでくる町外農家もいます。主に野菜づくりの人で、他町村ではマツクイムシの被害が大きいものだなと痛感し、緑はぜひ残してほしいと思っています。

さて、次の問題は、こうして山掃除された平地林の一層の有効利用の方策についてである。町役場としては、すでに都市的な公園緑地利用の取り組みを進めつつあり、さらには、林業的利用についても、新たな可能性を探りたいとしている。まず、前者について概要を紹介しよう。

筑波研究学園都市の6ヵ町村のなかでも豊里町は、学園都市新住民と旧住民との交流など地域コミュニティーづくりのためのユニークなソフト事業で知られている。町内には民間の研究団地の東光台団地があるが、ここでは新住民、旧住民、進出企業（研究所）、役場の4者で「東光台町づくり協議会」が組織され、団地内に地場野菜などの青空市場（無人スタンド）を設置するなどの取り組みが進められている。平地林の公園緑地的利用についても、こうした動きとの関連で位置付けられている。山掃除終了後の1984年4月には、さっそく農協などの後援で、掃除された東光台団地近くの平地林を会場として「野草を食べよう会」が催され、林業試験場の研究員の説明をうけながら、新住民ら約200人が舌つづみをうった。

さらに、その平地林約18haは「農村地域定住促進事業（農水省補助事業）」の一環として公園的に整備されることになり、町民からの公募の結果「ゆかりの森」と命名された。「ゆかりの森」には「昆虫の森」、「奏楽堂」などが設けられる予定で、昆虫の生態保護のために農薬散布は中止された。こうし

た、公園的な整備、利用と平地林所有との権利調整関係については、目下発展的な方向で検討されつつある。

　平地林の林業的利用については、まだ十分な展望を見いだし得ていないが、とりあえずは、間伐の推進と間伐材利用方法の開発、シイタケなどキノコ産業の振興等が検討されている。間伐材の利用では木工的利用も模索されようとしている。また、これらの取り組みの中心的担い手としては、町内農業高齢者が考えられており、「豊里町農業高齢者生きがい事業団（仮称）」の設立も計画されている。

(2)　埼玉県川越市福原地区

1) 事例の概要

　福原地区は典型的な武蔵野新田集落で、現在は県下有数の露地野菜産地となっている。都市化の波は周辺まで迫っているが、当地区は大半が市街化調整区域であり、専業農家率も4割ときわめて高い。戦後、科学肥料の普及に伴って、当地区でも平地林の農業的利用（落葉堆肥の利用）は衰退した。野菜作は根菜類が主体であったが、数年前から軟弱野菜がふえた。そのため、土地利用は集約化し、従来の土壌管理方式のままでは、連作障害などの問題を防ぎきれなくなった。そこで、地域出荷組織、農協、市役所が連係して「畑1反、山1反運動」をおこし、平地林の落葉による堆肥づくりに取り組んだ。現在では、地区内の平地林はもとより、山掃きのできる平地林を求めて地区外にも進出するにいたっている。市はこうした動きを助成するために、補助事業による堆肥盤の設置を進めている。

　埼玉県は、平地林を貴重な都市的な緑地空間と位置付け、その保護のために固定資産税相当額の補助を主内容とする「ふるさと緑の景観地」制度を設け、川越市も同様の趣旨で「保存樹林」制度を設けている。当地区の平地林の3割がこれらの制度の適用を受けており、上述の農業的利用のひとつの支えともなっている。また、農業的利用の推進は、平地林の都市的な緑地空間としての価値を著しく高めている。

2）福原地区の農業と平地林

　川越市は荒川流域の水田地帯と武蔵野台地畑地帯の両方にまたがっている。街道宿と舟運河岸のある川越は、かつては農業と商業の市だったが、1970年代頃からは都市化、首都圏ベットタウン化が市全体の基調となっている。農家の動向としては兼業化が一般的である。

　福原地区は台地上の畑地帯にあり、活力ある露地野菜産地である。耕地はほぼ畑であり、それだけに地力維持のためには平地林の存在は不可欠だった[24]。畑の土壌は黒ボク土である。平地林は畑面積の約半分であり、ほとんどが民有林である。林種はナラ、クヌギなどの雑木広葉樹林とアカマツ林である。平地林は、台地上の平坦面にも分布するが、高位段丘と低位段丘とを画する段丘崖（地元では「ハケ」などと呼称される）に分布するケースも多い。1960年林業センサスによれば、農家数617戸のうち林野を保有する農林家は405戸（65％）であった。保有規模は1ha未満が66％、1～3haが29％、3～10haは2％でほとんどが零細保有であった。当地区の平地林でも、かつては薪販売などの林業的利用もあったが、1970年林業センサスでは、林野保有規模1ha以上118戸のすべてが「林産物の販売なし」となっていた。

　第2次大戦以前は、養蚕が主体で、畑作としては夏作が陸稲と甘藷、冬作が麦が一般的な型だった。戦後になると養蚕が衰退し、代わって、畑作の一部にナス、スイカ、カボチャなどの果菜類が導入される。この頃には、平地林の落葉は単に堆肥材料としてだけではなく、果菜類や甘藷の育苗床（踏み込み温床）の醸熱材料としても大量に使われた。1960年代の中頃になると陸稲や麦が姿を消し、畑はほぼ野菜一色となる。野菜の種類は労力配分の関係もあり、手間のかかる果菜類から、比較的手間のかからないニンジン、ゴボウ、ダイコンなどの根菜類へと転換する[25]。これらの根菜類は、果菜類と比べれば少肥的な野菜であり育苗も必要としない、山掃きのシーズンである冬期間にも野菜作の仕事ができた、といった事情もあり、この時期に平地林の落葉利用は衰退する。また、この頃には、畑に施用する有機物として、水田地帯から購入した稲ワラや大規模畜産経営から排出される家畜の生糞尿など

が使われるようになった。

　現在では、川越市全体としては農家の兼業化が基調的動向となっているが、当地区では、以上のような農業展開と農協・地域出荷組合の組織的かつ積極的な販売努力のなかで、活気ある専業農業地域として発展してきた。1980年農業センサスでは専業農家42％、第１種兼業農家24％、第２種兼業農家33％であった。都市計画法による線引きでも、市街化区域に含まれる農地は81ha、林地は39haで、農林地のほとんどは市街化調整区域となっている。

3）平地林利用再建への取り組み

　1970年代中頃になると、それまでの主力野菜であったニンジンが作柄の面でも収益性の面でも頭打ちとなり、代わってホウレンソウなどの軟弱野菜が増え始める。ホウレンソウ、ダイコンの延べ作付け面積がそれぞれ200ha近くにまで増加し、主力野菜となっている。

　根菜類中心の頃は、ニンジン、ダイコンなどの年２作型、ゴボウのような年１作型の土地利用が一般的で、土地利用率も150％程度であった。ところが軟弱野菜が増加した現在では、ホウレンソウは年３～４作、ダイコンもかつての漬物用から青首系の生食用に転換し、栽培方法もトンネル利用が取り入れられるなど、周年栽培の方向が強まっている。そのため土地利用率は250％程度に高まった。また、このような作目変化は、従来の比較的安定した土地利用・輪作体系を崩し、新たな輪作体系を確立しきれぬままに連作傾向を強めた。

　当地区では1970年代中頃から、土づくりの取り組みが始められていた。当初の頃は、家畜糞尿を原料とした堆肥の大量施用といった方向が中心で、良質堆肥という認識は薄かった。しかし、上述のような土地利用の集約化とそれに伴う土壌状態の悪化のなかで、堆肥の質としては、平地林の落葉を原料としたものが最上だという認識が確立してゆく。

　福原地区では、平地林の山掃きは、これまでも途絶えることなく続いてきたが、とくに６～７年前からは先に述べたように「畑１反、山１反」を合い言葉に、平地林の利用率が高まり、林床は裸足でも歩けるほどになっている。

川越市では、堆肥づくりの機運を促進させるため、「農業担い手育成対策」として堆肥盤の建設に若干の助成措置をとっている。こうしたなかで、専業農家を中心に約200戸が100〜150m²の堆肥盤を持つに至っている。

以上のような最近の平地林の農業的利用の活性化のなかで浮上している問題点としては、労働力問題と利用できる平地林の確保の2点が指摘できる。前者については、もともと、土地利用率の高まり、とくに冬野菜の導入が、現在の土づくりの機運の間接的契機であっただけに、難しい問題を含んでいる。山掃きには草刈りと落葉集めの2つの行程がある。落葉集めの冬期実施はとりあえず動かしようがないが、その前作業である草刈りについては、現在、草の用途がないので、省略されることが多くなっている。

後者については、農家は、さまざまな伝を頼って利用できる平地林を探しているが、なかなか希望の面積が確保できない。なかには20〜30kmも遠くまで山掃きにいっている家もある。これらの問題点の一層の改善のためには、たとえば、落葉採取の機械化、未利用平地林の紹介、斡旋、多くの困難を伴う荒廃林の山掃除（1年目）への援助、などの方策が考えられるが、県川越農林事務所の担当者の間では、県としてこれらの方策を補助事業化することも検討されている。

さて、**第8表**のように川越市周辺の平地林は年々減少しつつある。所沢市と入間市には狭山丘陵が含まれるので、典型的な平地林という意味でそれを除くと、20年間で約3割の減少である。ここは都市化が激しく進行している地域であるが、例えば川越市の現在の林野率4.8％という水準は、都市的な緑地面積としてもかなり低いと言わざるを得ない。

そこで川越市では1977年に「川越市緑化推進要綱」を定め、公共用地の緑化推進とともに、まとまりのある平地林を「保存樹林」として保全することにした。現在までに指定をうけた保存樹林は、市街化区域28.5ha、市街化調整区域22.3ha、計50.8haである。また、埼玉県では1979年に「ふるさと埼玉の緑を守る条例」を定め、埼玉県らしい平地林、鎮守の森や屋敷林、並木道などを保全することにした。5ha以上の樹立地は「ふるさと緑の景観地」、

第8表　平地林面積の動向（埼玉県川越市農林事務所管内）

市町	1983年	1960年
川越市	532ha	705ha
所沢市	985	1,254
狭山市	577	704
入間市	816	909
富士見市	10	48
上福岡市	1	4
坂戸市	101	176
大井市	61	102
三芳市	276	390
鶴ヶ島町	148	255
計	3,507 (A)	4,549 (B)

B/A×100＝77.1％

第9表　平地林保全制度の指定状況（川越市福原地区）

区域別	全体面積	「保存樹林」指定面積	「緑の景観地」指定面積	指定割合
市街化区域	39.2ha	19.2ha	—ha	49.0％
市街化調整区域	252.3	17.6	46.7	25.5
計	291.6	36.8	46.7	28.7

　鎮守の森などは「ふるさとの森」、並木道は「ふるさとの並木道」と区分されて指定をうける。1983年度末段階で、「景観地」13ヵ所、202ha、「森」54ヵ所、75ha、「並木道」6ヵ所、川越市内では「景観地」3ヵ所、46ha、「森」1ヵ所0.2haである。福原地区の指定状況は第9表のとおりで、地区内市街化区域の樹林地の5割、調整区域の樹林地の2.5割、全体で3割の樹林地が、何れかの制度の指定を受けている。

　これらの保全制度は、指定による開発転用の抑制、山掃きなど地域清掃の義務づけ等と、その代償の意味での固定資産税等を一応の目安とした額の補助を内容としている。補助額は、市の場合、市街化区域1㎡当たり10円、調整区域1㎡当たり1円、県の場合は、固定資産税と都市計画税相当額、1㎡当たり6円、交付対象者1人につき2000円の合計額となっている。

　川越市のような都市化地域で平地林が減少してゆく大きな原因は、転用規

制の緩さと税負担の重さである。前者については、現行法制だけでは、市街化調整区域でも資材置場や駐車場などへのスプロール的転用を抑えきれないという状況があるので、これらの制度は平地林保全策として有効であろう。後者の税負担については、固定資産税とともに相続税の問題がある。固定資産税は土地に対するいわば経常的な課税であり、農家側もそれなりの計画的な対応が可能だが、相続税は突発的な性格が強く、事前の準備がととのっていない場合が多い。しかも、都市化地域の場合には税額はきわめて高く、やむを得ず平地林を売却するというケースが少なくない。したがって、平地林の保全のためには、相続税上についても、農地にみられる諸軽減措置に類するような対策が必要となろう。

だが、川越市など武蔵台地に残る平地林地域を歩いてみて気付くことは、林床管理がよい、すなわち農業的利用が続いている地域では、平地林の荒廃やスプロール的乱開発はあまり見られないという傾向である。「景観地」や「保存樹林」の制度は、平地林の減少に歯止めをかける有力な方策ではあるが、平地林の利用を積極的に促進させるものではない。たとえば、都市的緑地利用だけを考えるとするならば、「景観地」等の制度にも林床管理経費の問題を組み込まざるを得なくなるだろう。しかし、こうした方向だけでは、平地林所有者すなわち農家に、平地林を平地林として所有し続ける内的契機を育てない。したがって、「景観地」等の制度は、福原地区にみられるように、平地林の農業的利用の促進策と一体のものとして運用されるのが望ましい。

(3) 神奈川県横浜市

1）事例の概要

横浜市は都市政策の先進地である。都市的な緑地空間としての平地林の利用や保全についても、1971年に「市民の森」制度を発足させ、これまでに、16ヵ所270haを指定し、市民の協力を得ながら公園的整備を進めてきた。さらに1981年には「緑の保全と創造に関するマスタープラン」を策定し、より総合的な緑政に取り組んでいる。

計画では、2000年までに「市民の森」の指定を391ha（あと121ha）に増やす予定になっている。しかし、制度発足の頃と比べると、指定のスピードに鈍りがみられる。また、この制度は10年契約なので、初期の指定地はすでに更新期に入っているが、更新に際してはトラブルが生じるケースもあった。

「市民の森」制度の現状における問題点としては、奨励金への課税、転用規制と相続税支払いとの矛盾、管理主体の不安定性、などが指摘できる。前二者については、税制のあり方の問題であり、ここでは多くは論じられないが、管理主体の問題については、都市農業の振興と結びつけた平地林の農業的利用の再建が検討される必要があろう。

2）「市民の森」制度の現状[26]

「市民の森」制度は、1971年に「緑の環境をつくり育てる条例」にもとづいて発足した。横浜市ではこの年に、農政と公園緑地行政を統一的に担う部局として「緑政局」（農政部、公園緑地部、緑地センターの2部1センター体制）を設置したが、この頃から、広域的で総合的な緑地行政が推進され始めたということであろう。その背景には、人口の急増、農地・山林面積の急減という事態があった。

「市民の森」の制度概要は次のようになっている。

目的は、民有緑地の保存と市民のいこいの場の提供にあり、おおむね5ha以上の樹林地とする。指定は、土地所有者と市長との使用契約の形をとり、契約期間は10年とする。ただし、登記は行わない。市は、その樹林地が市民のいこいの場となるように、散歩道、休憩所などの必要最小限の施設整備を行なう。草刈り、清掃などの「市民の森」の管理については、地元に「市民の森愛護会」を組織し、そこに依託して依託料を支払う（現行では1ha当たり14万5,000円程度）。契約期間中に、所有者移転や他の利用権設定等を行なう場合は、市長との事前協議を必要とする。「市民の森」指定（使用契約）の対価として、市は土地所有者に奨励金（固定資産税と都市計画税相当額ならびに「市民の森」使用による樹木や農作物の損害額を勘案して算定）を交付し、また、契約更新に際しては、更新時と更新5年目に継続一時金を交付

する。こうして指定された「市民の森」は16箇所になっている。

　以上のように、横浜市の「市民の森」制度は、先に紹介した埼玉県や川越市の平地林保全制度と比べると、都市的緑地利用という側面から、より踏み込んだ充実したものとなっている。たとえば、林地内の施設整備、管理費や継続一時金の交付などは、埼玉県等の制度にはみられない点である。

　「市民の森」制度発足の頃は、市街化区域内の樹林地の保全を主眼としていたが、その後調整区域の林地の減少も著しいので、調整区域での「市民の森」指定も進められてきた。現在は、市街化区域7ヵ所38ha、調整区域9ヵ所232haとなっている。また、実施要綱では樹林地の規模をおおむね5ha以上としていたが、市街化区域では小面積の樹林地も重要なので、市としては、5ha以下でも他の条件が整えば指定する方針で、現に、面積2.3haという「市民の森」も生まれている。

　横浜市では、このような「市民の森」制度のほかに、市街化区域内の小面積林地（10a以上）の保全のために「緑地保存地区」制度を設けている。これは固定資産税と都市計画税相当額を補助することによって転用規制をはかるというもので、埼玉県等の制度とほぼ類似している。

　1981年に策定された「緑の保全と創造に関するマスタープラン」では、横浜市における樹林地保全制度の柱を、上述のふたつの市独自制度と、その後制定された都市緑地保全法にもとづく「緑地保全地区」、首都圏近郊緑地保全法による「円海山近郊緑地特別保全地区」の4本とし、その将来計画を**第10表**のように定めている。なお、後者の国の制度には、必要な場合の土地

第10表　横浜市における緑地保全計画

制度	1980年	1985年	2000年
市民の森	262	318	391
緑地保存地区	352	452	900
緑地保全地区	—	80	811
円海山近郊緑地特別保全地区	100	100	100
計	614	950	2,202

資料：「よこはま21世紀プラン」

買取制度が含まれており、民有平地林の保全という方向とは若干のニュアンスの違いがある。また、国の制度では固定資産税等は50％、相続税は40％が免除されることになっている。

3）「市民の森」と平地林の農業的利用の再建

このように横浜市では、総合的で大規模な平地林保全計画を推進しつつあるのだが、計画の達成という点になると困難も少なくない。「市民の森」の指定スピードは鈍化しつつある。また、契約更新の際にトラブルが生じ、規模が縮小されるというケースもあった。

「市民の森」制度の実施のなかで生じた問題点としては、奨励金への所得課税、転用規制と相続支払い等との矛盾、管理主体の不安定性などがある。

第1点については、全国一律の措置ではないようだが、横浜税務署管内では、「市民の森」奨励金を雑所得とみなして所得税が課せられている。税務署サイドとしては、所有者にとって「市民の森」は生産的機能を持っていないので奨励金は雑所得とみなす、との見解のようだ。なお、同様の趣旨からか、いわゆる生産緑地（農地）の奨励金へは、今のところ課税されていない。また、国による平地林保全制度では、奨励金方式ではなく税の免税措置なのでこうした問題は生まれない。

第2の転用規制の問題については、「市民の森」の指定がここまで進展したこと自体、いわば平常時においては、制度と土地所有者の利害がよくマッチしていたことをしめしている。すなわち、固定資産税等の負担がなければ、とりあえず所有者側には平地林の転用売却への積極的な意思は薄いということである。このような所有者側の状況を転用売却の方向に転換させる契機としては、相続税の支払いと資産の管理運用（事業）の失敗などがある。相続税については、「市民の森」の使用契約を一種の地上権設定とみなして、軽減措置もとられているようだが、その額はわずかである。

都市化地域での地価高騰は、農林地の資産的価値を著しく高めるが、農家側の事情からすれば、億あるいは10億円単位で評価されるような資産を管理運用することは必ずしも容易なことではない。これに失敗して破産状態に陥

り、平地林が売却されるというケースもある。そうした事例の中には、安定した就業場面の喪失、生活費の異常な増大などが失敗の要因となっている場合も多く、したがって、勤労所得による生活安定、農業の振興は、この意味でも、平地林保全の重要対策のひとつとなる。

さて、「市民の森」制度における第3の問題は、管理主体の不安定性である。「市民の森」の管理はおおむね所有農家が中心となって進められているが、管理作業に農業利用的意味が付加されるという例はほとんどない。そのため、管理作業は交付される依託管理費との関係で実施されることになりやすい。また、地域農業の衰退は管理担当者の高齢化といった問題も生じさせる。したがってここでも、地域内の農業振興と、それと結びついた平地林の農業的利用の再建が求められているのである。

横浜市内にも、「市民の森」の指定は受けていないが、生業としての農業の振興、平地林の農業的利用、都市緑地としての平地林の保全が相乗的に達成されている長津田町D集落のような例もある。

D集落の概況を**第11表**に示した。ここは、「三保市民の森」に隣接する市街化調整区域で、山林（雑木林）は40haとかなり広くよく手入れされている。農業は露地野菜（根菜類）が主体で、農家の大半は農業を中心に暮らしをたてている。どの農家も平地林の落葉で堆肥づくりをしており、平地林は当地の野菜作にとって必須の存在となっている。また、こうした栽培様式が消費者側の関心をよび、最近では生協との産直も始められた。

2、3の農家事例を示せば次のようである。

専業農家A：耕地1.6ha（水田0.1、畑1.2、園地0.3ha）、山林0.6ha、作付作目（ニンジン0.5、ダイコン0.4、サトイモ0.4、カンショ0.2、バレイショ0.2、軟弱野菜0.2ha）、山掃除は毎年0.3haずつ実施、15年生くらいのクヌギは自家用シイタケ原木に利用、採取落葉の半分は育苗床に使い、残りはそのまま堆肥原料とする。

専業農家B：耕地1.6ha（水田0.2、畑1.2、園地0.2ha）、山林所有なし、作付作目（カンショ0.4、バレイショ0.3、ニンジン0.2、サトイモ0.2、ビニー

第11表　D集落の概要（横浜市長津田町、1980年）

総戸数23戸、内農家数18戸（専業6戸、Ⅰ兼8戸、Ⅱ兼4戸）		
耕地面積	23.2ha	（1戸当たり 1.29ha）
内水田	3.0	（1戸当たり 0.17ha）
畑	15.0	（1戸当たり 0.83ha）
園地	5.2	（1戸当たり 0.29ha）
山林面積	40.0	

資料：1980年農業センサス集落カード

ルハウス0.4haにキュウリ、トマト、ナス、ピーマンなど）、毎年他家の平地林0.5haの山掃除をして、落葉は育苗床に使い、その後堆肥とする。

　兼業農家C：耕地1.3ha（水田0.1、畑1.1、園地0.1ha）、山林0.1ha、兼業は当主が造園土木等へ年120日程就労、作付作目（カンショ0.5、バレイショ0.3、ダイコン0.2、ニンジン0.1、サトイモ0.1ha）、毎年自家の山0.1haと他家野山0.1haの山掃除をして、落葉は育苗床と堆肥に利用。

　D集落の農家を訪問して強く感じることは、落ち着いた暮らし方をしているという点である。この落ち着きの基礎は、資産の価値の高い農林地の所有と若干の資産運用があることは確かだろうが、他地域の例にみるように、その条件は暮らしに落ち着きをもたらすとは限らない。むしろ、平地林の農業的利用など地域資源の活用の方向を基礎としたこの地域の農業のあり方が、資産的意味での土地所有を、暮らしの落ち着きとゆとりの条件として機能させていると考えるべきであろう。この集落の平地林は、こうした中で、多面的役割を果たしながら、見事に保全されている。「市民の森」制度などの今後のあり方を考えるうえで、示唆に富む事例である。

6. むすび

　以上、関東地方における平地林の利用再建の可能性について、畑作地力増進システムの確立と都市的緑地利用の再結合という視点から、検討してきたが、最後にこうした方向の促進方策を列記してむすびとする。

① 平地林の農業的利用機運の醸成

近年、連作障害等との関係で、畑作における土づくりの意義が強調されてきた。しかし、そこでは平地林利用の促進は、あまり言われてこなかった。そのため、たとえば落葉堆肥の効用についての最近の試験研究なども、かなり手薄な状況となっている。今後は、こうした点を改め、土づくり運動等のなかにも、平地林の利用問題を積極的に位置付けてゆく必要があろう。

② 平地林の農業的利用の促進策の実施

豊里町や川越市の事例にみられたような、利用促進策、すなわち、未利用林地の紹介・斡旋、夏草対策、落葉掃きの機械化、堆肥盤の設置、堆肥製造・散布の機械化、などの方策は他地域でも状況に即して実施すべきであろう。

③ 平地林の都市緑地的利用の促進と市民理解の育成

平地林を重要な都市緑地として位置付け、積極的利用政策を展開してきた横浜市の経験は貴重である。今後はさらに、平地林は単なる緑地ではなく、林業的、農業的利用のもとで育成・管理されてきたものだということを、名実合わせて市民の前に示してゆく取り組みが期待される。

④ 税制対策

都市化地域においては、固定資産税や相続税の負担が平地林の減少をもたらす大きな原因となっている。関東地方平地林地域の場合は、全体として森林率は低く、環境保全の面からも開発は極力抑えられるべき状態にある。都市化地域は、とくに林地の保全は重要である。したがって、税制面も開発抑制の方向への転換が望まれる。

⑤ 新たな林業的利用の模索

この調査では、平地林の林業的利用再建についての明示的事例を拾うことは出来なかった。それは、林業的利用再建が大変難しい課題だということの故でもあろう。したがって都市化地域などでは、都市的な利用により即した樹種への転換なども検討課題となろう。

注

1) 林野庁『平地林施業推進調査報告書』(総括編) 1984年。
2) 茨城、千葉両県の平地林面積については、標高300m以下という定義のために過大に計測されている。たとえば茨城県では標高150m以下という基準で独自調査を実施しているが、それによれば平地林地域は69市町村、371,455ha、地域内林野面積58,280ha(内民有林 55,633ha)となっている。しかし、こうした点を考慮しても東関東に平地林の分布が多いという傾向に変りはない。(社)日本林業技術協会『平地林保全利用計画調査』茨城県、1984年。
3) 関東農政局「関東地方における平地林の実態とその利用」(『昭和42年度関東農業情勢報告』第3部) 1978年。
4) 茨城県林政課『昭和53年度平地林保全利用調査報告書』1978年。
5) 国土地理院『日本国勢地図帳』同院刊、1977年。
6) 菊地利夫『新田開発(改定増補版)』古今書院、1976年。犬井正「武蔵野台地北部における平地林の利用形態」『地理学評論』55巻8号、1982年。
7) 赤羽武『山村経済の解体と再編』日本林業調査会、1970年。
8) 丹治健蔵『関東河川水運史の研究』法政大学出版局、1984年。原高則「明治末期における利根川の舟運」『歴史地理学』No.127、1984年。
9) 関東東山農試経営部では、農林省統計部が1950年に実施した「林野の利用状況調査」を分析して、関東平坦地域の場合は、畑作率の高い市町村で林野率が高いこと、林野の利用形態については、東北地方の採草利用型に対して関東は落葉利用型、関東内部でみれば、水田地帯が採草利用型で畑作地帯は落葉利用型といった全般的特徴を指摘している。こうした特徴の背景には、牛馬の飼養が、東北・水田地帯において優勢であった、という事情も影響していると思われる。
10) 山本良三「圃面の風害防止について(第1報)」日本作物学会記事、18-2、3、4、1948年。
11) 川田信一郎『作物災害論』1953年、養賢堂、p.66。
12) 田宮兵衛・大山秀樹「小集落に夜間発生するヒートアイランドの実態と成因について」『地理学評論』54巻1号、1981年。
13) このように、いわゆる燃料革命と平地林(里山)の利用崩壊を直結させる見解にたいして、村尾行一氏から強い異論が提出されている。すなわち、村尾氏は、雑木広葉樹については、薪炭需要をこえるパルプ原料やキノコ原木需要が1950年代末頃にはすでに成立しており、したがって里山の利用崩壊は需要の消滅によるものではないとする。村尾氏の主張の後半部分については「需要の消滅だけによるものではない」と補正して筆者らも同意するところだが、前半部分は本章の対象である関東地方の平地林(そこでは小規模な自給的林野利用が中心となっていた)に関しては必ずしも十分に該当しないのではな

いかと考える。村尾行一「『里山問題』の所在とその打開方向」『農村計画学会誌』1巻2号、1982年。
14) 土嶺彰「農家の林野利用をふりかえる」『東京教育大学農学部成田分室報告』7、1974年。
15) 前出注1）p.53。
16) 前出注4）p.9。
17) 戦後開拓史編纂委員会『戦後開拓史』全国開拓農協連合会、1967年。
18) 石川武男「開田の『岩手大学工法』について」『日本の農業』50、1967年。
19) 茨城県を中心とする地域のマツ平地林に関する藤井英二郎氏の最近の調査によれば、水田率の高い地域の平地林はほとんど利用されていないが、畑地率の高い地域（野菜地帯）では育苗用の床土原料として落葉採取がされていた。藤井英二郎「マツ平地林の緑地的評価の地域特性に関する研究」『千葉大学園芸部学術報告』29、1981年。
20) 森田美比『茨城作物手帖』第一法規、1982年、pp.178〜184。塩入松三郎「茨城県鯉淵村出兵沢開墾地土壌の研究」1943年、農地開発研究会研究資料号外（『土壌学研究』1952年、朝倉書店、所収）。
21) 中島紀一「畑作振興方策について」全国農業構造改善協会編『茨城県大穂町における地区再編農業構造改善事業について』所収、1984年。
22) 桜井種生「アカマツ平地林の管理・利用形態と植生管理に関する基礎的研究」1983年度筑波大学農林学類卒業研究論文（未発表）。
23) 「山林の下草刈り、一石二鳥の効果」豊里町役場発行「広報とよさと」1984年2月号。
24) 地力維持の視点から水田と畑を比較すると、水田は地力消耗が少ないだけでなく耕地への再投入が可能な有機物生産量は多く、逆に、畑は地力消耗が激しく、かつ有機物生産量も少ないという特徴が指摘できる。林健一氏の調査によれば経営耕地に占める水田の比率が3割以上あれば、水田から畑への有機物供給によって、経営耕地内での有機物自給が可能だが、3割以下の場合には平地林など経営耕地外からの有機物補給が必要だとされる。これは、1950年代の調査であり、その後、水田の乾田化、コンバインの普及、畑作の野菜作化、化学肥料の多肥化など状況に大きな変化があった。そのため、今日では、水田率の数値など適用できない点もあるが、基本的傾向としては参考になる。林健一『農地林に関する調査』神奈川県、1957年。
25) 吉沢藤三「農業生産にたずさわる組合員の立場からみた農協」『総合農学』27巻3号、1980年。
26) 都市化地域における平地林の保全という視点から、「市民の森」制度を検討した文献としては、たとえば次のようなものがある。
市川俊行「東京近郊における里山（平地林）の土地利用の方向」『昭和57年

度里山の地域における土地利用の方向および調整の検討調査報告書』国土庁土地局・(社) 地域社会計画センター、1983年。檜山義「神奈川県における実態」前掲注1) pp.97〜103。吉沢四郎「地域社会と平地林の保全」前掲注1) pp.150〜172。熊崎実「都市域における平地林の保全問題」前掲注1) pp.184〜205。

第6節　山村における農業的林野利用―岐阜県白川町黒川の事例―

1．はじめに

　今回訪れた白川町は、岐阜県の東濃地方に位置する山間の村である。町の面積の9割にあたる、約21,000haを森林が占めている。その山々からの水を集める白川は、町内で飛騨川と合流しやがて伊勢湾に注ぐ。大都市名古屋圏の水源地域でもある。お茶の栽培が盛んで、ブランド「白川茶」は全国的にも有名。また近隣の加子母村や八百津町などと並んで、優良建築材「東濃桧」の産地としても知られる。

　昨年の冷夏に続いてこの冬は暖冬と、このところ毎年のように異常気象であるが、福岡町から切越峠を越えて白川入りした私たちにとって、雪の少ないのは幸いであった。民家の庭に迷い込んでしまいそうな細い曲がりくねった道の両側には、きれいに管理された棚田や畑が広がる。山付けに築かれた炭窯から、白い煙が立ち上る。まさに、日本的山村の典型を見るような思いであった。周囲の山には落葉樹も多く、いわゆる里山的二次林の様相を呈し、またよく手入れのされたヒノキの人工林も見受けられ、林業地としての顔をのぞかせる。私の住む信州木曽谷の、時には攻撃的でさえある急峻な山に比べると、東濃の山々はなだらかで、先刻の山村の風景と相まって、どこか友好的な雰囲気を醸しだしていた。

　古くから山林は人間の暮らしには欠かせない存在であり、山村に住む人々は、日々の糧を、また生活や生産に必要な物資を、時には現金収入を山から得て暮らしてきた。中でも、有史以来稲作を続けてきたこの国の農山村にとって、山林はその肥料の供給源として永い間稲作を支えてきた大切な存在であった。

　白川町の黒川は、白川の支流赤川の、そのまた支流黒川に沿って点々と続く集落である。東濃の山の懐深くに抱かれた山里で、人々は長い歴史を山と

共に生きてきた。農業や暮らしのスタイルが変化した現在でも、昔ながらのやり方を続けている人たちがいる。ここで私たちは、そうした人の話を聞くことで、日本の山村における山林利用のひとつの形態とその変遷の過程を明らかにしようと試みた。尚、調査は2004年2月20～21日におこなわれた。

2．聞き書き

(1)　古田行雄さんの話

　古田行雄さんは、1923年（大正12年）生まれ。81歳になる今日もバリバリの現役で、地域の炭焼きの先生として、日々山仕事に忙しい。私たちが訪ねた時も、ちょうどひと仕事終えて山から戻り、自宅の車庫で年季の入ったチェンソーを整備しているところだった。

　この世代の方々は、太平洋戦争のまっただ中で青春時代を送った。古田さんも日本軍兵士として出征し、満州（現在の中国東北部）で終戦を迎えた。当時の混乱の中で古田さんの所属する部隊は、隊長の機転でシベリア抑留の危機を逃れて山中に逃亡し、仲間の団結と地元民の厚意に支えられた1年間におよぶ逃避生活の末、終戦の翌年に無事復員したという。お茶を飲みながらの冒頭のこの話はかなりの迫力で、もっと詳しく伺いたい誘惑に駆られたが、本題に移るべくまたの機会に譲ることにした。

　復員した古田さんが、まずはじめに手がけたのは炭焼きだった。当時は主に都市部での炊事や暖房用燃料として、木炭の需要は高かった。現金収入を得るために、村中の山で炭焼きが盛んにおこなわれていたという。

　「炭焼きはまず、カマ（炭窯）を築くことから始まる」と言いたいところだが、その前に、肝心の山を手に入れなければならない。何年も続けて炭を焼けるほどの広い山を持っているわけではないので、仕事をするのは専ら他人の山であった。炭の原木に適した広葉樹（カナギ）の若い林を選んで、山持ちに話をつける。山（土地）ごと買うのではなく、そこに生えている木（立木）をひと山幾らで買うのである。こうして山持ちから購入した立木の代金

は炭1俵当たりに換算して10円くらいだった。出来上がった炭の値段は品質によって差があり、その辺が腕の見せどころだが、概ね1俵30円くらいにはなったという。

　山を買ったら今度は炭窯の場所を選ぶ。原木の集積や炭の搬出に有利なことはもちろん、材料になる粘土や石がなければならない。また水の便が良くしかも乾燥した、その他にも地形や風向きなど、炭窯に適した場所には様々な条件がある。今では軽トラックがあり、代替え材も簡単に購入できるからこれらの制約は薄れてきているが、場所を選ぶのも炭焼きの重要な作業のひとつだった。

　さて、山と炭窯の場所が決まったらいよいよカマ築きである。この仕事だけは労力的な問題から自分一人ではできず、もう1人カマ築き専門の職人を頼んだという。カマの大きさはだいたい出炭量30俵くらいが標準で、カマ築きには「1俵1工」の労力がかかった。ひとつの炭窯が完成するのに、2人がかりで2週間を要したことになる。かなりの大仕事だ。日本の伝統的な製炭技術は世界的に見ても最高水準であり、炭窯の構造、作り方ひとつをとっても非常に熟練した技術を要するものである。経験と勘の世界だ。

　出来上がった炭は俵に詰め、毎日4俵ずつ背負って里に下りたという。炭の1俵は15kgだから、かなりの重量である。炭の俵はカヤを使って編み、これは主に女性の仕事であった。火入れから出炭までの間に、温度や煙の状態を確かめながら、原木を伐採し運び、夕方炭俵を背負って家に帰る。炭窯は一旦冷ましてしまうと、次回温度が上がるまでに時間がかかり、また製品の質も落ちる。カマを冷まさないように、出炭したらすぐに次の原木を詰める、これが効率の良い方法だった。また、カマがまだ新しいうちはその微妙な性格が分からないため、特に気をつかう。時には夜になってから様子を見に山へ登ることもあったという。

　こうして次から次へと炭を焼き、ひと山終わるとまた次の山へと移っていった。古田さんが炭焼きを本業としていたのは15年くらいだったという。ちょうどその頃、正確に言えば1957年（昭和32年）をピークとして、木炭の需

要量は急激に減少を始める。ガスや石油燃料が一般家庭に普及し始めたからである。炭焼きは、それほど魅力ある仕事ではなくなった。またこの頃は、「東濃桧」を売り物にするこの地域の林業が頭角を現した時期でもある。山持ちは炭焼きの伐採跡地にヒノキを植林するようになった。新たな現金収入の途へと切り替えたのである。

古田さんの場合は毎日家から通う、いわば「通い炭焼き」だったようだが、それでも炭焼きに適した山は比較的奥山にあったという。集落近くの里山には、炭の原木になるような木がなかった。なぜなら、そこは水田に施す肥料「刈干し」の供給源としての草刈り場「草場」だったからである。

黒川はもとより、この周辺の地域では「刈干し（カリボシ）」と呼ばれる独特の技術があった。刈干しの語源は山の下草を「刈って干す」ことからきている。このための採草地が「草場」である。草場とする山は、例えば炭を焼く山などとは区別されていて、炭焼きが伐採した後何年か下草を刈るということはなかったという。概ね集落や耕地に近く、そこでは長年刈り取りが続けられていた。そのため、里山には木がなかったのである。草場はかなり排他性の強い私有地で、また特に自分の家や耕地に近い場所にあるわけではなく、さらに狭い面積で数ヶ所に分散してあったという。

古田家では4町歩の山林を6ヶ所に分けて所有しており、現在はヒノキやカナギの林になっているが、かつてはそのうちの2ヶ所1町歩が草場だった。刈干し刈りはお盆を過ぎてからおこなわれ、刈った草は現地でニオ束にして干された。ニオ束とは、刈った草を束にして立木や杭の周りに立て掛けて結びつけることを言い、こうすることでまんべんなく日光に当て効率よく乾燥させることができる。

刈干しに用いられる下草は草とは言え、専ら実生や萌芽で生えたカナギの幼樹か笹であり、またこれらが好まれた。いわゆる「お爺さんは山へ柴刈りに…」の柴である。これらの柴の生長を待って3年に1度刈り取りがおこなわれ、持ち山の草場を3年の周期で順番に利用していた。刈り取りは手鎌でおこない、1人1日当たり100束、面積にして3〜5畝を刈るのが1人前の

仕事だったという。

　古田家では、現在は半分ほどに減ったが、当時は3反5畝の水田を所有していた。秋のあいだ山で乾燥させた刈干しは、晩秋に担いで田んぼに下ろし、押し切りで刻んで積み上げた。熱心な農家では、発酵を促すために切り返しもおこなっていたという。そして春、田起こしの前に田んぼに撒いた。施肥量の目安は、1反歩当たり刈干しに換算して300束ほどだったという。

　刈干しは、あくまでも田んぼに施す有機物であり、草場は水田専用の採草地だったという。では、畑の肥料はどうしていたのかと言うと、それは「木草（コグサ）」である。山の柴を木草と呼ぶ地方もあるが、ここ黒川では木草とは水田や畑の畦草（アゼクサ）のことを指すようだ。春から夏にかけて旺盛に繁茂し何度も刈り取られたこの青草は、窒素分が多いので畑に施されたという。

　日本の農山村における伝統的な採草地としては、このような田畑への有機物の供給源としての他に、茅葺き屋根を葺く材料のカヤを育てる茅場がよく知られている。しかし黒川には、そうした茅場は存在しなかったようだ。黒川には茅葺き屋根というものがない。もっとも現在は瓦やトタンが主流だから茅葺き屋根を見かけないのは当然なのだが、昔からなかったのだという。屋根は、クリの千枚板で葺いていた。

　薄く割った幅20cm、長さ50cmほどの短冊状のクリの板を重ね合わせ、その上に垂木をのせ石で押さえつける。クリは丈夫で腐りにくく、日本建築では土台材として重用される。また割りやすく、千枚板としての加工が容易であったようだ。集落には千枚板を専門に作る人がいた。また葺き替えは、今年はどの家、来年はどの家と順番が決められ、住民総出でおこなわれたという。板葺きの屋根は、現在では茅葺き以上に殆ど目にすることがないが、安価で比較的簡単な庶民の建築技術として各地で広く用いられ、クリの他にもサワラやスギを使う地方もあった。

　以上の他に山林の主な利用としては、やはり薪が挙げられる。薪には主にカナギを用い、春先に伐採して長さ1mほどに造材し、現地で積み上げて乾

燥させた。そして秋になって充分乾いた頃、背負って家まで運んだという。囲炉裏、竈、風呂などその用途は広い。風呂や竈は当然、年中火のある場所である。また囲炉裏も、暖房としての役割だけではなく、そこは一家の食卓の中心であり、自在鉤に掛けられた鍋の中では汁や雑炊がぐつぐつと煮えていた。これらに使われる薪は、つまり通年消費される燃料であり、薪は刈干しなどと同様に、いやそれ以上に日々の暮らしに欠かせない大切な生活資材だった。

このように、山林は採草地や薪炭林としての利用が中心だったことが分かる。これらは基本的に所有者の独占利用だったが、その他のいわゆる山の幸については、制限は緩やかだったようだ。高価な松茸は例外だが、木の実や山菜・雑茸は誰でも自由に採っていいものだと古田さんは話す。宅地や農地と違って、私有地でありながら公共性も兼ね備える寛容さを、山は持っているのである。

(2)　藤井甲三さん　キヌさんの話

藤井甲三さんは、1924年（大正13年）生まれ。集落きっての篤農家として知られる。藤井さんは、先ほどの古田さんの話で紹介した伝統技術「刈干し」を今も続けている数少ない農家と聞き、その詳しい内容を伺うために訪問した。お茶を運んできた奥さんのキヌさんは1925年（大正14年）生まれ。こちらも、いかにも働き者という雰囲気の元気のいいおばあちゃんであった。

藤井家では、6反歩の水田と2反歩の畑を所有している。また草場となる山は、現在は植林して減少しているが、以前は3町歩あったという。これは5ヶ所に分かれており、内訳は1町歩1ヶ所、5反歩4ヶ所であった。刈り取りの周期は、こちらもやはり3年に1度だったという。

刈干し刈りは9月3日からおこなわれ、彼岸過ぎまでに約2000束を刈ったという。これが終わると早稲の稲刈りが始まり、刈干し刈りは忙しい農作業の合間に短期集中で臨む大仕事だったようだ。

刈り取りには手鎌を用いた。これは、近年刈払機という便利な機械が現れ

てからも変わらなかったという。なぜなら、刈干し刈りは稲刈りと同じで、きれいに束ねて干すのが仕事である。刈払機で刈ると草はバラバラに飛び散り、後でまとめようなど、とても手に負えるものではなくなってしまう。稲刈りに刈払機が使われないように、刈干し刈りもまた、ひと掴みずつ手で掴んでは大切な収穫物を根元から鎌で刈り取ったのである。しかし前項でも紹介したように、刈干しは草ではなく柴である。3年の間に繁茂したこれらは、太いものは小指ほどの太さに生長している。稲刈りのようにサクサク刈るという訳にはいかなかったに違いない。当然、鎌の切れ味が仕事の能率を左右する一番のポイントであることは言うまでもなく、砥石を腰にぶら下げて、日に何度も刃を研いだという。

秋とはいえ、9月はまだまだ残暑厳しい季節である。刈干し刈りは相当の重労働だったであろう。だが話を聞いていると大変なことばかりではなく、時には仕事を放り出して茸採りに熱中することもあったりと、山は忙しい農作業の息抜きの場でもあったようだ。「この人はじきに茸採りに行くもんでなも」とキヌさんに冷やかされて、苦笑いする甲三さんであった。

刈った柴は稲ワラで束ね、やはりこちらもニオ束にして干した。草場には、刈り残したアカマツやカナギが点々と生えている。これは薪の原料として、また特にアカマツは茸を生やすための宿主として、意図的に残すようにしていたという。刈干しはこれらの周りに4束ずつまとめて、冬までのあいだ乾燥させた。

藤井家では、燃料となる薪を採る山としても草場を利用していたようである。刈干し刈りの際に、下草の繁茂を妨げない程度で意図的にアカマツやカナギを残し、大きく育ってから伐採し薪にした。太いものは山で積んで一定期間乾燥させ、また枝などの細いものも無駄にせず炭に焼いたという。

もっともこれは、古田さんのようにカマを築いて焼く本格的な焼き方ではない。枝を集めてその場で火をたき、真っ赤なオキになったところで水を掛け、足で踏んで消す「踏み消やし（フミキヤシ）」という方法であった。火が消えたらカマスに詰めて背負って来るのだが、消火が十分でないと、途中

で背中から火が出て「カチカチ山」状態になることもあったという。またしばらくの間は用心のため、家屋の近くには置かなかった。こうして集めたフミキヤシ炭は、掘炬燵に入れられ、寒い冬に茶の間を暖めた。

　冬になり山から下ろしてきた刈干しは、20〜30cmの長さに押切で刻み、「馬に踏ませ」た。藤井家では農耕用に馬を飼育していたので、馬小屋に敷いて馬に踏ませ、十分に糞尿と混ぜて栄養満点になったところで、小屋から出して積み上げた。

　春になると農作業が本格的に始まる。糞尿と混ぜて発酵させた刈干しは、だいたい5月15日頃から田に撒いた。「地面が見えなくなるぐらい」だったというからかなりの量である。それから田起こし、代掻きをして、6月5日頃から早稲の田植えが始まる。

　田植えがすむとまた、山での草刈りが待っている。この時期におこなうのは刈干しとは呼ばず、山で干すことはしなかったようだ。だいたい半日、3人で100束くらい刈るのが日課だったという。刈った草はその日のうちに背負って山を下り、これもまた押切で刻んで馬に踏ませた。刈干しが水田に施す厩肥なのに対して、藤井家ではこの夏草を主に畑へ入れていたという。「畑へは木草を入れていたんではないですか」と聞くと、「そりゃ、馬がみんな食ってまうもんで」とのことであった。柔らかい畦草は馬の餌としては最高で、冬場は稲や麦のワラを食べて我慢している馬も、この時ばかりはご馳走にありついた。篤農家の藤井さんとしては畑へ入れたいのは山々であったが、馬はよく働くかわりにまたよく食べ、とてもそんな余裕はなかったという。

　また藤井さんの口からは、水田と草場の関係について興味深い話が聞かれた。水田と草場は、個別に「この田の草場はここ、あの田の草場はあそこ」と明確に決められていたのだという。これは農作業上の慣習というよりも土地の権利に関わる問題のようで、毎年の刈干しはこの区分けとは関係なくおこなわれていたが、いざ土地の売買になるとこれらはセットで売り買いされていた。水田だけの、或いは草場だけの譲渡や売買はなかったという。この点については前項の古田さんは「覚えがない」と否定していたが、人によっ

て記憶に差があるものの、こうした区分けが存在していたことは確かなようである。

　伝統技術「刈干し」や草場の利用は、現在では古い話になってしまっている。集落で唯一刈干しを続けてきた藤井家でも、「去年は生まれてこの方、初めて刈干しをしなかった」そうで、刈干しは事実上、黒川から姿を消したことになる。1960年代、農業生産の近代化が叫ばれる中で便利な化学肥料が普及し、有機物の供給源としての草場の役割は影をひそめ、刈干しをする農家は次第に少なくなっていった。前項で述べた炭焼き山と同様、そこではヒノキが植林されるようになり、禿げ山だった草場は、緑豊かなヒノキの森へと変貌していったのである。

　だが刈干しはやめたものの、藤井さんは今も可能な範囲で山の利用を続けている。私たちが訪問した時も、植菌を済ませ、伏せこみを待つナメコのホダ木が庭先に並んでいた。また軒先には、余ったものと思われるサクラが細い枝まで薪にされ、きれいに積まれていた。山の暮らしはまだまだ健在と思わせる光景であった。

(3)　西尾勝治さんの話

　西尾勝治さんは、1945年（昭和20年）生まれ。終戦の年に生まれた、いわゆる「戦争を知らない」世代である。学園紛争の時代に東京で学生生活を送った西尾さんは、名古屋で高等学校の教師を務めた後、地元にUターンした。Uターン後は近所の木工会社で働いていたが、3人の子供の自立を機に早期退職。現在は農業の傍ら所有する山林の手入れをしたりと、半農半林の悠々自適の生活を送っている。

　黒川で生まれ育ち、地元の「先輩」たちにも顔が広い。また近年増加している「新規移住者」とも交流があり、町内外に人脈が広い。こうした人脈をいかして、名古屋の消費者グループと提携した大豆生産「大豆畑トラスト」を主宰するなど、黒川のいわば窓口的存在である。私たちも今回の調査にあたっては、調査の手配から食事・宿泊に至るまで、すっかりお世話になって

しまった。

　西尾さんのお宅は黒川の中心部にある。伝統的な日本建築の玄関から廊下を抜けると一転、私たちの通されたのはログハウス調の広い居間であった。部屋の片隅の薪ストーブではちろちろと火が燃えている。この居間は去年改装したもので、壁板は外材だが、天井には板から垂木まですべて西尾さんの山のヒノキが使われている。重厚な感じのする引き戸は、これまた200年生のアカマツで作られ、存在感のあるツヤを放っていた。

　引き戸のアカマツは別格として、天井に使われたヒノキは、森林組合が間伐した後に残った、いわば市場価値のない「捨てる木」を出してきて製材し利用したものだという。確かに節は多いが、ヒノキの節は赤味が強くツヤがあって綺麗で、少しも嫌な感じはしない。ストーブの薪はすべて自分の山からのもので、樹種には特にこだわらない。ヒノキやアカマツなど針葉樹の間伐材から、椎茸のホダ木の余ったナラなど様々だ。ストーブも今流行のおしゃれで高級感のあるタイプではなく、シンプルで実用的な黒い鋳物である。

　山の手入れをする人がいなくなり山林の荒廃が問題にされている時代に、西尾さんはそれを逆手にとって、現在の生活に見合った山の利用を模索している。「悠々自適」という表現には語弊があったかもしれないが、このように自分で工夫し利用することで、あまりお金をかけずに暮らしを豊かにしていけるのは、山村に生きる人たちの強みかもしれない。

　さらに、「西尾家の居間」の床下には、一面に炭が敷きつめてあると聞いた。炭の用途や効能は、現在様々な面から注目されている。湿度調節のために床下に炭を入れる例は最近よく耳にするが、西尾さんはその他にも気持ちをリラックスさせる作用もあると言う。「うちに来る客は、みんなここ（居間）が居心地がいいって言うよ」とその効果はてきめんのようだ。実はこの炭も、西尾さんが自分で焼いたものなのである。西尾さんは現在、前項の「炭焼きの先生」古田さんに協力してもらい、炭窯を築いて炭焼きに取り組んでいる。居心地のいい居間をあとにして、ご自慢の炭窯を案内していただいた。

　西尾さんの炭窯は、集落を見下ろす小高い休耕地にある。すぐ後ろは山で、

日当たりが良く眺めもいい、この付近の「一等地」である。廃材や間伐材を利用した小屋は、技術のある地元の仲間と建てたもので、炭窯から小屋まですべて手作りである。古畳を敷いた「宴会場」も完備している。次回は竹炭を焼く予定とのことで、窯の横には二窯分の竹が積まれ、窯詰めを待っていた。竹炭は黒炭の焼き方で白炭に近い硬質の炭が得られ、炭としての利用だけでなくその形状や光沢からインテリアとしても喜ばれる。中空でかさばるため出炭量を考えれば効率は悪くなるが、軽くて割りやすく、通常の原木よりも扱いは容易である。従来の用途にこだわらない、これも今日ならではのアイデアである。

　西尾家は黒川の平均的な農林家で、古田さんや藤井さんと同じように以前は刈干しをおこなっていたようである。戦後世代の西尾さんも、子供の頃にその経験があるという。藤井家では馬だったが、西尾家では牛を飼育していて、同じようにやはり牛に踏ませて堆肥にしていた。刈干しをしなくなって久しいが、かつての草場の現状を知るために山を案内していただいた。

　家から車で10分ほどのところにあるその山は、集落からも耕地からも近く、田付山としての条件はきわめて良いように思われた。昔はこの付近一帯が草場だったそうだが、現在は西尾さんの山も含めて主にヒノキの植林地となっている。

　林内には点々と、境界を示す積み石がある。漬け物石をひとまわり大きくしたほどの石を二つ重ねただけの簡単なもので、昔はこの石を積みかえて境界をずらしてしまうトラブルもあったそうだ。だいたいこの辺りは石のよく出る土地のようで、周りには同じような苔むした石がゴロゴロしていて、素人にはちょっと分かりにくい。近頃は山に入る人も少なくなり、この境界も曖昧になりつつあるという。特に尾根や沢を境としているわけではなく、ざっと見たところ一反歩未満と思われるような狭い面積で境界が入り組んでいる。黒川には1,000ha規模で山を持つ大山持ちが3軒あるが、それ以外は概ね小規模で、5ha未満の零細所有が90％を占めるという。それがさらに、このように細かく分かれていることから、草場というのはかなりの小面積分散

所有だったと思われる。

　一帯を見ると、植林されているヒノキは30～40年生ぐらいのものが多く、植えられたのは1960年代以降ということになり、前項の古田さんや藤井さんの話とも一致する。しかし極端な密植状態で林内は暗く、ヒノキの生長も悪くまた林床の植生も貧弱である。おそらく植林後下刈りをした以外は、除伐や間伐などの手入れは一切されていないのではないかと思われる。特に西尾さんの隣の山は、持ち主が転出して不在村となっていることから手入れ不足は著しく、このまま放置すれば台風や大雪・大雨などの際には自然災害につながる可能性もあり心配である。

　一方で西尾さんの山は、全く様子が違っている。この山は前述の居間の改装のための材料をとった山で、数年前に間伐がおこなわれている。林内は明るくヒノキの生長も良いなど、周辺の山との差は一目瞭然である。伐り捨てて腐りかけた材木や下草などがあって歩きにくいが、森林というものはこのくらいの方が健康な状態と言えるのではないか。また林内には井桁に組まれた椎茸のホダ木が並び、ヒノキの植林と椎茸栽培という森林の複合利用がなされている。適度に間伐されたヒノキ人工林の林床は、日照・湿度・温度などがちょうど良く、椎茸の栽培にもってこいのようだ。この、よく手入れのされた人工林が、積極的に山林の利用を続ける西尾さんの姿勢を象徴しているように思える。

　この他にも西尾さんは、地元の小学校に声をかけたり都会の人を呼んだりして、自分の山を解放したり地元の古老の経験話を聞く場をもうけるなど、多くの人に山と関わり山の大切さを再認識してもらうための取り組みを続けている。

　昔は、子供の進学や結婚など突発的に現金が必要になった時に、山の木を伐って売ることもあったという。山林は、通常の生活的利用の他に、そうした困った時の頼みの綱でもあったようである。だから西尾さんには、山のお陰で育ててもらえたという意識がある。そんな思いが、こうした取り組みを後押ししているのかもしれない。

3．黒川における山林利用の変遷

　ここでは3戸の聞き取り調査をふまえ、さらにいくつかの文献からそれらを裏付け、補完しながら、黒川における山林利用の変遷について、その経過を大まかにではあるが辿ってみたいと思う。

　まず、歴史的な話に入る前に、白川町の山林の現況について触れておかなければならない。特徴的なのは、大部分を私有林が占めていることだ。統計でみると、山林面積約21,000haのうち、約20,000haが私有林となっている。その割合は実に95％、これはもう殆ど全てと言ってもいい。県有や町有その他、何らかのかたちの共有林が2％、国有林に至っては、わずかに29ha（0.1％）しかない。

　参考までに他の地方の例を挙げてみよう。長野県の上伊那地方では、共有林34％、国有林36％。これも長野県であるが東濃と隣接する木曽地方では、私有林、共有林共に少なく、国有林が62％を占める。白川町と似た傾向にある千葉県では、私有林87％、共有林7％、国有林6％となっている。特徴的な3者を挙げてみたが、その中でも白川町は際立っていると言えるだろう。

　吉野や北山などの古くから続く育成林業地帯では、歴史的に山林の私有化が進んだ。東濃も現在は林業先進地であるが、しかしその歴史は新しく、戦後になってからである。日本の大部分の農山村では、「草場」などの採草地は概ねかつては入会地であり、現在も入会的な性格を残す共有林となっていることが多い。しかし今回の調査で、「共有林はないのですか」との問いには、皆「共有林ねぇ…」と首をかしげていた。その口ぶりからは、そもそも「共有林」という概念がないのではないかとも感じられた。これは一体どうしたことだろう。

　現在の土地所有は、明治時代初頭にその大枠が決められた。山林所有の形態が地域によって大きく異なっていることには、その時の各地域における地盤所有確定のプロセスと、それ以前つまり江戸時代からの、住民による山林の利用状況が関わっているものと思われる。

では、そんなことも頭に置きながら、本題に入っていこうと思う。
　江戸時代、山林には私的所有という概念はなく、それらは全て幕府もしくは各藩領主のものであった。住民には利用権のみが認められ、様々な制限によって自由度に差がつけられていた。
　現在の白川町黒川は、当時の苗木藩黒川村にあたる。白川町誌によれば、苗木藩では藩が直接管理する山林を「立山」、採草地や薪炭の採取地として住民に自由に利用させる山を「惣山」と呼んで区別していたようである。立山では伐採や採草は禁止されていたが、「苗木藩には山方役人があって立山の管理をしていたが、──中略──村責任で管理させたのが多い。村々では当番制の山廻り役をきめて、盗伐や山火事の監視に当らせた。現白川町内の苗木藩領の村々の立山は、ほとんどこの制度がとられていた。（白川町誌202ページ）」と、実質的な管理は村の責任に任されていたと考えられる。また惣山は、「これらは凡て村持であったから、村々で規約を定めて採草や薪の採取に紛争が起こらないようにしていた。（同202ページ）」と、村ごとの入会地であったことが分かる。
　古田さんや藤井さんが刈干しをしていた「草場」にあたるのが、この「惣山」ということになるだろう。刈干しは、この頃も一般的におこなわれていたようである。「刈草場はどの村でも共同持になっていたから、──中略──その年はじめて草山に鎌を入れる日取は、どの村でも決められていた──中略──草刈の口明けは大てい六月初旬に行われ、割当てられた草刈場で、一斉草刈が一週間近く行われ、それ以後は、各自めいめい必要に応じて草を刈った。夏草は堆肥にされて、多く畠に用いられた。秋の刈草は「刈りぼし」として、小木の幹などに結いつけて冬を越させ、翌年春田打起こしの前に田に入れた。しかし馬のいる農家では、秋刈りの草も馬に踏ませて、厩肥とすることが多かったので、冬中に順次馬屋に運び込んで踏ませた。（同302～303ページ）」入会地であるため現在とは利用方法が若干違うが、その内容は聞き書きの話とほぼ一致している。六月初旬から草刈が始まるというのも、入会という慣習がなくなった後も変わらずに続いたことになる。それ

第3章　地形や土壌の条件と土地利用の諸相　223

は稲作を中心として回る一年の周期の中で、田植えが終わって一段落つくこの時期が、一番都合が良かったからなのだろう。

　農民の生活に必要な薪炭の採取にもこの惣山があてられ、入会的な利用がされていたが、これとは別に現金収入を目的とした炭焼きもあったようである。「農閑期を利用した炭焼・杣・木挽などが小百姓にとっては大切な収入源であった。——中略——炭焼は黒川筋・蘇原筋・佐見筋などで多く焼かれたようで、——中略——これらお立山・惣山の雑木を買って炭に焼くかたちで行われた。(同296ページ)」地方によっては全村を挙げて炭焼きを主業とする村もあったが、ここではあくまでも主業は農業であり、炭焼きはその片手間におこなわれていたようである。

　惣山の利用は村ごとの規約によってその時期や手順が決められ、住民同士の争いが起こらないようにしていたが、他の村と隣接する場所ではその境界をめぐって村同士の争いが度々起こっていたようである。これらは「山論」と呼ばれ、様々な記録が残っている。1819年（文政2年）には、やはり惣山の境界争いを発端に、苗木藩と隣の尾張藩にまたがる、黒川村を含む計10ヶ村を巻き込んだ大規模な山論が起こった。この問題は苗尾両藩の手に負えず、江戸の寺社奉行へ持ち込まれ、1823年（文政6年）にようやく和解が成立している。

　その昔、貴族や武士の支配が確立する以前には、人々はどこの山にも自由に出入りして草を刈り、木を伐り、猟をしていたはずである。こうした山論が起こるようになったことには、その時代の社会体制が深く関わっていた。「年貢制度の確立と、自他の境界が確定されたからである。年貢は何をおいても完納しなければならなかったし、年貢米を確保するためには、肥料の木草が絶対に必要であった。——中略——江戸時代の山論の多くは、つまりは採草地をめぐっての争いであった。(切井郷土史別冊2ページ)」山の境界争いなど現在では些細なことのように思われるかもしれないが、米をつくりながらも自らは食うや食わずで年貢を納めていた当時の農民にとって、これは死活問題だったのである。

1868年、日本の支配権が幕府から朝廷へ移り、時代は江戸から明治へと変わる。この後の数年間、政府は近代国家としての新しい支配体制を構築するため、様々な改革をおこなう。本稿に関係するものとしては、1869年（明治2年）の版籍奉還、1873年（明治6年）の地租改正、1874年（明治7年）の土地官民有区分などが挙げられる。先にも述べたように、この時期に現在の土地所有の大枠が決められたのである。

　苗木藩についてこの時のプロセスをみると、白川町で私有林が多いことや、藤井さんの話にあった「草場と田んぼがセット」説を裏付ける記録がいくつか残っている。通常、かつての入会地は地租改正や土地官民有区分によって国有地へ編入されたり共有地へ移行したりしたのだが、苗木藩ではそれに先立って、山林を地元の村や住民に対して分割払い下げしていたのである。

　「苗木藩では始めに御立山を買入れたいという希望者に分譲した――中略――残った部分の一括払下げを受ける事までは大体どこの村も同様であるが、その次の段階で殆ど全部を村内の各家に分配した。その一つは戸数山といい、もう一つは反別山という――中略――戸数山とは村内に一戸を構えている住民の戸数に均等に分与するもの、反別山というのは耕地の広さに応じて分与するものである。そこで戸数山は主として薪を採る山、反別山は主として耕作地の肥料を採る山と考えられた。（白川町誌407ページ）」西尾さんの話では、黒川には1,000ha規模で山を持つ少数の大山林所有者がいるという事であったが、これはこの時に立山を買い入れたものではないだろうか。また、現在各家で所有する草場や薪炭林も、この時にそれぞれ分割されたものと思われる。

　山林の所有について、入会が良いのか零細な私的所有が良いのかは論を待たれるところだが、木曽のように里山まで国有地に編入された所と比べれば、少なくとも住民にとっては歓迎すべき出来事だっただろう。苗木藩ではこの代金を主として藩債の償還にあてたようだが、これが英断だったのか、あるいは単なる金目当てだったのか、興味の湧くところである。

　さらに白川町誌では、この惣山の各家への分配に関して、黒川村の隣村切

井村の例として次のように述べられている。「反別山は耕地一筆ごとの反別の何倍とするという基準を定めて、──中略──耕地の通番に似合うよう通番をつけ、──中略──これによって地券を作成して所有者に渡した。（同408ページ）」これはまさに、「草場と田んぼがセット」説を裏付けるものである。この通番は後に改められたり、また時間の経過とともに曖昧になってしまったようだが、草場はその分割の時点で、耕地に付随する山という性格を持つことになったのである。

　こうして山林所有の新しい枠組みがつくられ、山林の利用形態はこれまでの入会利用から個人利用へと移行した。明治以降、この形態が現在まで続いている。これは確かに大きな変化と言えるだろう。しかしハード面では変化したものの、ソフト面つまり実際の利用方法は、これまでとあまり変わらなかったのではないだろうか。先にも述べたように、古田さんや藤井さんが語る草場の利用と、江戸時代のそれとがほぼ一致しているからである。

　山林の利用に実質的に大きな変化が現れるのは、それからさらに100年近く経ってからのことである。聞き取り調査の話からは、その時期はだいたい1960年頃だったと考えられる。この頃、日本は高度経済成長のまっただ中にあり、未曾有の好景気にわきかえっていた。1960年に発足した池田内閣は国民所得倍増計画を閣議決定し、農業分野では選択的規模拡大による企業的単作大規模経営が奨励されはじめる。また林業分野でも1957年に生産力増強計画、1961年に木材増産計画が打ち出され、増加する木材需要を背景に拡大造林が全盛期を迎える。

　こうした中で黒川でも、ガスや石油燃料の普及によって炭焼きや薪の利用が下火となり、また化学肥料の普及によって草場の役割も低下していく。それと入れ替わるようにして植林が盛んになり、草場や薪炭林はヒノキの人工林へと塗り替わっていった。国の木材増産政策と歩調を合わせて始まった、東濃林業地帯の形成もそれを後押ししたと思われる。それまで生活林としての利用が中心だった山林は、木材生産を目的とした純粋な経済林へと大きく姿を変えたのである。

しかし、西尾さんの案内で山を歩いて分かったように、先進林業地域として名高い東濃桧の産地ではあっても、特にかつての草場のような小面積私有地が入り組んでいる場所では、経済林への移行は現時点では成功しているとは言い難い。このような形態は採草地としては都合が良くても、木材生産には向かないのではないだろうか。林業として採算ベースに乗せるためには、ある程度まとまった面積が必要である。所有者が多数になれば、いざ何かをしようとしても意見の集約が難しい。搬出にはどうしても他人の土地を通らざるを得ないし、作業道をつくれば山がなくなってしまう人も出てくるだろう。山林の位置付けが多様化し、不在村地主が増加しているような現状では、山の将来を林業だけに頼るのは少々無理があるのかもしれない。

そんな中で西尾さんのような取り組みは、山林利用の新しい可能性を探る糸口になるだろう。地元には、そのための経験・技術・知識豊かな古田さんや藤井さんのような人たちがまだまだ健在である。こうした人たちの協力や地道な取り組みが実を結べば、閉塞感のある山林や山村の暮らしが息を吹き返す日も、そう遠くはないはずである。

4．まとめにかえて

今回の調査では、山村における山林利用のひとつの例として、白川町黒川を舞台にその形態と歴史を追った。3戸の聞き書きおよび文献の内容には少しずつ食い違う部分もあったが、山の利用や農作業の手順とは元来そういうものではないだろうか。料理の味付けが各家庭で違うように、これらもまた百軒あれば百通りのやり方があり、歴史があったのだろうと思う。その意味では今回紹介した事例はあくまでも一例にすぎないが、しかしまた一例であるからこそ、その口から語られる言葉からは、暮らしの匂いが染みこんだ山林利用の姿が伝わってくる。一般論では分からない、貴重なお話を聞くことが出来たと思う。

聞き書きからも分かるように、かつての山林利用は頻度・強度ともにかなり高いものであったようだ。草を刈り、薪を採り、炭を焼き、さらに住居を

建てるために、まさに余すところなくその資源を消費してきた。しかし、頻度は高かったが決して無謀な収奪はしなかった。山そのものが壊れてしまっては、それに頼っている人間の暮らしも成り立たなくなるからだ。再生産が可能な範囲で山に手を入れ、そして手を入れ続けることで、常に人間にとって利用しやすい状態を保つ。両者のバランスがうまく保たれた状態が、伝統的な山林利用の姿だったと言える。今日の言葉で言うならば、「持続的森林経営」のお手本である。私たちの偉大な先祖は、経験的にそのことを知り、自然の恵みに頼りながら生活を営んできた。

「野山」という言葉がある。本稿では、タイトルに始まって「山林」という呼称を度々使ったが、こうして考えると、その呼称には「野山」の方がぴったりなのではないかという気がしてくる。「あとは野となれ山となれ〜」なんていう乱暴な文句もあるが、これは山の暮らしを知らないどこかのお殿様が考え出したのかもしれない。

今日、「山」と言うと森林を意味することが一般的であり、いわゆる「野」というものを目にすることは少ないように思う。かつて生活や生産を山に依存していた頃、そこでは頻繁に刈り取りや野焼き・焼き畑などがおこなわれ、植生遷移が進む暇のない、背の高い木がない「野」がかなり広くあったのではないか。暮らしや農業のスタイルが変化していく中で、こうした「野」は「山」に帰っていった。環境の時代に森林の価値が見直され、先進国としては稀に見る67％という高い森林率を誇るこの国は恵まれているのかもしれないが、その陰で人間生活と山との実質的な距離は遠くなっているのではないだろうか。

黒川の人々は、永い時間をかけて自分たちの身近にある山と向き合い、利用し、共に暮らしてきた。今回の調査では、それは江戸時代から、つまり少なくとも300年以上、あるいは500年以上にわたって変わらず続いてきたことが分かった。時には山論や境界をずらすトラブルも起きるほど、山は生活の基盤となる大事な存在だったのである。しかし明治維新や戦争という混乱を経ても変わることのなかったその営みは、わずか50年で姿を消し、過去の

ものになろうとしている。20世紀後半からの社会構造の変化は、それほど大きなものであった。

　だが黒川の人々の生活は、完全に山と切り離されたわけではなく、今もどこかで山との関わりを持ち続けている。彼らの暮らしの中には、常に山へと繋がる回路が存在し、またそのための方法も知っている。長年培われてきた経験・技術・知識は、まだ風化してはいない。こうしたことを考えてみると、現在は「森林」となっているかつての「野山」の将来に活路を拓く主役は、やはり山村に暮らす人々なのではないかという気がする。

　終わりなきはずだった経済成長が行き詰まりと限界を露呈した21世紀という時代に、暮らしの中に山を持つ彼らの静かだが確かな歩みは、「世の中『不景気、不景気』と大変みたいだけど、オレたちけっこう楽しく生きていけるよ」というメッセージを投げかけているように思える。

（2004.3.31　中島耕平稿）

参考文献
1）白川町誌編纂委員会「白川町誌」岐阜県加茂郡白川町、1968年
2）岐阜県「岐阜県林業史」岐阜県山林協会、1987年
3）安江和夫「切井郷土史別冊　尾張領久田見村と苗木領九か村の山論」1988年
4）下佐見老人クラブ「美濃白川　ふるさと物語」大衆書房、1975年
5）岸本定吉「炭」丸の内出版、1976年

第 4 章

農村のゴミ問題と循環型社会論

第 4 章　はしがき

　第1章から第3章までについては原稿の主な執筆動機はと問われれば「研究の結果の取りまとめと公表」ということになるが、この第4章については、それとは少し違って、これは農村に暮らす者としてのかなり切迫した思いからの社会的発言である。

　私は1986年に土浦市から八郷町（現石岡市）に転居した。土浦の住宅開発に追い立てられるような転居だった。八郷町は自然豊かで農業も盛んな純農村で、私の田舎暮らしはここから始まった。ところがその静かな八郷町に大量の産業廃棄物の不法投棄問題が起こり（1990年）、また、その少し前からゴルフ場開発の旋風が巻き起こってしまった。バブル絶頂期の頃だった。

　困ったことだと思いつつも新住民の出る場ではないと静観していたが、地元の友人らからの強い要請もあり、「八郷町の環境を守る町民連絡会」という住民運動団体の代表の一人として地域を駆け回ることになってしまった。

　「農業環境問題研究家」がしばらく後からの私の肩書きの一つとなったが、地元の産廃問題やゴルフ場問題に関わるまでは、私はこの領域はまったくの素人だった。地域の友人たちも同じように素人ばかりでたいへん困った。いろいろ調べてみたがその頃はまだ農村環境問題についての頼るべき理論も政策も見つけ出せなかった。いつものことではあるのだが本章は、そんな手探りのところから始まった私の農村・農業環境論のつたない序説である。

　私が一住民としてこんな問題に関わり始めた1990年頃は、農村の環境保全論などには誰も関心を示さなかったのだが、間もなく時代は一変して、20世

紀末の頃にはゴミ問題は循環型社会論へと跳躍し、21世紀になると農業経営学会などの場でも「循環型社会と農業経営の対応」といったテーマがメジャーなものとして語られるようになっていた。時流にさとい外食産業や大手量販店などの中には、「都市の生ゴミを農村に環流させる取り組みの開始」をマーケティングの売りにする例まで現れ始めていた。

　第1節は、そんな折りに、議論も政策もどうもあまりにも上滑りがすぎるのではないかとの思いから、批判的問題提起として農業専門誌に寄稿したものである。『農業と経済』2002年7月に掲載された。

　第2節は、第1節の文章が工学系の廃棄物論の専門家の目にとまり、廃棄物問題の専門学会のシンポジウムに招かれた際の報告である。有機農業論とゴミ循環論を対比しながら問題の内部構造を私なりに少し理論的に深めようとしてみた。廃棄物学会研究討論会「食と循環型社会」講演論文集2006年5月に掲載された。

　第3節は、茨城大学に転勤してから受け持った「農環境政策学」という講義のための手控えメモとして書いたものである。押し寄せるゴミ問題への農村の対応はまずは自己防衛から始めざるを得ないのだが、それに止まらず、ポジティブな発展性のある取り組みへの展開を願って、荒削りだがこの領域の政策論の枠組みをスケッチしてみた。その後2004年4月に開催された「環境支払いシンポジウム」での報告「農業環境政策確立への課題と環境支払いへの期待」の添付資料として公表した。

　第4節は、地元八郷町での環境を守る住民運動の報告で、私の所属は「八郷町の環境を守る町民連絡会」となっている。『田舎暮らしの本』第17号、1991年3月に掲載された。私としては思い出深い文章である。

第1節　立ちどまって考えてみたい「循環型社会」論議

1．ブームとしての「循環型社会論」

(1)　時代の言葉

　「循環型社会」はいまもっとも通りのよい時代の言葉となっている。
　90年代には21世紀は「環境の世紀」となるといわれていたが、実際に21世紀になってみると「環境」は「循環型社会」へ、「環境ビジネス」は「循環型社会ビジネス」へと進化した感がある。
　振り返れば1980年代はまだ「環境」「リサイクル」などが社会的対立を連想させるような時代だった。日本経済がバブルに向かう時期に、全国の農村地域はゴルフ場やマリンパークなどのリゾート開発の荒波に襲われた。今日の感覚でいえば、里山を壊して造成されるゴルフ場開発などは地域の自然環境を壊す行為としてたやすく批判されてしまうだろうが、当時は「ゴルフ場は環境破壊だ」というだけでは反対運動は広がりにくく、「ゴルフ場の除草剤が飲み水を汚染する」といった論拠が提起されてはじめて幅広い市民を結集する反対運動が組織できるという状況だった。
　1990年代になると「環境」「リサイクル」は誰もが承認する時代の言葉になった。1990年から日本でも幅広くとりくまれてきたアースデーの運動、1992年のリオの地球サミットなどはそうした時代転換を象徴していたように思う。牛乳パックのリサイクルが、アースデーがはじまった頃の市民活動の共通した課題だったのがほほえましく思い出される。
　「遺伝子組み換え食品」は90年代の後半期からの社会的対立の一つの焦点となった。当初の主な争点は食べ物としての安全性であり、そこでは「実質的同等性」が科学の言葉として社会的支配力をもっていた。それからまだわずかな時間しかたっていないが、遺伝子組み換え技術についての社会的な主

要争点は「環境に対する影響」へと広がり、そこでは「生物多様性の保全」が規範的理念となり、遺伝子組み換え技術に対する社会の抵抗感は「実質的同等性」の社会的支配力をはね除けつつあるかに見える。

(2) 時代の進展は評価できるが

「循環型社会論」に至るこのような経過は、社会の認識の深まりとしてまずはともに喜ぶべきなのだろう。「環境」と「循環型社会」という二つの言葉を比較すれば、「環境」には生活の外側にある問題というニュアンスが感じられるが、「循環型社会」は文字通り私たちの生活自体のあり方を問うものであり、問題に対する社会の当事者認識は明らかに深まっている。

ゴミ問題の法制度についても、80年代までの「廃棄物の処理および清掃に関する法律」（廃掃法）は単なるゴミ処理法でしかなかった。しかし、90年代になると社会問題としてのゴミ問題に対処する法律として、危険な廃棄物への対策、排出の抑制、分別の推進、再生利用、生産段階からの対策、不法投棄の防止、産業廃棄物処理についてのマニュフェスト制等々の理念や制度を導入するための法改正が繰り返され、現在ではかなり充実した法制度となっている。そしてそれらの法整備を集大成し統合する上位法として、2000年には「循環型社会形成推進基本法」が制定され、関連法として「食品リサイクル法」や「グリーン購入法」なども制定された。ゴミ問題の法制度整備としては画期的な前進と評価すべきなのだろう。

(3) 言葉のすり替えと上滑り

しかし、こうした経過を喜び評価するだけでなく、ここで立ちどまって考えておくべきこともあるように思われる。たとえば、オルタナティブ（根本的代替構想）を意味していた「循環型社会」という言葉が、社会的な論議の深まりのないままにゴミ処理に関する法律用語となってしまったということ、リサイクル的なさまざまなとりくみがそのまま循環型社会形成を準備する活動であるかに考えてしまう錯覚が社会的に広がっている現実等々はぜひ冷静

に考え、検討されるべき問題ではないか。

　ゴミ処理法制の再編充実に循環型社会理念をとりいれようとすることには異論はない。しかし、循環型社会論は本来、資源収奪—大量生産—大量消費—大量廃棄という20世紀型の都市・工業主導の文明社会に対するオルタナティブとして提起されてきた在野のビジョンであって、ゴミ処理が循環的におこなわれる社会を意味する言葉などではなかったという認識も譲るわけにはいかない。これは明らかにビジョンの激しい矮小化であり、ハイジャックとでもいうべき事態である。しかし、気づいてみれば「循環型社会」は日本では法律用語となってしまい、それを踏まえて「循環型社会ビジネス」は官民あげての関心事となっているのだ。

　「循環型社会形成推進基本法」にもとづいてゴミ処理対策が順調に進んだとしても、それで日本が循環型社会に移行するなどとはまさか誰も考えはしないだろう。とすればそこにあるのは言葉のすり替えだ。しかも、「循環型社会」型のゴミ処理対策の受け皿としていつの間にか農業と農村が位置づけられてしまっている。「循環型社会」論議にあたっては、こうした事態についての冷静な認識と注意深い検討がぜひ必要なのではないのか。

　牛乳パックやペットボトルのリサイクル、生ゴミの堆肥化など、社会的に広がりつつあるリサイクルのとりくみについても、それはそれとしてよいことであろうが、それらのとりくみの直接的連鎖の先に循環型社会が作られることなどありえないことも明らかであろう。当然のことだがリサイクルには利点もあれば問題点もある。ゴミ処理のあり方としてもリサイクルは必ずよいことだとはいえない。それは、たとえばペットボトル回収の行き詰まりをみれば明らかであろう。

　「循環型社会」が時代の言葉になった現在だからこそ、言葉の上滑りやすり替えに十分注意しながら、本質的問題についても、具体的方策の問題についても、立ちどまって冷静に考えてみるべきではないのか。

　以下、こうした視点からいわゆる「有機資源の循環システム」の問題について考えてみたい。

2. 農業・農村は都市の生ゴミを必要としているのか

「生ゴミを大地にかえす」は80年代の環境派市民活動が作ったたいへん魅力的な言葉だった。具体的なとりくみは地方中小都市の市民活動として開始され、たくさんの市民が食べ物と生ゴミと大地の関係について、具体的に考え、体験し、学習し、行動するようになった。このことが一つの契機となって、みずから耕しはじめる市民も各地に生まれはじめた。

90年代になると市町村の生ゴミ処理を堆肥化の方向で考える動きも広がりはじめる。そして現在では、生ゴミの堆肥化は循環型社会形成への象徴的事業と位置づけられるようになっている。食品リサイクル法の強制施行を前にして、外食産業などを起点とした生ゴミの堆肥化も話題性のあるとりくみとなっている。

生ゴミの堆肥化と農地還元のとりくみは、腐った生ゴミの埋め立てなどと比べれば、よいことである。しかし、それは無条件に賛成すべき方向なのだろうか。

(1) 生ゴミリサイクルはほんとうに循環なのか

いま生ゴミは大切な有機質資源だといわれている。ほんとうにそうなのだろうか。

ここで問題を都市と農村に分けて考えてみたい。

生ゴミの堆肥化論はさかんだが、都市自身が生ゴミを貴重な資源として堆肥化し、都市内の土地に還元しているという話はあまり聞かない。できた生ゴミ堆肥を都市がたくさん消費する仕組みは作られていないのだから、都市における生ゴミ堆肥化は一般論としては空論であり、都市においては生ゴミはいまも、そしておそらく将来も、資源などではなく扱いにくいゴミなのである。だから、都市における生ゴミの堆肥化は、実は未利用有機物の資源化などではなく、ゴミ処理の一形態だということ、そして都市のゴミは都市が都市において始末することが、生ゴミも含むゴミ問題対策の基本原則だとい

うことが都市側からの議論の出発点であるべきなのだ。ところが循環という言葉が間に入ると、この当たり前の基本点が曖昧になる。生ゴミ堆肥化がゴミ処理の一形態だとすれば、その受け皿を農村に求めるのはそもそも原則の踏み外しであり、お門違いなのだ。

　農村ではどうか。かつて農村地域では生ゴミは各自が大地に返すことで大きな問題もなく始末されてきた。しかし、いまでは農村地域でも生ゴミはゴミとして自治体が収集し、焼却したり埋め立てたりされている。農村には還元すべき田畑があり、堆肥需要は作れるのだから、農村の生ゴミを堆肥化して農地に還元するという方向は、堆肥の品質確保や安全性について十分なチェックを前提とすれば妥当なものだろう。

　しかし、農村における未利用有機質資源問題の中心はいうまでもなく生活生ゴミではない。畜産廃棄物、稲わら、麦わら、もみ殻等々、農村には利用すべきなのに利用できていない有機質資源はたくさんある。また山野や河川沼沢に眼を移せば、かつては資源として利用されていたが今は見捨てられている潜在的有機質資源はさらにたくさんある。いま農村地域は未利用有機質資源が不足していないのである。農村はまずみずからの地域にある未利用資源の利活用を本気で考えるべきなのであって、都市の生ゴミ堆肥の受け入れは農村自身の課題ではない。

(2) 「循環」についての錯誤

　以上述べたことは当たり前の道理だと思われるのだが、ゴミはみずから処理するという原則から外れて、都市の生ゴミを堆肥化して農村の農地に還元するという主張が、あまり検証もされずに正論として語られることが多い。そこには「循環」についての理解の錯誤があるように思える。

　上の主張に正当性を与える論拠は、端的にいえば「循環論」である。農村・農地から農産物として収奪され都市に運ばれた資源を、その一部であっても農村・農地に還元し、それによって破綻した循環を回復させる。これが都市―農村生ゴミリサイクル論で語られる循環論の要旨である。しかし、このよ

うな循環論は農村・農地をゴミ捨て場にするだけで、ほんとうの豊かさを作り出すものではないし、循環論としても歪みをもっている。

　農業・農村の場での循環論の基本は、農業・農村生活が農地・農村の自然と共生的な関係を取り戻すというところにあるのであって、都市―農村の物質循環論はとりあえず本筋の議論ではない。農村地域における循環と共生の相互関係に関しては、もちろん物質の流れも大切な要素として介在するが、より端的にはそこに生き物のにぎわい（宇根豊氏の表現）を回復していくことが中心的なテーマとなる。そこでは生物多様性を保全し育てるような農法の継続的実施が重要な意味をもち、それは具体的には土づくりであり、合理的輪作であり、地域の自然を生かした農業と暮らしの形の回復努力ということになる。堆肥について付言すれば、田畑における生き物のにぎわいを応援するような堆肥施用は、腐った有機物の投入などではなく、発酵した有機物の適切な施用ということになる。

　循環論を、物質循環と生命循環と生活循環とに分け、またその場を広域と地域に区分して考えるならば、いま農業・農村にとって意味のある循環論は、農村地域における生命循環の回復を主軸にして、地域にできるだけ自然を活かした生活循環の仕組みを構築することであろう。都市―農村生ゴミリサイクル論で語られる循環論は、広域の物質移動論であって、焦点が完全にずれているのだ。

　畜産に例をとれば、外国飼料で豚を飼うより、都市の生ゴミを餌にして豚を飼う方がましだが、しかし、そんなことで地域に循環が取り戻せるわけがない。地域の農地や山野に餌を求めて豚を飼い、その糞尿を発酵させて農地に施用し、地域で育てられた農作物や家畜で地域の人びとが食の自給を図るという方向が循環回復論の本旨であろう。それは理想論で現実的ではないとの意見もあるだろうが、循環回復論というのはそういうものなのであって、現実論だけをいうのだとすれば、都市の生ゴミ養豚を循環回復論などとして語るのをやめればよいだけのことなのだ。

3．都市の生ゴミリサイクル事業に農業・農村はどう対処すべきか

(1) 経験則としての不信意識

　農村に都市のゴミが持ち込まれるのは今にはじまったことではない。ゴミ処理場はいつでもどこでも農村部に建設されてきたし、不法投棄もいつも農村がその場所となってきた。一般のゴミだけでなく、核のゴミさえも農村が捨て場として狙われ続けているというのが現実なのである。良質残土だといわれて埋めたて用地として山林を貸したら、有害残土だったといった苦い経験は枚挙に暇がない。こうした経緯のなかから引き出される教訓は、都市から持ち込まれるものは疑った方がよいということだった。循環型社会が喧伝される時代になったといっても、農村はまだその不信の意識を解くべきではないだろう。

　農村は人びとが将来にわたって安心して暮らしていく場所であり、田畑は食べ物を生産する場所であり、山野は命の水の水源である。そこに外からものを持ち込む場合には、どんな基準ならば安心できるのだろうか。その安全性基準は飲み水基準、食べ物基準であるべきなのは論を待たない。ほとんどの農村は、生ゴミなどの都市からの持ち込みを望んでいないのであり、しかも、農村は環境的にかけがえのない場所なのだ。もし持ち込むとすれば、農村住民が十分納得できる水準でなければ困る。そこでゴミについての一般的安全基準などを持ち出されるのは筋違いなのだ。たとえば水質についていえば、水質汚濁防止法の排水基準のBOD160ppmなどが論外なのはもちろんだが、上乗せ基準の10ppmでも不十分であり、少なくとも水道水水源基準としての1ppm以下を要求すべきだと思われる。それが農村地域の環境にとっての安心基準というものだろう。

(2) 不明だらけの生ゴミの安全基準

　現実問題としては都道府県の枠を超えて生ゴミが遠隔地の農村に大量に移

送されることは一般的には考えにくいが、都道府県内ならば、都市から農村への生ゴミ移送は常にありうることだ。食品リサイクル法の場合は、外食産業の生ゴミの遠隔地への移送も想定した制度となっている。では移送される生ゴミの安全性や品質基準はどんなものなのか。法律制定に際して、この点についてどんな検討がされて、どんな基準が設けられたのか。

　驚くべきことだが、2000年の食品リサイクル法制定の際に、そうした点についての論議はほとんど交わされていないのである。この法律は外食産業などが排出する生ゴミを堆肥化するなどして農地に還元しようとする制度構築を目的に制定されたもので、制定に際して外食産業などとの事前協議はいろいろやられたようだが、生ゴミ堆肥を受け入れる農村側の要求については汲み上げられることがほとんどなかった。それが特殊肥料として販売されるのなら、肥料取締法による安全性基準が問われるだろうが、販売品でなければ公的基準の縛りはない。

　通常は安全性に問題がなかったとしても、将来、万が一にでも、リサイクル堆肥が原因で田畑に問題が生じた場合は、誰がどのように責任を取るのだろうか。土の入れ替えは食品産業側がやってくれるのだろうか。後になって食品産業が特定できなかった場合にはどうなるのだろうか。

　昨年来のBSE＝肉骨粉問題で明らかになったように、循環論は安全性を保証するものではなく、場合によっては循環が汚染を集積させてしまったり、汚染を拡散させてしまったりする危険性もはらんでいるのである。だから、循環論をいうとすれば、あわせて循環に伴う危険の除去や長期にわたるモニタリングの実施も不可欠なこととしなければならないのだ。しかし、今日の生ゴミリサイクル論にはそうした詰めが欠けている。

(3)　生ゴミリサイクル推進の前に社会がやっておくべきこと

　繰り返しになるが、都市の生ゴミをいま農村は資源として必要としてはいない。国や自治体が、都市の生ゴミの農村への政策的持ち込みを推進するのだとすれば、事前に決めておくべき原則や、ルール、基準などがあるはずだ。

農村側の主な要求事項を思いつくままに列記してみよう。
・農村側には受け入れ拒否の権利がいつでも保障されていること。
・安全性について厳しい基準が設定されること。
・生ゴミなどの堆肥化処理は原則として都市地域で実施されること。
・堆肥などの品質が高い水準で確保されていること。
・これによる堆肥供給が農村内での有機資源堆肥化利用のとりくみを圧迫しないこと。
・事後のモニタリングが継続実施されること。
・問題が発生した場合には生ゴミ排出者の責任で迅速に対策が講じられること。
・生ゴミの排出、分別状況について農村側がいつでも査察できること。

　都市―農村間の生ゴミリサイクルを推進するのだとすれば、その前にこれらの農村側の要求について十分な検討がされるべきではないか。これは長期の社会構想にかかわる問題なのであり、あわてて推進するような課題ではないように思われるのだが。

第2節　有機農業と資源循環論

1．有機農業の基本理念と循環論

　有機農業の基本理念は「身土不二」にある。人の暮らしとその土地の自然は一体のもので切り離すことはできないのだという考え方である。暮らしの原点には人のいのちと健康があり、自然の原点には土があり、したがって「身土不二」は「食農同源」ともほぼ同義として理解されている。有機農業を狭義の農法論としてだけに捉えないという理解は日本の有機農業運動において特に強く認識されてきた。

　「身土不二」は有機農業のいわば存在論であり、その展開論としては循環論にシフトした保田茂氏の定義[1]や環境形成論にシフトした「環境創造型農業論」（中島紀一[2]）などがある。保田氏による1986年段階における有機農業の定義は次のようであった。

〈有機農業の定義〉

　「有機農業とは、近代農業が内在する環境・生命破壊促進的性格を止揚し、土地—作物（—家畜）—人間の関係における物質循環と生命循環の原理に立脚しつつ、生産力を維持しようとする農業の総称である。したがって、食糧というかたちで土からもち出された有機物は再び土に還元する努力をして地力を維持し、生命との共存と相互依存のために化学肥料や農薬の投与は可能な限り抑制するという方法が重視されることになる」

　保田氏がこの定義に盛り込もうとした循環論の特徴は、物質循環と生命循環の統合的展開という点にあった。また、農学論としてみると「地力論」「生命共生論」の重視に特徴があった。

　「環境創造型農業論」は農政用語としての「環境保全型農業論」への批判的展開として造語されたもので、環境負荷論と負荷削減論に傾斜した「環境保全型農業論」に対して、負荷・負荷削減論だけでなく、環境浄化、環境形

成の視点からよりポジティブな展開を目指す農業論として有機農業等を方向付けようとした議論である。

　さて、本節では、有機農業論の枠組みをおおよそ以上のように理解した上で、循環型社会論に対していくつかの論点を提示してみたい。

　まず「身土不二」概念についてであるが、これは一義的には自然と人間の共生論であって、とりあえずは狭義の循環論ではない。そこでは、人は自然の恵みを受けて生きていくという認識がまず示され、続いて、そうした人の存在は自然を汚さず、さらにできれば自然を育てる存在としてありたいという願いが込められている。こうした人と自然との相互性を人の活動の側から主体的に捉えた場合、自給論が重要なものとして浮き彫りにされてくる。後述の論議との関係で予め述べておけば、ここでの自給論には、自然と社会との関係を、分業論としてではなく統合的生活論として考えていきたいとの思いが込められている。

　「身土不二」概念においては、人は自然から恵みを受けることは強く意識されているが、生活の廃棄物を自然に戻すということはそれほど強くは意識されていない。それは自明の前提と理解されていたと言うべきかもしれない。その理由は生活から廃棄物が大量に出てくる、その廃棄物を適切に処理してそれを自然に戻さなければならないとの切迫した状況認識が、「身土不二」という思考の段階では形成されていなかったからと考えられる。そこで想定されている人の暮らしにおいては、ゴミすなわち「芥（あくた）」は次なる資源であって、処理して自然に戻すというようなものとしては想定されていなかった。

　茨城県には「圷」（あくつ）という地名がある。「肥土」と書いて「あくと」と読ませる地名もある。「圷」は漢字はなく国字であり、「芥」のなまりだと考えられている。「圷」も「肥土」も河川中下流の自然堤防状の微高地に立地する、土壌学では褐色低地土地帯と分類される畑地帯を指している。ここでの「芥」は上流から運ばれてきた土砂や有機物等のことで、それは明らかに土地の恵みとして意識されている。「圷」も「肥土」も、優良農地につい

ての誇らしい自己表現としての地名なのである（本書第3章第3節で詳述した）。

　これは自然の恵み論としても、循環論としても位置付けられる事柄だが、循環論は後付の解釈論であって、自然の恵み論がそこに込められた一義的な認識と言うべきだろう。より巨視的な輪廻論のような循環論は、自然の恵み論のさらに基礎におかれているが、循環型社会論における循環論は、循環すらできなくなってしまった分業的かつ分裂的社会の出現という現実を踏まえて形成されてきた対策論的社会認識であって、自然の恵みの中で暮らしが営まれるという社会にあっては狭義の循環論はポジティブな社会認識としては不要であった考えるべきではないのか。したがって「身土不二」を基本とする有機農業を「循環型農業」と解釈することも間違いとも言えないが、それは結果的解釈論であって、むしろ実践的主体論としては循環をあえて意識することもない「自然の恵み農業論」として自己確立していきたいと考えてきた。たとえば堆肥づくりは、循環論である前に土づくり論として意識されていくのである。

　このような自然の恵みに支えられた「身土不二」の有機農業の存在と展開を、自然論、環境論としてみれば、自然形成、環境形成の営みとして、すなわち里地里山という二次的自然を形成する主体者として、また社会論としては循環型社会形成というよりもむしろ自給型社会形成（もちろんそこには循環理念は当然のこととして内包されている）の主体者として、自己を位置付けられるようにしたいというのが当事者の意識である。

2．分業的循環論と統合的自給論

　以上述べたことは、言葉の遊びのように思われるかもしれないが、循環型社会形成という政策論への有機農業論からのアプローチにとって欠かすことの出来ない論理的前提なのである。

　たとえば農業界ではいま耕畜連携ということが強く叫ばれている。畜産の糞尿を土づくり資源として位置付けで田畑に戻していこうという循環論的主

張である。この主張は有畜複合経営という有機農業の典型的な農業経営論と相通じるところがあるようにも見えるが、内容はかなり相違している。

　有畜複合経営論は有機農業的な田畑の運営にとって能動的な役割を果たすものとして家畜の飼育を組み込み、さらに食の視点から見ても、積極的なバラエティを作り出す営みとして位置付けていこうとする農業経営論である。そこでは耕種部門にとって家畜飼育は糞畜として土づくりの重要な仕組みとして位置付けられ、家畜の飼料はできるだけ経営内自給が追求され、それが出来ない場合でも国産自給が追求される。

　さらに飼料の質についても輸入飼料として大量に供給されるトウモロコシや牧草だけでなく、経営・生活の残滓物や周辺自然の野草等が積極的に位置付けられる。すなわちそこで家畜は自然や社会と農業が共生していく戦略的な基軸に位置付けられていくのである。

　それに対して今日、農政論として強く叫ばれている耕畜連携論は、土地と切り離された、すなわち輸入飼料に依存した専業的大規模畜産の廃棄物としての糞尿処理として、糞尿の堆肥化と田畑へ還元論として構想されたものである。そこでは土地と切り離された大規模畜産のあり方自体には大きな修正は加えられようとしていない。家畜糞尿を受け入れる耕種農家側についても、典型的にはたとえば野菜作だけに特化した単作型大規模経営が想定されており、経営内自給を積極的に位置付けた複合経営モデルへの転換は想定されていない。

　たとえば家畜糞尿を巡る、こうした二つの政策論の位相を明らかにするためには上述のような概念整理が不可欠と考えられるのである。耕畜連携論と有畜複合経営論が重なり合うためには循環論だけではないいくつかの農業論上の断絶を超えなければならないと考えられるのである。

　循環型社会論が適切に示すとおり、現代社会は循環原理を欠落させた分業社会、分裂社会として形成されている。今日の環境問題は、環境負荷の圧倒的増大だけでなく、循環メカニズムを欠いた使い捨てシステムによるいわば糞詰まり的な環境問題として深刻化しつつあることも循環型社会論が教える

通りである。こうした認識を基にしてそこから循環型社会形成への政策論が構築されていく訳だが、現状の施策の多くは分業的、分裂的社会の基本的構成はとりあえずそのままにして、糞詰まり的環境問題だけを循環論的処方として別の社会ステージに廻していくという性格のものとなっているのではないか。こうした施策は、そのままでは、循環論的緊急措置によって非循環的分業分裂社会の現状を維持するだけの施策に終わってしまいかねないのではないか。

大都市と農村をつなぐ生ゴミリサイクル施策の現状を瞥見する限り、これによって大都市の使い捨て的な生活構造が改められ、大都市に対する農村の従属的関係が改善されていく契機となっているとはとても思えない。分業的循環論の処方だけでなく、統合的自給論への回帰という視点が改めて必要となっているのではないか。その場合、大都市のゴミ問題はまず、大都市自身の生活論の再編として考えられていくべきなのではないだろうか。

3．循環論的な生ゴミ対策はまずは都市内部の取り組みとして

今回のシンポジウムの中心的なテーマは大都市における食の3R（リデュース、リユース、リサイクル）、なかでも食品残滓、食品廃棄物のリサイクル利用にあり、主な期待としては都市と農村との生ゴミ連携の形成が想定されているように思われる。私もこの課題自体には賛成だが、それを進めるためには農村を都市の生ゴミのゴミ捨て場にするようなことはあってはならないとの確認合意が前提にされるべきだと考えている。この点についてはすでに別稿で述べたことがあるので（本章第1節に収録）[3]、ここでは都市自身が都市において生ゴミリサイクルに取り組むことの意味と可能性について考えてみたい。

いわゆる生ゴミ処理については、一次処理、発酵処理、そして堆肥利用という3段階について、そのいずれについてもできるだけ大都市自身が自らの課題として追求してみることが大切なのではなかろうか。

生ゴミ処理における最初の技術的つまずきは一次処理の失敗である。一次

処理さえ発酵型へうまく持ち込めれば、その先の展開はとても楽になる。そのためにはゴミの排出者の適切な対応が不可欠で、かつての長野県臼田町における生ゴミ堆肥化の経験はそのことを教えている。臼田町の取り組みの最大の教訓は、生ゴミ対策をゴミ処理として位置付けるのではなく、堆肥づくり＝土づくりとして位置付け、それへの協力をゴミ排出者に義務付けた点にあった。堆肥化出来ないゴミの持ち込みは許さない、持ち込む生ゴミは排出者の段階で出来るだけの水切りをする、持ち込まれ受け入れた生ゴミは適切な水分調整をしながら直ちに発酵過程に持ち込むなどの諸点が臼田方式基本となっていた。現実の都市・農村間の生ゴミリサイクルの取り組みにおいてはこれらのことへの都市側で意識は弱く、この点を強く意識した取り組みもわずかな例だけに止まっている。

　堆肥化処理については、たとえば公園などの剪定枝等との混合発酵ができればとても面白い取り組みに発展するように思われる。「発酵・熟成」は自然における有機物循環の不可欠なプロセスであり、しかも人為がかかわる技術的可能性も多く開けている分野である。このプロセスの都市における内部化は都市の自然再生を考える上でも大切なことではないのか。都市においても自然再生のためには、単に緑（植物）を増やすというだけでなく、植物は土壌の上に育つわけで、より良い土壌のための土づくり＝堆肥づくりは欠かすことの出来ない前提となるべきなのだ。大都市の植物にあっても例外ではない。有機物の発酵・熟成過程、突き詰めて言えば土づくり過程を、大都市の実情に即して様々な形を工夫しながら内部化していくことは都市の自然再生論においても最初の一歩と考えるべきではないか。堆肥利用についても、都市の公園や農地の緑は化学肥料で育てるという発想をやめて、植物と土壌の少ない都市でこそ、より良い循環機能をもつ有機質堆肥の使用は不可欠と位置付けるとすれば、かなりの需要も見込めるのではなかろうか。

　こうした一連の取り組みには幅広い市民参加が可能で、それは消費者の食意識を変えていく重要な契機になるように思われる。大都市における生ゴミ問題は、実は糞詰まり的な環境問題としてあるのではなく、食を産み出す農

を内部化できず、食を自然と農業の恵みとして理解することができず、食をもっぱら商品消費としてしか実現できない、都市の非自立的な生活構造の結果としてあると考えるべきなのである。

　生ゴミを資源とした堆肥づくりと土づくりのプロセスに都市市民が自らの生活の場で係わっていくことは、食を自然と農の恵みとして理解していくための回路を拓くものと位置付けられるのではなかろうか。

　都市と農村の生ゴミ処理にかんする連携形成の意味を否定する訳ではないが、大都市が生ゴミ処理のあり方を農村の伝統的生活様式に学びながら、自らの課題として取り組んでいくことこそが、自らを救う道につながるのではないだろうか。もし、こうした方向に道が拓ければ、生ゴミの循環利用は、大都市においても統合的自給論が成立していく契機となっていくように思われる。

4．農業・農村における有機物資源の循環利用の課題

　有機物資源の循環利用を内部化できていないという点については、現代の農業・農村領域においては大都市とたいして変わらない状況に落ち込んでしまっている。農業・農村においても、農業近代化以降、統合的自給論はマイナーな位置に追いやられ、使い捨て的分業論が主要な生活論理となってしまっている。土壌学においてさえ土づくり論はマイナーな付け足しとなってしまい、作物栽培論においても肥料は化学肥料が中心となっており、地域内の有機物資源はほとんど活用されず、里山の荒廃は深刻化している。

　農村は有機物欠乏地域ではなく、圧倒的な過剰地域であるにもかかわらず、その潤沢な有機物資源の循環利用の仕組みが内部からも外部からも解体されてしまっているのである。生ゴミを含む生活廃棄物の排出構造は農村も都市とほとんど変わらない状況になってきている。そのため、農村におけるゴミ処理の政策論は大都市の後追いにしかなっていない。

　統合的自給論は農業・農村でこそ現実性があるはずなのに、農業・農村の特質を活かした生活論の現代的構築が著しく遅れている。農業・農村の生活

ビジョンはいまだに都市化の方向にしか構想されていない。こうしたなかで農業・農村の重要な課題として、まずは自分たちの地域での有機物資源の循環利用に取り組むという課題が位置付いていく。その取り組みは、次のステップでは里地里山自然の再生への可能性も拓いていくだろう。都市の生ゴミを受け入れることは農業・農村のこうした課題の追求にさしてプラスにはならないように思われる。

　農業・農村には地域内有機物資源が潤沢にあり、その循環利用の可能性が多くあるにもかかわらず、使い捨てシステムが一般化してしまっているところに、農業・農村における環境論的の貧困化の根本的原因があると考えられる。この点にメスをいれていくことこそが求められているのではないか。

　これらのことを考えると、循環型社会論における有機物循環問題は、都市・農村間での循環ということではなく、まずは、出来るだけそれぞれの内部での循環システムの再建を問うていくべきだという結論となる。「身土不二」の理念は有機農業だけのものではなく、現代社会論においてもごく自然な認識とすべきなのではないか。都市と農村の配置構成に関して言えば、都市のまわりに農村が配置されるという形ではなく、食の点でも、ゴミ処理の点でも自立できる農村のまわりに自立しきれない都市が配置されるという農本的社会構成が改めて追求されるべきではないのだろうか[4]。

注
1）保田茂『日本の有機農業』ダイヤモンド社、1988年。
2）中島紀一「環境保全型農業から環境創造型農業へ」『有機農業―政策形成と教育の課題』（有機農業研究年報第2集）コモンズ、2002年。
3）中島紀一「立ちどまって考えてみたい『循環型社会』論議」『農業と経済』2002年7月号。
4）中島紀一「世紀的転形期における農法の解体・独占・再生」『農業経済研究』第72巻第2号、2000年。

第3節　農村環境政策の基本的枠組み

　「持続的農業」は1980年代に提案され、日本でも90年代にはほぼ公認の農業理論として承認されるようになっていた。持続的農業は第二次大戦後に成立した近代農業が環境との調和の視点を著しく欠いていた点を反省し、環境と共生していく農業のあり方として構想されてきた。

　そこでは経済的、経営的な成功と環境との調和がともに達成されることが目指されているが、現実には経済的、経営的成功が前提とされ、その枠内での環境調和を求めると言う形になりがちで、環境との調和のあり方については十分に深められてはいない。

　そこで本節では、持続的農業論の前提となる農業・農村と環境の相互関係についておおまかな理論的整理をしてみたい。環境との調和、自然との共生に配慮してこなかった近代農業への反省を前提として、環境を汚さない、環境を浄化していく、より良い環境を育てていくという3つのテーマの相互関連として組み立てられていく必要があるという提言である。

①環境を汚さない（負荷削減）

　このテーマは農業・農村に係わる環境負荷削減の課題と言い換えることもできる。

　ここには被害者、すなわち環境汚染を被り、環境資源の収奪を受ける農業・農村の存在と、加害者、すなわち環境を汚染し、地域の自然を壊していく農業・農村の存在という二つの問題側面がある。

　前者は主として都市や工業、さらにはグローバル化しつつある世界との関係であり、状況を厳しく見つめながら農業・農村が身を守る方策が見つけ出されなければならない。農業・農村を現代社会のゴミ捨て場にさせてはならないという課題であり、これは切迫したものとしていまわれわれの前にある。

　後者は農業と農村生活の近代化の中で、農業も生活も地域自然との循環性

を失い、営みはほぼことごとく環境負荷的になり、しかも負荷は汚染として蓄積していくという今日の状況に係わる問題である。農薬問題、化学肥料問題、ゴミ問題、生活排水問題などが挙げられる。これらの諸問題は農業・農村自身の課題であるだけでなく、これからの時代において農業、農村が社会的支持を受けるためにはぜひ改善しなければならない課題ともなっている。

②環境を浄化していく（耕地＝作物循環の回復）

　環境負荷の対極には環境浄化があり、この両者は巨視的には循環論として統合される。循環が順調に進まないとき人々の営みは環境負荷となり、循環が順調に進むとき営みは同時に環境浄化としても機能する。

　生物界の循環は、おおまかに見れば、非生物的自然との多様な交流を踏まえつつ、生産者としての植物群、消費者としての動物群、分解者としての微生物群という、3群の円環的関係として成立している。現在の地球は消費者としての人間が圧倒的優位の位置を占めており、それだけに人間生存の営みが、植物群と微生物群の営みと積極的な円環が結ばれ得るか否かが環境論にとって決定的な意味をもってくる。ここに環境論における農業の決定的な役割があると言うことができる。

　農業は積極的に植物群を育て、そのために土づくりに取り組む。土づくりとは、土壌における生物活性の豊富化と高度化であり、それは土壌における有機物の集積、蓄積を前提とした微生物群による分解的浄化力の向上である。すなわち農業は土づくりを不可欠の取り組みとしており、それは環境浄化力の向上を基礎として成立する営みであり、そこでは浄化力は、循環力となり、循環力は生産力となるという環境論からすればきわめて高度な関係が日常化されている。現実の農業がそのようなものとなり得ているか否かが問われている。

③より良い環境を育てていく（地域資源活用＝地域農法形成）

　人々は自然に働きかけ、暮らしに適した安定した自然を作ることができた

ときヒトは人類となった。そうした自然がいわゆる二次的自然である。人々は太古の昔から二次的自然に囲まれて暮らしてきた。二次的自然の形成は人類の誕生と発展にとって決定的な意味をもっていただろう。人々の営みが安定した二次的自然を形成し得たとき、人々は人類として持続性を手にするとこができた。農耕はそのような人々の営みのあり方の一つの基本的な形だった。

　農耕は農耕だけとしてあるのではなく、その周りに自らを支えてくれる自然を形成できたとき農耕は安定した持続的営みとなる。環境形成とは恐らく人々と自然とのこのような状態を言うのだろう。そこでは自然の利用は自然への手入れと同義性をもつ。日本では近代化以前の時期に形成された里地里山といわれる自然のあり方がこの概念に相当する。だから、農業・農村における環境形成は具体的には、農業や農村生活を地域資源の利用を基礎に組み立て、その資源利用が、里地里山の自然保全に繋がっていくようなあり方が模索されなければならない。里地里山を支えてきたさまざまな営みの継続、新しい里地里山自然とそれを支える仕組みの形成などが課題となってくる。

　これら3つのテーマは相互に関連し合って存在している。できれば浄化力の高さ＝循環力の高さ＝持続的生産力の高さ＝環境形成力の高さといった連関の実現が望まれる。農業がそうした連関の形成に向かおうとした時に、そうした農業のあり方を持続型農業と位置付けることが出来る。地球共生系のなかにあろうとする農業。そしてそうした農業の発展をサポートしていく農学か、あるいは農業が地球共生系から離脱すること促してしまう農学か。上述のような文脈の中でいま農学のあり方もまた問われている。

第4節　緊急特集　田舎が危ない！

　そのゴミは都会から続々と運ばれた。一つの谷を埋め尽くし、近隣から悪臭の苦情が出ても止まらない。沈黙する地主。なぜか手をこまねいている行政。なぜこんなにも無造作に、ムラはゴミ捨て場と化したのか。肥大し続ける産業廃棄物の陰から農村崩壊の予兆がみえる。

　東関東の霊峰、筑波山の麓に私の住む八郷町がある。茨城県八郷町を源流とする恋瀬川は霞ヶ浦に流れ込む。恋瀬川は約25kmの短い河川だが、霞ヶ浦に流入する唯一の山岳性河川として、富栄養化とアオコの大発生に悩む霞ヶ浦の浄化に大きな役割を果たしてきた。
　八郷町は有機農業の町としても知られている。有機農業運動の草分けとして有名な「たまごの会農場」も町の中心部近くにあるし、ほかにもいくつかの有機農業生産者、生産グループがあり、東京や茨城の消費者と提携しながら頑張っている。農協も新鮮で安全な野菜の供給をテーマに東京の生協との産直事業に本格的に取り組んでいる。また、町内にはイチゴ、梨、ブドウ、柿、栗、ミカンなどの観光農園も多くあり、それぞれの季節には大勢の観光客をふるさとイメージで迎え入れている。
　そんな八郷町の農村環境がいま非常な危機にさらされている。危機の原因は首都圏から押し寄せてくるゴミと、ゴルフ場などのリゾート開発の大波である。
　昨年の春、下青柳という集落の谷津田（やつだ＝谷間の小さな田圃）に大型ダンプ2,000台分くらいの産業廃棄物（以下、産廃と略す）が不法投棄されてしまった。これまでもときおりゴミの不法投棄事件はあったが、これほど大規模な事件は町として初めてである。
　リゾート開発については既存のゴルフ場が2場あるが、そのほかに造成中のゴルフ場が一つ、計画中が一つ、ゴルフ場と同じくらいの規模（100〜

150ha) のミニゴルフ場を含むレジャー施設計画が４つも持ち上がっている。仮にこれが全部完成したとすれば、町内の丘陵地のほぼすべてがリゾート施設で埋められてしまいそうだ。産廃の不法投棄とリゾート開発が隣り合わせで進むというのは奇妙といえば奇妙だが、じつはこの組み合わせこそ、田舎の環境問題の今日的局面が象徴的に現れているのだ。

ゴミで埋まるムラの谷地

　産廃不法投棄事件のあらましは次のようになる。

　不法投棄が始まったのは昨年（1990年）の３月６日。現場は集落はずれの谷津田だが、隣接地には人家もあり、車の通りもある土地だったので、不法投棄はすぐに地元住民の知るところとなり、翌日には警察や町役場に通報され、警官が現場に駆けつけている。普通なら不法投棄はこれで終わる。しかし、今回の事件では投棄はその後も強行され、最終的に投棄が止まったのはじつに２ヵ月後の５月11日であった。投棄された産廃の量は推定で10トンダンプ約2,000台分、約3,000㎥にも及んだ。谷地が一つ、丸ごと埋まったことになる。

　その間、県や町は何回か投棄中止の行政指導をしているがいずれも無視され、警察も「廃棄物の処理及び清掃に関する法律」違反として捜査はしたものの立件にはいたらず、最終的にはダンプの積載量オーバーの取り締まりで投棄が中止されるという奇妙な結末であった。

　地元住民にとって、その間のなによりの問題は、投棄業者からの嫌がらせや脅しであった。現場には早朝から夜まで見張りの作業員が立ち、近づくだけで怒鳴られる。投棄中止の申し入れに出向いた集落の代表は追い返され、写真を撮った役場職員や新聞記者は現場でフィルムを破棄させられ、集落役員宅には嫌がらせの電話がかかるなど、当時の異様な事実を挙げていけばきりがない。

　投棄開始後１ヶ月くらいすると、現場からの湧出水に異変が現れだし、間もなく悪臭を放つドス黒い汚水の流出が始まった。現場直下には飲用の井戸

がある。汚水は用水路を経て下流の水田に流れ込むため、汚水対策を行政機関に繰り返し陳情した。しかし、有害物質が大量に検出されてはいないという理由から本格的な対策にはいたっていない。

不法投棄にからむ不可解

この事件にはこれまでの一般常識を超えた特徴が二つあった。

その第一は、この事件では当初から投棄業者の住所氏名は判明しており、産廃の不法投棄だということも明白であり、行政や警察も住民の通報でそれなりに動いていたのに、不法投棄が白昼堂々と2ヶ月余も継続されてしまったという点である。不法投棄業者は後日、町議会百条委員会での証言で、「行政からは口頭で注意はされたが、文書はいちども受け取っていない。もし本当に中止させたいならば、法律に基づいて文書で勧告するのがスジではないか」と述べている。

この事件は町内で排出されたゴミ処理をめぐる地域紛争ではない。ゴミの出所はまだ充分に解明されてはいないものの、投棄のダンプは千葉県や東京都のナンバーのものが多く、投棄業者は千葉県の業者である。要するに、この事件において八郷町や茨城県はほとんど完全な被害者であり、行政機関や警察が厳しい措置をとることに躊躇する理由はまったくないのである。にもかかわらず行政や警察が、不法行為を即時に止めさせ、地域の環境を守るという線を貫徹できずに経過してしまった。それがなぜなのか。その不可解さはまったく常識を超えている。

第二は、投棄現場の地主は集落内の地元民であるのに、集落住民に対立して投棄業者とほぼ一体の行動をとってきたという点である。ゴミの投棄は土地の価値を損なわせる行為だから、不動産価値の保全という点だけからしても、地元在住の地主は第一被害者になるのが普通である。現場は純農村であって、投棄地は集落の水田の最上流に位置し、そこから流出する汚水は下流の水田を広く汚染しつづける。自分と地域の利益を守るという、これまでの農村の行動原理からすれば、こういう行為に地元民が積極的に関与しつづけ

るなどありえないことだった。地元集落としては当然、地主に対して態度を改めるよう繰り返し求めてきたが、聞き入れられていない。純農村地域の事件として、この点もきわめて異様なのである。

進むムラの売り渡し

　ゴルフ場、レジャーランド開発については、詳しくレポートする紙数がないが、これについてもやはり従来の常識を超える特徴をいくつか指摘できる。
　まず第1は開発の規模とスピードのものすごさである。祖先から受け継いだ土地を守る、これが従来の農村、農家の基本的な姿勢であった。だから、農家にとって土地は不動産ではなく、暮らしの糧を生み出す家産であった。その土地がいま一気に開発業者の手に渡ろうとしている。最近のリゾート開発による土地移動の規模は、戦争直後の農地改革に次ぐほどのものである。農地改革の場合は主として、国家権力が主導した農村内部の所有権移動だったが、今回は民間ベースの開発で外部の開発業者への土地の流出である。
　なぜ農家はいま、これほどまでに土地を売り急ぐのか。その理由はいろいろあるだろうが、農家、農村の未来に見切りをつけるという深層心理の変化を抜きに現在の事態は説明できないように思う。
　第2は開発内容への地元の関与はまったくみられず、完全に外からの開発で、地元は土地を安く売り渡すだけという図式の見事さである。地元では事業内容の説明会すらまともには開催されず、地権者も事業内容をほとんど知らず、関心も示さない。開発予定地が地権者の集落に隣接する裏山で、なかには予定地内に人家が含まれる例すらあるのに、である。
　環境保全か開発かという議論があるが、かりに開発推進の立場に立つとしても、これほどはなはだしく他人まかせの開発というのも例がないだろう。申しわけ程度に語られていた「地元雇用の促進」のお題目も、都心70km圏の八郷町ではすでに人手不足で、それを言う人もなくなっている。ましてやリゾート開発と地場産業振興との連関など聞いたこともない。こうした実態からすれば現在八郷町で進められているのはじつのところ農村開発などでは

なく、バブルマネーを手にした不動産・リゾート業者への農村の売り渡しだとしかいいようがないのである。

地元を守るのは地元民

　静かな農村八郷町には、いま、このように都市のゴミとバブルマネーがセットで押し寄せており、地元内部にもそれを招き入れてしまう残念な状況があるのだが、八郷町民の全部がそれをよしとしているわけではない。最近の環境破壊に危機感をつのらせている町民も少なくない。
　不法投棄で苦しむ下青柳集落には集落役員らで構成される産廃対策委員会が組織され集落ぐるみの運動を進めているし、一般町民も昨年（1990年）7月に「八郷町の環境を守る町民連絡会」を結成し環境を守る活動に立ち上がった。
　ゴルフ場開発に対しては、すでに約5,000名（町内約1,500名）の反対署名が集められており、また、暮らしの足元から環境を見直そうとの考え方から、生活排水の調査や粉せっけん普及運動、さらには台所廃食油からのせっけんづくりまでさまざまな取り組みが進められている。連絡会の会員は現在150名ほど。なかには私のように最近八郷町に越してきた新住民の会員もいるが、大半は古くからの住民たちで、生協との産直に取り組む農協スタッフや元気印の主婦グループ、有機農業の農家グループなども有力会員として活躍している。
　運動はまず、ゴミやリゾート開発など押し寄せる環境破壊の一つひとつに立ち向かうことから始められた。切迫した思いからのそれらの取り組みの中から、最近では町の環境を守るには恵まれた自然条件を生かした農林業や地場産業の振興、明るい地域づくりと八郷町らしい暮らし方などについてのビジョンが必要ではないかということに気づくようになり、草の根からのビジョンづくりにも取りかかろうとしている。

第5章

農耕文化論

第5章　はしがき

　菱沼達也先生の『私の農学概論』（農文協、1973年）の副題は「農学における人間の研究」である。農業、農村問題の探究の際にはそこで生きる人たちをいつも忘れてはいけないという強い教えがここに示されている。

　私が手にした農業、農村系の初めての著書は大牟羅良さんの『北上山系に生存す』（未来社、1962年）だった。高校2年生の春、東京・高円寺駅前の書屋で惹かれるものを感じて購入した。続いて大牟羅さんの岩波新書『ものいわぬ農民』も買って読んだ。高校の先輩が社会学者きだみのるさんのファンだったこともあってきださんの農村ルポも高校生の頃にいくつか読んだ。

　そして大学に入学し菱沼先生の教えを受けるようになったのだが、そのころ菱沼先生は、大牟羅さんときださんの著作を取り上げて、その農民観、人間観を強く批判しておられた。お二人の著作を惹かれて読んでいただけに、菱沼先生のこの批判には驚き、そして深く感銘した。以来、先生のこうした姿勢、視角について何度となく思い出しつつ今に至っている。

　本章は、私の歩みの中で書いた、先生からの「そこで生きる人々のことをいつも思い続けなさい」という教えに多少は関連する文章をいくつか集めてみた。50年という年月を振り返ってみると「そこで生きる人々」の問題は実は時代の文化としても捉えなければならないと感じるようになっているので本章の表題は「農耕文化論」とした。

　第1節は、鯉淵学園で農業青年教育に携わっていた頃の小文である。岩波

書店から刊行されていた『日本通史』第20巻の月報20（1995年7月）に掲載された。岩波書店編集部の方から執筆依頼を受けたときには、大きな歴史書シリーズの月報に何故私が、という疑問をもったが、同シリーズの編集に民衆思想史の安丸良夫さんが加わっておられて、安丸さんの推薦による依頼だと聞かされた。安丸さんとは一面識もないのだが、きっと私が大本教が設立した農民団体「愛善みずほ会」について少し調べていたことから私の名前をご存じだったのだろう。光栄に感じて依頼をお受けした。

　第2節は、私の宮沢賢治論である。宮沢賢治についても菱沼先生の教えから始まる。宮沢賢治はいまも大人気で、賢治を論じた本は数え切れないほどある。しかし、農に視点をおいた賢治論は菱沼先生のものしかないと感じていた。菱沼先生は、東北の地主の子として生まれたという自らの境遇、そこから出てくる生き方についての苦悩、生産農民とともにありたいという思い、などについて強い共通性を賢治に感じておられたようだ。本節は菱沼先生の賢治論をいまにつなげ、一歩前に進みたいという思いから執筆した。

　日本農民文学会という小さな文芸団体の機関誌『農民文学』296号（2012年2月）に掲載された。茨城大学退職の時であり、これを菱沼先生への卒業論文とすることができた。その後、拙文の同誌掲載がご縁で私も同会に入会し、いまその事務のお手伝いをしている。

　第3節は、アイヌや蝦夷（えみし）などの日本の先住民族の文化についての覚え書きである。池澤夏樹さんと熊谷達也さんの長編小説を読んでの読後感想文である。もとの手稿には両著からの長い抜き書きを収録していたが、著作権の関係で本書ではその部分は割愛した。これは2010年2月11日、私の63歳の誕生日の手稿である。そのためこの節だけはですます調となっている。

　第4節は、2004年6月に秋田県大潟村で開催された第4回日韓中環境保全型稲作技術会議での基調講演の記録である。中国東北部、朝鮮半島、東北日本の稲作について、歴史的にも、現状としても、将来展望としても、強く連関したものとして捉えていきたいとの思いからの取りまとめである。ここで提示した私の視点は、前節「補遺」の中国北方稲作史についての覚え書きに

つながっている。

　第5節は、農と食の平和論である。いま、日本も世界も戦争の危機に満ちた時代となってしまっている。よりリアルにみれば戦後70年は、引き続く戦争の時代であったとも言わなければならない。そんなリアリズムを踏まえてか「絶対平和論など空論だ」という声も強くなっている。食料自給論さえも戦時対応を含むべきだという意見が主流となりつつある。しかし、農と食の立場からは原理的にも現実的にも絶対平和論しかありえない。そのことを強く主張したいとの思いから本章の最後にこの小文を収録した。『たべもの通信』2002年8月号に掲載された。

　加えて本章の終わりに「付」として万葉集の山上憶良の「貧窮問答の歌」の口語訳を載せた。よく知られた長歌で改めて読んでみれば胸にしみる。貧しい民衆の暮らしに思いを寄せる地方役人の心、貧しい中でも蹲(うずくま)るだけでなく堂々と主張する民衆のことば、その対話のあり方がしみじみとかつ簡潔に歌われている。私には憶良のこの歌を万葉仮名の原文ですらすらと読む力はないのだが、高木市之助さんの名訳（高木市之助『貧窮問答歌の論』岩波書店、1974年）を参照しながら、私流に改訳してみた。

　万葉集は学生の頃からいつかは落ち着いて読んでみたいと思いながら、現職時代はその余裕は作れなかった。茨城大を定年退職してからは、幸い時間のゆとりも少しできて、読めなかった本、昔読んだ本などの読書を楽しんでいる。急ぐ必要のない読書の幸せをつくづくと感じている。その読書の一つが万葉集である。幸い手もとに北山茂夫さんの名著『萬葉集とその世紀』（上中下、新潮社、1984年）、伊藤博さん校注の『万葉集』（上下、角川文庫、1985年）、折口信夫さんの『口訳　万葉集』（上下、河出書房新社、1976年）があったので、それに導かれてぽつぽつと読み継いでいる。万葉集はもちろん相聞の歌集だが、そこには野の自然が繊細かつ豊かに詠われ、防人らの素朴な民衆の歌も多く採録されている。しかし、何と言っても異彩を放っているのが憶良のこの歌だ。1300年前の憶良のこの世界に少しでも近づきたいとの思いから、つたないながら改訳をしてみた。2014年初秋のことである。

第1節　あえて農業を選ぶ若者たちの登場

　数日前、私が勤務している鯉淵学園に1人の日焼けした青年が訪ねてきた。この4月（1994年）に茨城県内の私立大学を卒業した彼は、百姓志願者で、「来春就農したいのだが、受け入れてくれる土地を紹介してほしい」というのが訪問の趣旨だった。彼の家は非農家で、大学での専攻も心理学。これまで農業とのかかわりはほとんどなかったが、農業志願の希望に燃えており、すでに千葉県で1年間の農業実習を開始していた。とても誠実で、明るく、かつ有能そうな青年だった。

　彼のようにあえて選んで農業の道をめざそうとする若者と出会うことは、かつてはあまりなかったが、最近ではそれほど珍しいことではなくなった。彼のような若者の数は確実に増加しつつあり、少数派ではあるがすでに社会の一群を形成しつつあるように思える。

　鯉淵学園は、農業・農村の現場で働く若い人材養成を目的とした民間のごく小さな専門学校であるが、ここでも若者たちの新しい動向が確認できる。はっきりした変化が見られるようになったのは90年代に入ってからだった。80年代は農業後継者不足が深刻化した時代だったが、当学園も募集しても学生が集まらず、定員割れの困った状態が続いていた。ところが、90年代に入ると、応募者は少しずつだが増加に転じ、学生の意識も前向きな方向へと変化する兆しが見えはじめたのである。

　学生募集は依然として苦戦しているが、定員割れはいちおう解消し、94年、95年には定員の1.4倍程度の応募状況へと回復した。

　学生の意識については、80年代には親からの強い勧めで入学したという学生がかなり多かったため、入学当初は農業に関して3Kなどのマイナスイメージを強く抱いた学生も少なくなかった。ところが最近では、入学当初から農業にプラスイメージを持ち、自分から選んで農業専門学校に入学してくるという学生が次第に増えている。

今年（1995年）の新入生のアンケートは次のような結果だった。まず、農業好感度では、農業は嫌いだという学生は6％で、逆に農業が好きだと明示的に答えた学生は47％だった。農業イメージについては、「農業は社会的に価値がある」「田舎暮らしが好き」「農業をしていると災害時に安心」「農業は自然に優しい」などが上位を占め、「農業には3Kイメージがある」などのマイナスイメージの回答を上まわっていた。鯉淵学園への入学動機についても、「自然や野外の仕事が好き」「農業には将来性がある」などが、「家が農家で農業を継がなくてはならないから」「親などから強く入学を勧められたから」など、従来なら多数を占めていた項目を超えて上位を占めていた。

戦後日本の農業・農村にかかわる青年問題を振り返ると、おおよそ3つの時期に区分されるように思われる。

まず第一は、いわゆる次三男問題の時期である。1946年3月、鯉淵学園の第1回の学生募集では、120名の定員に対して応募者が3,000人を越えたというから、今では考えられないようなたいへんな人気であった。戦後の食糧難時代であり、農場があるので食べることに心配せずにすむという特殊事情も働いていたようだが、それだけではなく、当時の青年たちにとって農業や農村がかなり魅力的な存在だったということなのだろう。そしてそのように魅力的な農業・農村に指定席が約束されていたのが農家の跡取りたちだった。その一方で、はじめから疎外されていたのが農家の次三男たちだった。たとえば深沢七郎氏の短編『東北の神武たち』（1957年）には、閉ざされた村のなかで行き惑う次三男たちの哀切が、コミカルに、かつ暖かく描かれている。

しかし間もなく、行き惑う次三男たちにも解放の時がやってきた。かつて彼らが夢見た農業や農村での自立という方向ではなく、復興する都市や工業へ他出するという形ではあったが。農村から都市への若者流出という新しい時代状況は、かつて幸運者として自らの位置を疑うことの少なかった農家の跡取りたちに、「むらに残る自分はこれで良いのか」という自問を迫ることになった。山形県の農民作家、佐藤藤三郎氏の『25歳になりました』（1960年）

はこうした時代的課題に応えるものとして出版された。佐藤氏の青年時代に、農村の若者問題は、いわゆる次三男問題からいわゆる農業後継者問題へと局面を転じたのである。

　若者たちの都市への流出はさらに進み、次三男や女子から次第に農家の跡取り層全体にも及ぶようになる。跡取りの他出は農家の危機であり、また家の危機でもある。当然、跡取りの進路をめぐって厳しい綱引きが始められた。しかし、農業や農村の側では積極的に若者を迎え入れる条件を自らのうちに十分成熟させきれないままに、家や社会が「宿命としての就農」を跡取りたちに押しつけるという図式が一般的なものとして形成されていった。農家の跡取りであることが幸運であった時代から、幸運とは言えない時代への転換のなかで、就農の道に進んだ若者にとってのテーマは、「宿命」をめぐる迷いと向き合いながらそれへの納得を踏まえて自分を確立するところにあった。

　秋田県で農業改良普及員として農村青年の指導にあたってこられた鈴木元彦氏は『むらびとの詩』（秋田書房、1982年）のなかで、1970年代初め頃の農業後継者たちの「迷いと納得」の状況について次のように記している。

　「結局、あなたの場合だって、しかたがなくって農業を継ぐっていうのは、正直な気持ちだろうと思う。でも、それが土台なんでさ、その上にあとどうあなたの生活を創って行くのか。それがほんとうの跡継ぎなんじゃないかな」

　「ここから出発するんじゃないかな。この"わたし"のところから」

　「"わたし"から出発して、いかに"迷うか"にむらの青年たちの"青春"があるとぼくは考えている」。

　しかし、1980年代になると状況はさらに転換し、「宿命」という形では若者を農業の担い手として迎えることはほぼ不可能という時代になった。家や社会の側も「宿命としての就農」を強制する意思を失っていったし、若者たちの側についても「宿命としての就農」などという観念は知らないという思考タイプの人たちが多数を占めるようになっていった。

　鯉淵学園で学生の定員割れが続いた80年代が、ほぼこの時期に相当し、統計数値としても農業の若い担い手の数が激減していた。私には社会的問題と

してのいわゆる農業後継者問題は、この時期にほぼ終わったのではないかと思える。

しかし、この80年代には従来とはまったく別の文脈から農業や農村にアプローチする若者たちが現れ始めた。共通するコンセプトは「カントリーライフ」「自然派青年実業家」などであり、それはたとえば自然工房アリスファームを創業した藤門弘・宇土巻子氏の『カントリーライフのすすめ』（現代評論社、1981年）などに象徴されている。彼らは、職業として、あるいは生き方として、農業、あるいは農村環境を舞台とした手仕事、それらも含めた田舎暮らしなどを積極的に選択しはじめた。こうした若者たちの数は徐々にではあるが、確実に増えている。

端的に言えば、若者たちの動向は「農業忌避」「農業からの逃散」から「あえて農業を選ぶ」へと転換しつつあるということである。冒頭で紹介した青年や鯉淵学園生の最近の動向などはこのことをよく示しているように思われる。

従来、農業に係わる若者問題は、「教育」という文脈から「若者側に問題あり」と語られることが多かった。もちろん現在でも「教育」の課題は重要である。しかし、上に述べてきたような新しい状況の下では、問題のボールは若者たちから大人（社会）の側に投げ返されているとの視角の転換も必要なのではなかろうか。

「農業後継者問題」の時代は「農業近代化」が進行した時代でもあった。後継者が得られないほどの厳しい労働力流出の環境下で進行した「農業近代化」は、就業や雇用の構造の面での歪みも伴わざるを得なかった。新規雇用などは想定せず、残存した家族労働力の範囲内で、できるだけ生産性の高い経営構造を作り出すことが、そこでの差し迫った課題となった。かつて雑業的労働力が担っていた仕事は機械化等で対処し、対処できない部分は切り捨てるというリストラ的過程も並行して進められ、土地利用や栽培作物の構成は著しく単純化されていった。それは、よく言えば少数精鋭の担い手構成へ

の道であったが、同時に新規労働力の参入を難しくしてしまう構造の形成でもあった。端的にいえば、若者求人のない経営構造が体質化されてしまったのである。

　こうした時代を経て今日、農産物輸入の自由化など農業の経営環境がますます厳しくなるなかで、「あえて農業を選ぶ」若者たちの出現に、既存の農業陣営はある種の戸惑いをみせているように思える。彼らの出現は喜ばしいのだが、彼らを受け入れる場や仕組みが、時代の転換に対応してまだ十分には準備されていないのである。「あえて農業を選ぶ」若者たちを積極的に迎え入れ、彼らの力を農業発展に活かすにはどうしたらよいのか。問題の焦点はこのあたりに移行しているように思われる。

第2節　地人の道を歩もうとした宮沢賢治―農業技師という側面から―

はじめに

　宮沢賢治の愛読者、愛好者は大勢おられる。賢治を論じた著書も多く、私の書架にも30冊ほどの賢治論が並んでいる。いずれの著書も賢治を深く敬愛し、賢治の作品と歩みを詳しく読み込み、心を込めて書かれたものばかりである。その中には私の愛読書もある。私がもっとも身近に感じられた賢治論は山尾三省さんの『野の道―宮沢賢治随想』（野草社、1983年）である。

　宮沢賢治論を巡るこんな状況のなかで、賢治について改めて論じる隙間はもうほとんどないようにも思えた。私の場合は、若い頃から賢治に惹かれ、その作品もぽつぽつと読んではきたが、専門家とはほど遠く、単なる周辺の一読者に過ぎない。だが、それでも宮沢賢治と有機農業について小さな覚え書きくらいは書いてみたいと思うようになっていた。

　そんな気持ちになって書架に並ぶ賢治論のページをめくってみると、農民とともに野の道を歩こうとした農業技師として賢治について論じたものがあまり見あたらないことに気付いた。もちろん私の見落としもあるだろうが、この関係の論考が少ないことは間違いないように思われる。

　賢治には数は多くはないが、すばらしい農事詩がいくつかある。「雨ニモマケズ」や『農民芸術概論綱要』は別格として、比較的よく知られ、論じられることのあったのは、「野の師父」や「稲作挿話」だろう。しかし、そのほかの農事詩については読み、知られることは少ないように思われる。

　賢治の人生は短かったが、そこには実にさまざまな顔と道筋があった。詩作や童話創作に取り組んだ文芸家としての賢治、日蓮宗の熱心な信者だった宗教家としての賢治、そして農業や農村に関わって新しい現実世界を作ろうとした社会的実践家としての賢治、などがその主なものだろう。私は、これらの様々な賢治像の中で、実践家としての賢治に惹かれ、なかでも農業技師

としての賢治について、自分自身と引き比べながらいろいろと考えてきた。

　以前に『農民文学』への寄稿を誘われて、嬉しく感謝し、この機会に賢治について書いてみたいと思いはしたが、実際には筆が進まないままで経過してしまった。単なる一読者が文学雑誌に賢治について一文を書くと言うことは、やはり躊躇はある。読み込み不足や資料探索の不備もあるだろう。また、独りよがりの間違いもあるだろうとも恐れた。しかし、それは後で厳しくご指摘頂くとして、賢治が野の道を歩もうとした農業技師だったとすれば、その志に続こうとする後輩の一人が追想の文章を書いてもおかしくはないと自分を励まし、この文章をまとめることにした。とても賢治論と言えるほどのものではないが、現在の私の覚え書きとしてお読みいただきたい。

農業技師としての賢治の歩み

　まず、すでに詳細に整理されている先学者らによる年譜から、野の道を歩もうとする農業技師としての賢治の歩みを摘記しておこう。

　明治29年（1896）岩手県稗貫郡花巻町に生まれる。
　　実家は花巻町で質、古着商を営む新興の富裕な商家だった。この出自がその後、賢治を地人の道へと進ませることになった。
　明治36年（1903）町立花巻川口尋常小学校入学。
　　4年生頃から鉱物、植物、昆虫採取と標本作りに熱中するようになる。
　明治42年（1909）県立盛岡中学校入学、寄宿舎生活になる。
　　近辺の山野に出かけ、鉱物、植物採取に熱中。
　大正4年（1915）盛岡高等農林学校入学。
　　土壌学の教授関豊太郎教授に師事。地質学的土壌学を学ぶ。
　大正7年（1918）母校に研究生として残り、稗貫郡土性調査に従事し、地形地質学的土壌学の基本を実地に体得し、また、稗貫盆地の農地土壌について詳細な知識を得た。
　大正9年（1920）母校研究生を修了。
　　父からは家業を継ぐことが求められたが、貧しい人々から利益を得るよ

うな商売のあり方を嫌悪し、父の求めを拒絶した。また、恩師からは助教授として母校に残ることを勧められ、父も学究の道に進むことに賛成したが、賢治は学究の道も選ばなかった。

大正10年（1921）地元の郡立稗貫農学校（後の県立花巻農学校）の教諭となる。

農学校教諭として、生徒とともに多方面に大活躍した。その過程で農民芸術を構想し、その推進を提唱するようになる。

大正15年（1926）花巻農学校教諭を依願退職。下根子の別宅に移り自炊生活を始め、地人への道に踏み出した。同志を募り荒れ地開墾に取り組む。各地に肥料相談所の開設を企画し、また、6月には「農民芸術概論綱要」を講述。11月には「羅須地人協会定期集会」の案内を出した。この案内文に羅須地人協会の構想が示されていた。そこでの主な農事活動は肥料設計相談だった。

昭和2年（1927）労農党稗貫支部の活動に便宜を図ったとして警察の調査を受けた。

昭和3年（1928）稲熱病が大発生するなかで、肥料相談、農事指導で地域を奔走し、8月に疲労で倒れ、以降、逝去に至るまで健康は快復しなかった。

昭和4年（1929）病床に東北砕石工場主の鈴木東蔵氏の訪問を受け、事業についての相談を受ける。石灰岩利用という岩石関係の仕事であり、大きく心が動いたようだ。

昭和6年（1931）病状が少し快復したので東北砕石工場の技師となり、石灰販売の仕事に懸命に携わる。しかし、この仕事でも過労となり、病状はぶり返し、再び発熱臥床を繰り返すことになり、つらい療養生活を続けなければならなかった。そうした病床でも農民からの肥料設計の相談にも対応していた。

11月に「雨ニモマケズ」を手帖に書いた。

昭和7年（1932）3月に病床で「グスコーブドリの伝記」を執筆し公表。

昭和8年（1933）わずかに歩行できるようになり、肥料設計の相談対応を再開した。しかし、病状は良くならなかった。逝去の前日にもなお農民の農事相談に応じていた。

9月21日、「南無妙法蓮華経」と唱題した後、喀血して逝去。享年37歳

賢治のこうした歩みを、社会的実践家、なかでも野の道を歩もうとした農業技師という側面から時期区分して、その要点を整理すれば次のようになる。

幼少期：新興の質屋・古着屋の長男として生まれたこと。賢治は、成人して、農民に近づき、農民と共に野の道を歩き帰農へと歩んでいくことになるのだが、年譜抄でも述べたように、その起点には賢治の出自と家業への嫌悪感があった。

また、小学生の頃に鉱物採集、植物採集に熱中したことが、賢治の石と天体についての独自の世界を開く基になった。

盛岡高等農林時代：恩師関豊太郎と出会い、地質学的土壌学を学び、石ころ少年の夢が大きく広がった。研究生の時に稗貫郡土性調査に携わり、稗貫の山野を調査でくまなく歩き、その地形と表層地質、そして土壌について十分納得できる像を描けたことが、その後の農業技師・宮沢賢治のすばらしい基礎となった。

卒業後の進路に関して、家業を継ぐことを拒絶し、人造宝石の加工商を夢想したが、具体化できず、結局、地元の農学校教師となった。この選択は、花巻の裕福な商家の長男としての賢治にとって、貧しい農民たちと結び合う下向への大きな転換点であった。家業は弟の清六が継ぐことになったが、清六も質・古着商への嫌悪感が強く、大正15年に質・古着商を廃業し、宮沢商会を開業し、商店として建築材料や電動具などの販売に携わることになる。

花巻農学校時代：教師になる気などまったくないと言っていた賢治だが、生徒らと共に農学校の教師として大活躍する。これまで培ってきた賢治の才能が全面展開していった。そのなかで「農民芸術」「地人」という構想が形作られ、固まっていった。農学校の生徒の多くは農家の子供たちであり、そ

の多くは卒業後は百姓として生きていく者たちだった。賢治はここで初めて現実の百姓たちと交わり、その社会的現実と向き合うことになったのだろう。

羅須地人協会時代：農学校教師としていわば絶好調の時に、賢治は「本統の農民になる」と思いを固め、次への跳躍として農学校を辞して、地人、帰農の道、すなわち社会的実践家としての道へと進んだ。その時の賢治が描いたモティーフは「農民芸術概論綱要」に示されており、それを進める組織として「羅須地人協会」を設立した。

地人という造語に賢治が何を込めようとしたのかは、大いに議論のあるところだが、そこでは「農民芸術という世界の実現」「農耕と生活文化の共同体創設」「農事相談、農事改良の推進」等が意図されていたことは明確のようである。しかし、「共同体創設」については、治安維持法が大正14年（1925年）に公布されるという時代状況のなかで、当局からの嫌疑や圧力もあったのだろう、明示的な活動目標としては間もなく取り下げられてしまう。

若い同志たちとの荒れ地開墾を含む初めての農耕生活は、賢治に大きな喜びを拓いたようだが、同時に賢治の体力ではかなりつらいものだったようで、疲労が蓄積し、健康が損なわれていったものと推察される。

農事相談は農民からの求めに応じた肥料設計がおおよそ2000件とされており、驚異的な活躍ぶりである。しかし、この活躍と熱中も賢治の体には大きな疲れを蓄積してしまったものと推察される。

昭和3年（1928年）8月、ついに病に倒れ、「羅須地人協会」時代の活動は2年4ヶ月で終わった。

病臥のなかで：昭和8年（1933年）9月の逝去の日まで、健康は回復せず、主に病臥の日々が過ぎた。「羅須地人協会」の夢は、疲労そして病によって無惨に破れてしまったのだが、しかし、賢治はこの病臥の時期も懸命に生きた。農民からの求めがあれば農事相談、肥料設計にも応じていた。

病をおして東北採石工場の技師として働き、その疲れも死を早めたのではないかと思われる。

砕石工場技師に賢治が何を求めようとしていたのか、それが病臥のなかの

賢治にとってどのような方向選択を意味していたのかは検討されるべき事柄と思われる。

　「雨ニモマケズ」と「グスコーブドリの伝記」が病臥の賢治にとって最後の作品となった。それぞれに示された賢治の精神にはどんな特質が示されているのか。それは同じであったのか、異なるところもあったのか、等の論点についても「羅須地人協会」以降の賢治の歩みとして検討されるべきだと思われる。

　最初にも述べたが、賢治にはもちろん農業技師という側面だけでなく、文芸家、宗教家という大きな側面もある。賢治のこれらの側面については多くの論者による詳細な研究が尽くされている。これら側面の主な特徴を右に述べた時期区分に沿って整理すれば次のようになる。

　童話創作や詩作などの文芸活動については、次のような歩みがあった。

　盛岡中学校時代から短歌の創作が始まり、盛岡高等農林時代には、同人誌「アザリア」を創刊している。高等農林の研究生時代に童話創作が始められた。童話創作は花巻農学校時代に最盛期を迎える。また、その頃から詩作にも取り組みはじめ、1924年には『春と修羅』（第一集）、童話集『注文の多い料理店』を刊行している。羅須地人協会時代に『春と修羅』（第二集）、（第三集）の旺盛な詩作が続けられた。すでに書いたように、病臥のなかで「雨ニモマケズ」を書き記し、「グスコーブドリの伝記」を執筆した。

　また、その頃に「銀河鉄道の夜」、「ポラーノの広場」について大幅な加筆改訂をしている。

　宗教家としての賢治の歩みはおおよそ次のようであったとされている。

　熱心な浄土真宗の家に生まれ、仏教的環境で育った。1912年、16歳の時に盛岡在住の浄土真宗の僧侶島地大等の法話を聞き、歎異抄に心酔。1914年島地の編著『和漢対照妙法蓮華経』を読み強く感動した。1920年、日蓮の法華経に傾倒し日蓮宗の信者団体である「国柱会」に入会。1921年、法華経布教のための創作を「法華文学」と称して創作活動に励んだ。1933年、病臥の中

第 5 章　農耕文化論　　271

で「南無妙法蓮華経」と唱題し、喀血して逝去。法華経千部を印刷し知人に頒布することを遺言した。

賢治の農事詩

　さて、賢治の歩みを以上のように整理した上で、賢治の農事詩について考えてみたい。
　賢治の詩作の多くは『春と修羅』第一集から第四集にまとめられている。生前に刊行されたのは第一集のみだが、第二集、第三集は刊行のために賢治が編集したもので、第四集は没後に関係者が第一集から第三集に漏れていた詩作をまとめたものである。『春と修羅』の副題を賢治は「心象スケッチ」としており、その趣旨に則して、作品はおおよそ執筆順に掲載され、作品番号、執筆日も記載されている。しかし、第四集にはそれがなく、執筆時期が不明のものもある。
　それらの詩作のなかで農事詩と呼べる作品は『春と修羅』第三集からで、第一集、第二集には見あたらない。第三集の収録作品は1926年以降のもので、したがって賢治の農事詩は、花巻農学校を退職し、「羅須地人協会」を展開させた時期にほぼ限られているということである。
　比較的よく知られている農事詩の執筆年次を拾えば次のようである。
「野の師父」（1927年3月28日）
「稲作挿話」（1927年7月10日）
「和風は河谷いっぱいに吹く」（1927年7月14日）
「臺地」（1928年4月12日）
「穂孕期」（1928年7月24日）
　関連して『農民芸術概論綱要』の講述は1926年6月、「雨ニモマケズ」の執筆は1931年11月とされている。
　上に挙げた「野の師父」から「穂孕期」までの詩作は、「稲作詩」とでも呼ぶべきもので、感動的でとても美しい。賢治が農業技師として稲作の肥料相談に駆け回るなかで書かれたものである。『春と修羅』第三集の後半に収

録された詩作である。

　それに先だって、『春と修羅』(第三集) の前半には、「稲作詩」とは趣を異にした「農業労働詩」とでも呼ぶべき作品群が収録されている。「農業労働詩」の多くは1926年、すなわち「羅須地人協会」スタートの年の作である。

　こうした予備的認識の整理を踏まえて、賢治の「稲作詩」と「農業労働詩」について、その相違も含めて考えてみたい。時期を追うことが良いと思われるので「農業労働詩」から具体的に考えてみよう。

「農業労働詩」の断片から

　賢治の「農業労働詩」は一般にはあまり知られていないと思われるので、『春と修羅』第三集の前半に収録されている詩のなかから特徴的だと思われる詩句をいくつか抜き出してみたい。

　　驟雨はそそぎ
　　土のけむりはいっさんにあがる
　　ああもうもうと立つ湯気のなかに
　　わたくしはひとり仕事を怠る
　　…枯れた羊歯の葉
　　　野ばらの根
　　　壊れて散ったその塔を
　　いまいそがしくめぐる蟻
　　杉は驟雨のながれを懸け
　　またほの白いしぶきをあげる
「圃場」作品276番　26年7月15日

　　たのしくしづかな朝餐な筈を
　　こんなにわたくしの落ち着かないのは
　　昨日馬車から坂のところへ投げ出した

第 5 章　農耕文化論　　273

　　　厩肥のことが胸いっぱいにあるためだ
「仕事」作品734番　26年 8 月27日

　　　ここの畑で聞いてゐれば
　　　楽しく明るさうなその仕事だけれど
　　　晩にはそこから忠一が
　　　つかれ憤って帰ってくる
「はるかな仕事」作品738番　26年 9 月10日

　　　野ばらの藪を
　　　やうやくとってしまったときは
　　　日がかうかうと照ってゐて
　　　そらはがらんと暗かった
　　　おれも太市も忠作も
　　　そのまま笹に陥ち込んで
　　　ぐうぐうぐうぐうねむりたかった
　　　川が一秒九噸の針をながしてゐて
　　　鷺がたくさん東に飛んだ
「開墾」作品第1017番　27年 3 月27日

　　　白いオートの種子を播き
　　　間に汗もこぼれれば
　　　畑の砂は暗くて熱く
　　　藪は陰気にくもってゐる
　　　下流はしづかな鉛のみずと
　　　尾を曳く雲にもつれるけむり
　　　つかれは巨きな孔雀に酸えて
　　　松の林や地平線

ただ青々と横る
「燕麦播き」作品1036番　27年4月11日

　　ひとの馬のあばれるのを
　　なにもそんなに見なくてもいい
　　おまえの鍬がひかったので
　　馬がこんなにおどろいたのだと
　　こぼれた厩肥にかがみながら
　　封介はしづかにうらんで云ふ
　　封介は一昨日から
　　くらい厩で熱くむっとする
　　何百把かの厩肥をしばって
　　すっかりむしゃくしゃしてゐるのだ
「悍馬」作品1046番　27年4月25日

　これらの詩句に記された農業労働についての賢治の心象の要点は次のようになるが、それはいかにも暗い。
・農業労働は過酷で辛い。
・農業労働は思うようには進まない。
・それ故に農業労働は人々の心を離反させ、トゲのある人間関係を作ってしまう。
　これらの詩句から受ける印象は賢治の他の詩篇とはかなり違っている。自然の中での野良仕事のすばらしさ、自然のいのちと交差する労働のすばらしさを謳歌するというニュアンスはそこにはほとんど顕れていない。
　賢治は農学校教師を辞し、下根子の別宅で自炊生活を始めてから、自ら本格的に農耕に従事することになった。それが彼にとっての初めての本格的農作業であった。「農業労働詩」はその時の体験を率直に認めたものであろう。賢治の農耕への取り組みは一直線に真摯であったが、農の現実は彼の挑戦を

安らかには受け止めてくれなかったということなのではないか。
　よく知られているように『農民芸術概論綱要』には農の労働について次の言葉が記されている。『綱要』の起稿と講述は、上に抜き書きした農業労働詩が書かれたほんの少し前の1926年6月頃と推定されている。

　　おれたちはみな農民である
　　ずゐぶん忙しく仕事も辛い
　　もっと明るく活き活きと生活する道を見付けたい
　　われらの古い師父たちの中にはさういふ人も応々あった

　　曾て我らの師父たちは乏しいながら可成楽しく生きてゐた
　　そこには芸術もあり宗教もあった
　　いまわれらにはただ労働が
　　生存があるばかりである

　　いまやわれらは新たに正しき道を行き
　　われらの美をば作らねばならぬ
　　芸術をもてあの灰色の労働を燃せ
　　ここにはわれら不断の潔く楽しい創造がある

　ここに示された賢治の農業労働観について、私たちは、彼が農の労働について十分に体験し、自然とともに生きようとする農の労働の本質についてもしっかりと会得した上で、語られたものと考えがちである。しかし、それは少し違っているのかもしれない。もし彼が農の労働について十分な体験と認識を持てていたとすれば、農の労働は辛く暗いばかりではなく、自然と結び合う歓び、いのち育む創造的歓び等がそこにはあり、人々の暮らしの長い歴史の基盤には農の労働があることをもっとポジティブに論じていたのではないだろうか。

『綱要』では、冷たく暗い農の労働の否定の上に、農民芸術の創造が構想されている。しかし、もし、彼の農業労働観がもっと成熟していたとすれば、『綱要』の展開はかなり違っていたのではなかろうか。1920年代の寄生地主制のもとであえいでいた東北農村の過酷な現実を踏まえたとしても、これらの詩句を読む限りでは、賢治は農の労働の入り口にいて、それとうまく馴染めず、その世界にまだ入り込めずにいたと理解した方が良いのではないかとも思えてくるのである。土に生きる一人の百姓としての歩みがまだうまく始められずにいる。そんな賢治の姿がここに示されているとも言えるのではないか。さらに言えば「農民」とせずに「地人」とした彼の造語には皮肉にもそんな彼の状態が反映されていたとは考えられないだろうか。

　この時期の賢治の農耕生活の様子について教え子の菊池信一氏の次のような回想も残されている（堀尾青史『年譜宮澤賢治伝』図書新聞社、1966年、中公文庫版302～304ページ）。

　「目をもどすと、窓越しに机にもたれて眠っている賢治の姿がうつった。陽にやけた顔、あみシャツをとおしてあらわに見える黒い肩、蚊にさされた無数の黒いあと、破れたかかとの穴を反対にしてはいている靴下の穴からヨードチンキをぬったいたましい切り傷」

　「めしは三日分くらい一どにたき、梅干しを入れて井戸につり下げておく。賢治は教え子のためにそれをひきあげ、汁をそそいでくだき、原形そのままのたくあんを左手でかじりながら、ふたりはおいしい夕食をした」

　また、料理について賢治の次のような言葉も記録されている。

　「料理なんて結局水に味をつけただけですよ。ごはんは一晩井戸の水気を十分含んでいるしね」

　そこには過酷な労働生活の中で、それに耐え、それと適応しながらしっかりと生きてきた農民らしい暮らしの姿を感じることはできない。率直に言って、ここからは農民の労働観や生活感の成熟を読み取ることはできない。

「稲作詩」への展開

　暗さだけが目立っていた「農業労働詩」と入れ替わるように、羅須地人協会2年目の1927年になると、明るく自信に満ちた「稲作詩」が次々と書かれるようになる。協会の重要な仕事として農事相談、肥料設計、稲作指導があり、賢治はそれらの仕事にのめり込んでゆく。

　前にも書いたように賢治が農民に手渡した肥料設計書は2000件を超えると伝えられている。後で紹介するように、その肥料設計は、田んぼと農家の条件に則して極めて具体的で詳細なもので、それを短期間に2000件も書いたとはまったく驚くべきことである。寝食を投げ打っての頑張りが続けられたに違いない。それだけ農家からの求めがあり、賢治には求めに対応する力があったということだろう。これらの農事相談等は協会1年目から開始され、恐らくその年にはその効用が現場で確かめられていたのだろう。

　「稲作詩」はそれらの実績と自信を踏まえて書かれたと言えるだろう。その内容は農学的にもたいへん優れたものとなっている。

　賢治の「稲作詩」の頂点には、歓喜の歌と言うべき「和風は河谷いっぱいに吹く」（27年7月14日）を置くことが出来る。そこには田んぼの自然とそこに生きる稲と農家の努力とそして賢治の懸命な技術的アドバイスの4つが呼応し融合しながら歓喜の世界が作られていったと記されている。そしてそうした稲作実現の基礎には、賢治の周到な肥料設計（技術提案）があった。その有り様は「それでは計算いたしましょう」（執筆時不詳）に詳しく記されている。

　私はこの詩とその農学的意味について、学生時代に菱沼達也先生から強く教えられた。そこには田んぼの土地条件が、地形・土壌学の視点から詳細かつ具体的に認識され、農家自身によって把握された個々の田んぼの営農的特質が確かめられ、さらに個々の農家の稲作への考え方が把握され、その上で、賢治による施肥提案が総合的技術提案として判りやすく農家に提示されてい

る。

　「それでは計算いたしましょう」は、私が知る限り、世の農業技術詩としては最高の作品であり、田んぼと稲の技術論としても最良の作品だと断じることができる。ここまで考え抜いた肥料設計が出来たのは、賢治が稗貫郡土性調査等でこの地域をくまなく歩き調べた成果であり、また、農家との真摯な対話を通じて農家の生活事情と稲作についての考え方をしっかりと理解できていたからだと考えられる。そして何よりもこの地で生きる稲のいのちへの賢治の思いの深さによるものと言えるだろう。もう30年も前のことになるが、私は、この詩と賢治の土性調査の報告書をもって和賀川下流のこの地域を何度も歩いてみた。賢治の地形と土壌と農地についての観察の鋭さ、土地認識の的確さにその都度驚き、感動したのをよく憶えている。

　私はこの二つの詩を対のものと捉えている。

　「野の師父」と「稲作挿話」も対をなす「農事詩」の傑作である。テーマは農の技術の継承と次を担う担い手についてである。「野の師父」には土に生きてきた老農たちへの畏怖と尊敬、その天地と一体化した到達点のすばらしさ、そしてそれに続こうとする自分自身への決意が記されている。「稲作挿話」には自分の後に続く教え子たちが、学び働くなかで正しく成長し、しかも軽薄な世情への批判の力を身につけていくことへの温かな、そして強い思いが記されている。この二つの詩は戦後日本のたくさんの百姓たちに読まれ、感動と励ましを与え続けてきた。

　私も賢治の後に続こうとしてきた一人の農学徒として、ここに挙げた4編の「農事詩」はいつも仰ぎ見る目標であった。「本統の百姓になります」という決意で、農学校教師を辞職し、羅須地人協会を興し、土に生きる一人の百姓として、また農家と共に生きる農業技師として、いのちを懸けた賢治の2年4ヶ月の疾走の意味について、私も、後輩たちに繰り返し語ってきたし、これからも語り継いでいきたいと思っている。

未完の賢治の道—宮沢賢治と有機農業—

　しかし、賢治が生きた時代から間もなく一世紀が経過し、いま賢治のいのちを懸けた仕事を振り返ってみると、その仕事は輝きに満ちてはいるが、しかし未完で、先も見えていなかったと言うしかない。それは賢治の仕事とその達成を貶めるのではなく、それを正しく位置づけ、評価するためにも不可欠な認識だと考えている。

　農業技師としての賢治が生きたのは、1920年代の東北、夏にはヤマセ吹く岩手の稲作だった。この地域の人々の暮らしを支えてきた伝統的な農業は、水田農業ではなく畑での雑穀栽培であった。

　亜熱帯が原産の水稲が日本に渡来ししっかりと定着したのは弥生の頃とされているが、それが東北にまで広がり始めるのは300年ほど前からだった。東北地方でも日本海側の地域では150年ほど前には、水稲は地域に馴染み、それぞれの地域らしい技術も作り出され、稲と田んぼは安定した農の基盤となっていた。

　しかし、賢治の生きた岩手に稲作が定着するのは賢治が生きた時代（大正期頃）からだった。水稲はまだ岩手の風土に馴染み切れておらず、岩手の田んぼも水稲が育つ場としてはこなれ切れてはいなかった。百姓たちもまだ稲作を自分のものにできてはいなかった。

　しかもその頃、岩手の稲作にも硫安、石灰窒素、過リン酸石灰などの化学肥料が急速に広まりつつあり、岩手の近代稲作は初期の大混乱のただ中にあった。また、そうした岩手県においても、稲作を基盤とした地主制の社会体制だけは強固に作られようとしていた。

　歓喜の歌としての「和風は河谷いっぱいに吹く」にしても、それを仔細に読んでみれば、成功した稲作も綱渡りのような不安定さの中にあったことが良くわかる。雨が降れば稲は倒伏し、化学肥料に起因する稲熱病も多発していた。そうしたなかで賢治は、肥料設計において、化学肥料のやり過ぎを戒め、堆肥や有機質肥料の施用を重視し、総合技術として考え抜いた施肥設計

（稲作指針）を農家に提示した。また、苗半作の教えを守り、健苗育成の大切さを強調した。化学肥料への対応力、冷害への対応力のある品種、陸羽132号の普及にも努めている。合理的な栽培管理のために正条植えの奨励もしている。

　だが、当時、岩手の近代稲作が抱えていた問題点は、そうした個別の技術的努力で解決できるようなものではなかった。

　冷害についてみれば、賢治が稲作指導に奔走した頃までは、強い冷害はなかったが（大正期から昭和初期までは岩手でも大きな冷害に見舞われることはなかった）、賢治が病をおして東北砕石工場の技師として働いた1931年には大冷害、大凶作となり（ほぼ五分作）、東北農村には飢饉が広がり、さらに賢治没後の34年、35年にも連続した大冷害に見舞われ、東北農村は昭和農業恐慌の泥沼へと落ち込んでいってしまった。

　「サムサノナツハオロオロアルキ」という詩句は、再び病の床につき、冷害の惨状になすすべもなくすごさざるを得なかった31年冷害への慚愧な思いの表明でもあった。

　勤勉に働いてもなお抜け出せない農家の貧しさの問題の解決には地主制の打破が不可欠であり、それは戦争、敗戦という代償を払って天皇制国家体制の廃止と農地改革等の一連の戦後改革によって果たされた。貧しい小作農は、自立した自作農として再出発し、日本の農業と農村は大きく変わった。もしこの日まで賢治が生きていたとすれば、彼はきっと「べんぶしてもべんぶしても足らない」と喜んだことだろう。そしてほんとうの農民芸術はこうした社会体制のもとでこそ実現できるのだと実感し、「世界がぜんたい幸福にならないうちは個人の幸福はあり得ない」という言葉の意味も社会的現実性をもって噛みしめられたことだろう。

　農業技師としての賢治が直面した諸課題は、歴史の歩みの中でどうなっていったであろうか。打ち続く冷害の苦しい体験を踏まえて東北稲作の体質も寒さに強いものへと強化され、1960年代頃には岩手でも稲作は安定した農の

営みとして定着していった。それは農業近代化という路線の下でのことであり、仔細に見ると、化学肥料の多用と農薬の多用はセットとして進み、堆肥の施用は大幅に減り、食と繋がらない米作りは生産過剰となり、40年にわたって減反＝生産調整がつづけられるという状況に陥ってしまっている。田んぼの区画は拡大され、戦車のような大型機械が田んぼを走り回るようになり、田んぼの土は踏み固められ、田んぼの土のいのちは衰えてしまった。そのなかで稲は毎年稔ってはいるものの、その稔りを「べんぶしてもべんぶしても足らない」と喜ぶ人はほとんどいなくなってしまっている。

　しかし、反面では、こうした近代農業のあり方は根本的に間違っているという認識も各所で生まれ始め、有機農業の実践は各所で取り組まれるようになっている。

　有機農業の取り組みは賢治が亡くなった1930年代の中頃に篤志家によって開始され、以来70年余の歩みを経て今日に至っている。2006年には国会の全会一致で有機農業推進法が制定され、有機農業は国が奨励する農業のあり方となった。

　有機農業とは何か、それはどんな取り組みかと問われたときには、私は次のように答えることにしている（中島紀一『有機農業政策と農の再生』コモンズ、2011年）。

　農業はもともと自然に依拠して、その恩恵を安定して得ていく、すなわち自然共生の人類史的営みとしてあった。ところが近代農業では、科学技術の名の下に、農業を自然との共生から自然離脱の人工の世界に移行させ、工業的技術とその製品を導入することで生産力を向上させることが目指されてきてしまった。こうした近代農業は、地域の環境を壊し、食べものの安全性を損ね、農業の持続性を危うくしてしまった。こうした時代的状況のなかで有機農業は、近代農業のそうしたあり方を強く批判し、農業と自然との関係を修復し、自然の条件と力を農業に活かし、自然との共生関係回復の線上に生産力展開を目指そうとする営みであった。こうした視点から有機農業の展開を考えた場合には、その基本方向は農業における「自然共生」の追求であり、

具体的には低投入、内部循環の高度化、活性化という技術のあり方が追求され、そうしたことを踏まえて農業と農村地域社会の持続性の確保が目指されることになる。

　有機農業の技術論の端的なキィワードは「低投入、内部循環、自然共生」である。有機農業はできるだけ外部資材の投入に依存せず、土と作物の力に依拠し、低投入を原則として生産力の展開を図ることが基本路線であり、それは圃場内外の生態系形成に支えられて実現する。そうした低投入と豊かな生態的環境の中で、作物や家畜の生命力は向上し、発展するという農業技術のあり方が有機農業としてすでに各地で実現されてきている。

　このような有機農業の模索と達成は賢治没後のことだが、現在では岩手、花巻も有機農業の盛んな地域となりつつある。賢治はこうした自然と共生した農業の展開を知ることなく亡くなってしまったのだが、もし賢治が生きていれば、こうした有機農業の展開を心から喜んでくれただろう。

　未完で終わった賢治の仕事は、没後、その遺志は引き継がれ、新しい時代状況の下でその課題のいくつかは実現し、開花してきている。

　賢治は死に至る床の中で、「グスコーブドリの伝記」と「雨ニモマケズ」を書いた。この二つの作品のモティーフは明らかに異なっている。「グスコーブドリの伝記」は自己犠牲的な若い技術者が、火山爆発を誘導して窒素肥料を天から降らしたり、冷害を回避したりするという形で、いわば自然を人工的に改変するという線上に農民たちの幸せを実現するというあり方を描いている。それに対して「雨ニモマケズ」では、人の無力さを知ったうえで、天地の動向をそのままに受け入れて、つつましく生きていくという求道的な生き方が示されている。賢治の中で、この二つのあり方は離反し、結局一つの像にはならなかったのだろう。まじめな賢治には、その分裂は苦悩の迷いだったと思われる。

　しかし、賢治が亡くなった後の時代の展開は、二つのあり方のどちらかというのではなく、自然と人間がよりよく共生していくという第三の道が、有

機農業などの形で農の場においては多様に拓かれていくことを教えているように思われるのである。

　私はそのことを次の時代を生きた後進の農学徒として賢治先生にぜひお伝えしたいと思っている。

（2011年10月1日記）

宮沢賢治の農事詩（１）
和風は河谷いっぱいに吹く（作品第1083番、1927年7月14日）

　　ああ
　　南からまた西南から
　　和風は河谷いっぱいに吹いて
　　汗にまみれたシャツも乾けば
　　熱した額やまぶたも冷える
　　起きあがったいちめんの稲穂を波立て
　　葉ごとの暗い露を落して
　　和風は河谷いっぱいに吹く
　　あらゆる辛苦の結果から
　　七月稲はよく分蘖し
　　豊かな秋を示してゐたが
　　この八月のなかばのうちに
　　十二の赤い朝焼けと
　　湿度九〇の六日を數へ
　　茎桿弱く徒長して
　　穂も出し花もつけながら
　　つひに昨日のはげしい雨に
　　次から次と倒れてしまひ
　　ここには雨のしぶきのなかに

とむらふやうなつめたい霧が
倒れた稲を被ってゐた
その十に一つもなからうと思った
不良な條件をみんな被って
豫期したいちばん悪い結果を見せたのち
こんどはもはや
十に一つも起きれまいと思ってゐたものが
わづかの苗のつくり方のちがひや
燐酸のやり方のために
今日はそろってみな起きてゐる
しかもわたくしは豫期してゐたので
やがての直りを云はうとして
きみの形を求めたけれども
きみはわたくしの姿をさけ
雨はいよいよ降りつのり
遂にはここも水でいっぱい
晴れさうなけはひもなかったので
わたくしはたうとう氣狂ひのやうに
あの雨のなかへ飛び出し
測候所へも電話をかけ
村から村をたづねてあるき
聲さへ涸れて
凄まじい稲光りのなかを
夜更けて家に歸って来た
けれどもさうして遂に睡らなかった
さうしてどうだ
今朝黄金の薔薇東はひらけ
雲ののろしはつぎつぎのぼり

高壓線もごうごう鳴れば
澱んだ霧もはるかに翔けて
たうとう稲は起きた
まったくのいきもの
まったくの精巧な機械
稲がそろって起きてゐる
雨のあひだまってゐた頴は
いま小さな白い花をひらめかし
しづかな飴いろの日だまりの上を
赤いとんぼもすうすう飛ぶ
ああわれわれはこどものやうに
踊っても踊っても尚足りない
もうこの次に倒れても
稲は断じてまた起きる
今年のかういふ濕潤さでも
なほもかうだとするならば
もう村ごとの反當に
四石の稲はかならずとれる
森で埋めた地平線から
青くかがやく死火山列から
風はいちめん稲田をわたり
また栗の葉をかがやかし
いまさわやかな蒸散と
透明な汁液(サップ)の移轉
ああわれわれは曠野のなかに
蘆とも見えるまで逞ましくさやぐ稲田のなかに
素朴なむかしの神々のやうに
べんぶしてもべんぶしても足りない

宮沢賢治の農事詩（2）
それでは計算いたしませう（作品番号なし、執筆日時不詳）

それでは計算いたしませう
場所は湯口の上根子ですな
そこのところの
總反別はどれだけですか
五反八畝と
それは臺帳面ですか
それとも百刈勘定ですか
いつでも乾田ですか濕田ですか
すると川から何段上になりますか
つまりあすこの栗の木のある観音堂と
同じ並びになりますか
ああさうですか　あの下ですか
そしてやっぱり川からは
一段上になるでせう
畔やそこらに
しろつめくさが生えますか
上の方にはないでせう
そんならスカンコは生えますか
マルコや、、はどうですか
土はどういふふうですか
くろぼくのある砂がかり
はあさうでせう
けれども砂といったって
指でかうしてサラサラするほどでもないでせう
掘り返すとき崖下の田と

どっちのほうが楽ですか
上をあるくとはねあげるやうな気がしますか
水を二寸も掛けておいて　あとをとめても
半日ぐらゐはもちますか
げんげを播いてよくできますか
槍たて草が生えますか
村の中では上田ですか
はやく茂ってあとですがれる気味でせう
そこでこんどは苗代ですな
苗代はうちのそば高臺ですな
一日一ぱい日のあたるとこですか
北にはひばの垣ですな
西にも林がありますか
それはまばらなものですか
生籾でどれだけ播きますか
燐酸を使ったことがありますか
苗は大體とってから
その日のうちに植ゑますか
これで苗代もすみ　まづご一服して下さい
そのうち勘定しますから
さてと今年はどういふ稲を植ゑますか
この種子は何年前の原種ですか
肥料はそこで反當いくらかけますか
安全に八分目の収穫を望みますかそれともまたは
三十年に一度のやうな悪天候の来たときは
藁だけとるといふ覚悟で大やまをかけて見ますか

第3節 「農耕文化論」の落とし穴

　社会において農がないがしろにされ、農耕文化が忘れ去られようとしているなかで、私も不十分ながら、農を大切にすること、農耕文化の豊かな意義について語ることに務めてきました。しかし、それを力を込めて語っている時に、ふと、いまほぼ無条件の正しさの中にいると錯覚している自分に気付くことがあります。私自身は15年ほど前のことですが、中国新疆の草原で遊牧民と親しく接する中で「農耕文化」は相対的なもので、絶対化してはいけないこと強く教えられました。にもかかわらず、農だけが正しいと考えてしまうことがあるのです。怖いことだと思います。農という世界に潜むかもしれない独善性という問題にもつながることだと思います。私たちの農本的社会構成という主張にもつきまとう問題点です。

　そんな反省の中で、日本におけるアイヌや蝦夷（えみし）の存在について落ち着いて考えたくなり、今年のお正月には、池澤夏樹さんの『静かな大地』と熊谷達也さんの『まほろばの疾風』を読みました。

　池澤さんの『静かな大地』は、明治初期の北海道開拓のはじめの頃、和人とアイヌの関係についての物語です。そこでは次のようなことが記されていました。

　明治以前の北海道は「蝦夷地（えぞち）」でそこはアイヌの土地だった。アイヌはそこで自然の恵みを得て、平和に暮らしていた。アイヌは集落単位に自立して暮らしており、国家を持たずにいた。江戸幕府、そして明治政府はその「蝦夷地」を武力で併合し、北方領土も含めて、北海道を日本の領土としてしまった。このことについてのアイヌとの了解はまったくなかった。北海道の土地はまずすべて日本の国有地となり、開拓入植者の願いに基づいてその土地を払い下げる形で私的土地所有権が確立していった。そしてその過程で、アイヌは土地を追われ、生活条件を一方的に奪われ、アイヌを社会

的にも迫害する政策が強行され、アイヌへの差別意識も作られていった。北海道に入植した多数の和人はこの理不尽な経過についてほとんど自覚はなく、北海道開拓を未開の荒野の開拓との錯覚が作られていった。

　いまから140年ほど前のことでした。

　熊谷さんの『まほろばの疾風』は、8世紀末の東北における大和と蝦夷（えみし）との最後の戦いを、蝦夷の英雄アテルイの物語として描いた作品です。そこには熊谷さんの蝦夷への思いが記されています。

　この戦いは、大和が国家として、蝦夷の地を併合し、蝦夷の民を隷属させ、砂金などの蝦夷の土地の富を奪い、そこを水田農耕の地に変えていくことを狙って、大和の側から仕掛けられたものだった。最終的には大和の名将坂上田村麻呂と蝦夷の若き英雄アテルイとの戦いとなり、最後は田村麻呂の勝利で終わる。

　蝦夷は、東北の地で、森の恵みをいただきながら、集落単位に自立的に平和に暮らしていた。蝦夷の神は森の神で、神の心に包まれて、森の生きものたちの命の恵みを感謝しながらいただくことが蝦夷の暮らしだった。大和にとっても蝦夷にとっても神とは自然に他ならなかったが、蝦夷は神＝自然に包まれてそれと共にあろうとし、大和にとっては神＝自然は自分たちの外側にある巨大な脅威として存在していた。

　森を拓くことから始まる農耕は、蝦夷にとっては神に許しを請うべき行為として位置付けられたが、大和にとっては当然の行為であり、森を拓き、川の流れを変えていくことの痛みを感じてはいなかった。

　この時期に、大和が持ち込んできた水田農耕は、川の流れを変え、平野を拓くほどの規模のもので、それの実施には大和という国家が必要とされていた。だからこの戦いは、森に生きる東北蝦夷の道か、水田農耕を基盤とする大和朝廷の道かの戦いでもあった。

　蝦夷は森の恵みのなかで集落単位に暮らしており、国家をもたなかった。国家としての大和と国家を持たない蝦夷の戦いは、個々の戦局では機動性の

ある蝦夷に強みがあったが、長期的な総力戦ということになれば、当然のこととして大和が勝っていた。坂上田村麻呂は、この戦略的構造を的確に把握し、蝦夷の不統一を突き、蝦夷内部を混乱させ、アテルイを孤立させながら、着実に最終的勝利へと進んでいった。この過程で、蝦夷側も単なるゲリラ戦ではなく、統一した戦線を構築していくことが必要で、そのためにも部族連合から国家の構築へという指向も芽生えたが、結局、蝦夷国の創成という方向は実現しなかった。蝦夷国の創成はもう一つの大和を作ることでしかない、それは蝦夷の道ではないとの思いもそこにはあった。

　このテーマに関して池澤さんと熊谷さんの作品から学んだことはおおよそ以上の通りです。この両著を読むのと並行して日本における農耕の起源についての本も何冊か読んでみました。なかでも宮本一夫さんの『農耕の起源を探る―イネの来た道』(2009年8月、吉川弘文館刊) はとても勉強になりました。しかし、この稿の私のテーマとの関係で言えば、宮本さんも含めて「農耕起源論」の研究者たちは、いずれも農耕の普及、伝播は良いことで正しいことだという認識を前提とされているようで、その点はたいへんまずいことだと感じました。
　農耕が普及、伝播することは、その反対側には、農耕ではない生活文化が壊され、否定されていくという過程もあったと考えざるを得ません。しかも、農耕は国家と親和性が高いので、この普及、伝播は国家の拡張、国家による戦争と併合、非農耕民族の隷属民化を伴っていたと考えざるを得ないのです。今日の農耕文化論の多くには非農耕文化、非農耕民への深刻な不理解と差別感があるようにも思えます。
　しかも、このことは遠い過去のことではありません。東北の蝦夷、アテルイは8世紀末を生きた人ですが、蝦夷地の併合は140年前のことであり、現在も、中国では農耕民族である漢族による遊牧民族の併合が進められているのです。この問題は遠い過去から現在までずっと現実的争点として続いてきているのです。

農の大切さ、農耕文化の豊かな内容について考えるときに、あわせて農耕文化のこうした問題点についても、しっかりと踏まえていきたいものです。

池澤夏樹『静かな大地』2003年9月朝日新聞社刊

明治維新の激動のなかで淡路の稲田家（徳島藩の陪臣）は、北海道静内の支配を命じられ、明治4年（1871年）に静内に入植した。本書の主人公、宗形三郎の一家も稲田家一統の一員として1家族で入植した。三郎はその時9歳だった。農事の経験がまったくない武家ばかりの入植団で、なすすべもない日々が続いたのだが、三郎は地元のアイヌと馴染みとなり、アイヌの導きと札幌官園農業現術生徒としての学びを踏まえて、広大な馬牧場の開設に成功した。この牧場はアイヌとの協働牧場として運営され、優れた経営成果もあげていたが、それ故に官側等に疎まれるようになり、謀略によって牧場は破滅し、三郎は35歳で自死する。牧場開設準備の段階での（明治11年）、三郎とお世話になったアイヌとの間で交わされた対話から多くのことを学ぶことができた。

熊谷達也『まほろばの疾風』2000年7月　集英社刊

時代は8世紀末、現在の宮城県、岩手県あたりが蝦夷と大和朝廷の最後の戦いの場となった。この戦いは最終的には大和の名将坂上田村麻呂の勝利で終わり、本州の大和朝廷支配が完成していく。この作品は、このときに蝦夷の若き英雄として戦い抜いたアテルイの物語である。ここには蝦夷を見つめる熊谷さんの考察と思いが記されている。

補遺 (2010.3.19)

　先の覚え書きで、熊谷さんの蝦夷論に関連して「水田農耕と国家」について留意したいと書きました。水田農耕、なかでも広域にわたって構築され維持されてきた水田水利構造がアジア的専制国家の基盤をなしてきたという認識は、ウイットフォーゲルからマルクスまで、ほぼ共通した歴史認識となってきました。このことについていま追加のコメントをする準備はありませんが、国家の迫害を受けて難民となった農民が国家とは無縁のところで自力で築きあげた水田農耕もあったことについて少し書いておきたいと思います。

　それは15年戦争（第二次世界大戦）の最中に、日本帝国主義の侵略と迫害で、朝鮮半島から中国東北部に逃れた朝鮮の百姓たちの物語です。彼ら彼女らは、迫害のなかで中国東北部に逃げていきます。そこは満州族の土地で、広漠とした畑作地帯でした。日本からの侵略移民による「満州開拓」も畑作農業開拓でした。朝鮮族の百姓たちはそこに逃げ込んだのです。

　朝鮮族の百姓にも火田系、すなわち焼き畑系の百姓もいましたが、日本に水田農耕を伝えてくれた民族ですから、水田農耕は彼ら彼女らの基本的生業でした。中国東北部は寒冷地であり、稲作には不適地でしたが、生きるために彼ら彼女らは文字通り必死に田を拓き、稲の栽培に挑みました。

　畑地地帯は既に満州族や日本の移民たちの農場となっており、逃げてきた朝鮮族は恐らくそうした畑作農場で仕事をもらって命を繋いだのでしょう。しかし、畑作系の農業地帯においては河川沿岸の湿地的土地については、利用価値のない土地として捨て置かれていたと思われます。逃げてきた朝鮮族たちはそこに水田を拓いていったのです。彼ら彼女らは水稲の種子を携えて寒さの中国東北部へ逃げたのです。

　私が茨城大学に赴任して間もなくの頃に受け入れた中国・朝鮮族の留学生林哲浩君は修士論文「延辺稲作史の研究——中国北方稲作の形成と展開」（2004年）で朝鮮族の百姓による中国東北部の水田農耕150年の歩みを整理しています。

中国東北部における稲作の最初の試みは、春に湿地帯に稲籾を散播し、秋に実った穂を刈り取って帰るというものだったそうです。本格的な水田農耕のためには水利造成が必要となりますが、厳冬期、河川が凍結している間に、ソリで大きな岩石を川の上に運び込み、春に氷が溶けると、岩石が川に落ち、それが堰となっていくという信じられないような挑戦が繰り返されたとのことです。

　寒冷な中国東北部ですから、冷害は当たり前のことで、それでも彼ら彼女らは中国東北部の地で生きていくために水田農耕に挑み続けていったのです。その取り組みが、現在の中国東北部における大稲作地帯の歴史的背景でした。中国東北部の稲作の担い手は現在でもほとんどは朝鮮族の百姓たちです。

　戦時下の頃、稲作定着の挑戦がされていた地域は、現在の吉林省（省都は延辺）で、抗日パルチザンが戦った間島地域はそこにありました。学生の頃に読んで衝撃を受けた槇村浩さんの『間島パルチザンの歌』はこの地でのパルチザンたちとの革命的連帯を謳った詩集です。槇村さんは同名の詩を1932年に書き、治安維持法で検挙され、非転向で三年間投獄され、それが原因の病で1938年に26歳の若さで亡くなりました。

第4節　東北アジアの水田農業の歩みとこれから

1．東北アジア稲作形成の骨格をめぐって

　モンスーンアジアの水田農業は、温暖な気候、雨期と乾期のサイクル、低湿地を基盤として主としてインディカやジャポニカの粳米(うるち)作として展開し、それは次第に大河川下流の広大な低湿地へと広がっていった。上流の傾斜地域については焼畑ーインディカ糯(もち)米の異なったタイプの稲作が定着していた。それに対して東北アジアはモンスーン気候の北辺に位置し、湿潤夏期と寒冷乾燥冬期の気候サイクルの下で寒冷地ジャポニカ米稲作（粳米と糯米）が展開定着している。

　中国では東北地方での稲作の成長が最近注目されているが、それは中国南方の稲作が北へ伝播したのではなく、南方稲作とは異なった類型の稲作として、中国北方稲作として把握されるべきものと考えられる。林哲浩の研究によれば、中国北方稲作は約150年前頃から継続的に朝鮮半島から伝播されたもので、その担い手は朝鮮半島から中国東北部に移住した朝鮮族の農民たちであり、その技術内容は朝鮮半島や日本からの影響を受けながらも、基本的には寒冷性のきわめて強い中国東北部の風土条件の下で中国朝鮮族自身の苦難の努力のなかから自生的に形成されてきたものであった。

　日本の稲作の初期の伝来ルートについては、海の道説、大陸伝播説、朝鮮半島伝播説など諸説があるが、今日の日本稲作の原型が朝鮮半島稲作の中に見いだされることは明らかである。しかし、その伝播時期は少なくとも中世期以前と想定され、それ以降の発展は専ら日本国内での技術改良であった。

　韓国における近代の稲作発展に日本の関与があったのかどうかについては日本では十分には研究されていない。したがって推測でしかないが、20世紀前半期の不幸な両国関係、後半期からの韓国の独自の発展という全体状況を踏まえるならば、日本の積極的な関与があったとは考えにくい。

改革開放下の中国東北部稲作の発展には日本のすぐれた稲作技術者の協力が大きな役割を果たしたとされている。吉林省における田中稔氏、黒竜江省における藤原長作氏、原正一氏らの貢献である。これらの日本人技術者は戦後日本の寒冷地稲作技術をていねいに伝え、それぞれの地域の稲作発展に大きく貢献し、いまも現地農民から感謝されている。しかし、これら日本人技術者が良い役割を果たしたことは事実としても、中国東北部稲作の最近の技術的発展を専ら日本からの技術移転として把握することは誤りであろう。中国東北部の稲作農民や技術者（そのほとんどは朝鮮族）は日本の技術を参考にしながらも、基本的には独自の技術改良によって発展を作り出したと考えるべきだろう。

　このことは2000年11月に日本・山形県で開催された第2回日韓中環境保全型農業技術会議における金吉洙氏の報告や2003年7月に中国・延吉市で開催された第3回の同会議の折りに見学した超薄播播種器などによっても証明される。すなわち金氏は同会議において独自の技術改良によって、吉林省北部の強寒冷地域において健苗、超疎植、深水で冷害を回避し稲作の安定多収を実現してきたことを報告された。この技術は日本における環境保全型稲作技術ときわめて類似しているが、内容的には日本を超える水準にも達しており、しかもその技術系譜は自生的なものであった。また、翌年に見学した播種器は稲葉光國氏考案の40グラム薄播播種器と類似しているが、これも明らかに自生的農具であった。

　以上のような東北アジア稲作の形成史は骨格として次のように整理できると思われる。
①東北アジア稲作はアジアモンスーン稲作に含まれるが東南アジア稲作とは異なった類型のものである。
②東北アジア稲作の原型は朝鮮半島で形作られ、それが日本、中国東北部に伝播した。
③しかし、韓国、中国、日本におけるその後の技術発展は相互の影響もあったと思われるが、基本的にはそれぞれの地域の農民と技術者がそれぞれの

地域の風土条件の中で改良努力を積み重ねた結果であり、技術形成は自生的であった。

この会議において、これらの諸点について検討され、認識が共有され新たな知見が得られれば幸いである。

2. 国際貿易資源となった東北アジア稲作

いま、アジア地域にもWTO体制下でのグローバル経済の激流が渦巻いている。中国の経済成長が世界経済を牽引し、21世紀には中国を一つの核とした新しい世界経済の姿が形作られていくことはほぼ確実視されている。それに対応して北米の自由貿易圏、拡大強化されたEUの後を追う形でアジア経済圏の構想がさまざまな形で提案されている。アジア経済圏構想はとりあえずはASEANを軸に東南アジア地域でという流れだが、併せて中韓日の東アジア経済圏構想も提起されている。

いずれもまだ思いつき的構想の域を出ていないようだが、さまざまな経済状態の国々を含む地域的な自由貿易圏構想において農産物貿易の拡大は重要な要素となる。

中国では従来は南方稲作を基盤としたインディカ米が米消費の大勢を占めていたが、東北部でのジャポニカ米生産の拡大を背景として、東北部産米の消費が急増し、ジャポニカ米は不足、インディカ米は相当な過剰という状況となっている。東北部産米の消費は北京、天津等から、上海、南京、さらには香港方面にも広がりつつある。こうしたなかで中国国内での米の産地間競争が激化しつつある。東北部では、米の主産地はかっては吉林省であったが、黒竜江省の国営農場等での生産が拡大し、積極的なマーケティングの効果もあって、主産地は黒竜江省へと移動している。また、中国は日本や韓国への東北部産米の輸出にもたいへん意欲的である。とくに韓国の場合は中国の生産者が朝鮮族であるため、中国からの米輸入の圧力はきわめて高いと思われる。日本の場合は、コストダウンを強く求められる外食、中食、加工食品分野への中国東北部米の大量の流入が予測されている。

このような東北アジア稲作をめぐる国際情勢についても、この会議においてそれぞれ把握している情報を交換しあい、その動向と意味について生産者の立場から多面的に検討されることを期待したい。

3．地域自給の基礎としての東北アジア稲作

だが、モンスーンアジアにおいて、米は、太古の時代から、まずは稲作農民の自給食物として生産され、つづいて生産地周辺地域に住む人々の地域的自給食物として生産されてきた。米が商品として流通する歴史は長いが、20世紀前半頃までは都市において商品として流通する米の大半は商品として生産された米ではなかった。商品として流通する米は、専制国家的租税として、地主的地代として、あるいは植民地的収奪として、稲作農民から取り上げられた米が大半を占めていたと考えられる。だから稲作農民にとって長い間、米は自給物であるとともに奪われる労働の産物であった。

米は自給的食物、生産物としてきわめてすぐれた特質をもっている。

①米は生産力がきわめて高い。米の籾1粒あたり生産性はいずれの地域でも500〜1000倍程度は確保されていると思われるが、これは小麦やトウモロコシの生産性より、ほぼ一桁高い水準にある。

②米の生産力は、地域資源の循環利用によって支えられてきた。まず水田の基礎に水があるがこれは土壌と並ぶ普遍的な地域資源である。また、肥料は主として地域の草資源に依存してきたが、これもまた普遍的な地域資源である。普遍的な地域資源の循環利用は定住的暮らしにおける自給にとって不可欠な要素である。また、こうした地域資源の循環利用は個人の力だけでは実現が難しいため、その実現のために地域的な協働体制、すなわちムラの体制の整備と強化が不可欠なものとして形成されることになった。

③水田水稲作には連作障害が無く、水田土壌は養分集積的で、かつ湛水条件は有機物の分解を抑制し、水性生物の活動を活発化させるので、地力保全的性格をもっている。これらの条件は生産の安定性、持続性にきわめて重要であり、それ故、地域の自給体制の安定的持続的確立にとって大きな意味を

もっている。

④米は栄養的にもたいへん優れている。植物種子はいずれも完全栄養食物と理解できるが、米はタンパク質組成の点でも優れているとされている。また、調理の面では、米は粒も大きく扱いやすく、籾離れが良いため粒食ができるという優れた性質をもっている。今日では白米消費が大勢となっており、栄養的には欠点を有してしまっているが、米ぬかは有用な農業資源として活用できるという利点も生んでいる。

⑤米は副産物としてワラを産み出す。ワラは水田の地力維持資源としても、家畜の飼料としても、俵、筵、縄などの農業生活用品の資材としてもたいへん有用で、それを利用する豊かなワラ文化も形成されてきた。矮性化等の技術改良のために籾重に対するワラ重の比率は低下してきたが、自給視点からすればワラの資源的価値はいまなお大きいと考えられる。

モンスーンアジアにおける人口集積と優れた文化の形成の基本的基盤は上述のような米の自給的な生産力（単なる物的生産力ではなく）にあったと考えられる。自給的な生産力は地域的なものであり、したがってそれはそれぞれ地域の風土的歴史的条件を踏まえた米の豊かな消費文化も形成していった。

このような米の自給的食物としての意義について、本研究会議で各国の状況を紹介し合い、こうした自給的稲作文化の将来について考え合うことを期待したい。また、このような自給的稲作文化と、2で述べたグローバリズムの経済動向は激しく対立するものとならざるを得ない。その点についても率直な討論を期待したい。

4．農業のバランスのとれた発展と有機農業

東北アジアの諸地域はもともとの稲作地域ではなかった。そこでの在来農耕の原型はむしろ畑作にあったと考えられる。水田基盤となっている土地は畑作農耕には向かない土地が多く、そこに水田農耕が外来文化として移入されてきたというのが、初期における一般的な姿であったと思われる。一度移入された水田農耕が定着せず消失した地域もあったろうが、3で述べた稲作

の自給的な特質の故に、多くの地域では定着し次第に拡大していった。その過程は、畑作農耕の側から見れば、畑作後退ということであった。もちろんその畑作農耕もまた基本的には伝統的風土的自給文化としてあった。

3で併せて述べたように米は、専制国家的租税として、地主的地代として、あるいは植民地的収奪としてもきわめて有用であったため、水田農耕の拡大は農民の側からだけでなく、支配者の側からも強力に推進された。その結果日本では水田と畑の面積比率は全国平均でもほぼ半々となっている。北陸地方の諸県では水田率は90％を超えるに至っている。

しかも、水田農耕と畑作農耕が作業的に競合する場合には水田農耕の都合が優先することが多く、この現象は日本の農業経営学においては「水田農業の独往性」として批判的に把握されてきた。

日本の場合には、稲作の自給的な特質にもかかわらず、稲作農民の自給的暮らしを支えてきたのは、むしろ水田農耕に圧迫され、後退した畑作であった。米は領主的租税、地主的地代としての収奪対象となっていたからである。日本の稲作農民が米を常食にできるようになったのは農地改革によって地主制が打破されてからであった。

このような経過の中で、水田農耕は農家の暮らしというレベルで見ても、また、農家としてのあるいは地域としての農耕体系としても、畑作農耕と、さらには里山利用との連携のなかで存在展開してきた。このことは農業と地域自然との共生という視点から見ても、バランスのとれた農業の発展という視点から見ても、さらには地域の暮らしの総合性という視点から見ても正当なことであった。

いま、水田農耕においても、畑作農耕においても、地域資源の循環利用を基盤とした有機農業の推進が各地で取り組まれている。水田農耕における有機農業、畑作農耕における有機農業、あるいは畜産における有機農業はそれぞれに独自の課題があるが、しかし、有機農業は本来はもっと総合的、複合的なものと考えるべきではないか。地域における畑作農耕や里山利用との関連において水田農耕の有機農業をどのように展開していくか、さらには水田

農耕だけにこだわらずより総合的な、複合的な有機農業を農家として、地域としてどのように形成していくか、そのための技術開発や流通・消費体制をどのように整えるか、といった論点についても、本研究会議で各国の実情や経験が交流され、新しい展望が探られることを期待したい。

第5節　平和こそ農と食の大前提

豊かな大地が不毛の荒野に

　アフガニスタンへの激しい空爆の映像を見ながら、彼地の農民や遊牧民のことを思った。空爆地域は画像では不毛の荒野のように見えたけれど、そこではきっと遊牧民は家畜とともに移動し、農民はわずかな作物を育てていたに違いない。人々は難民となって避難したが、家畜はうまく逃げられたのだろうか。逃げる際に家畜の餌はうまく確保できたのだろうか。

　春になって激しい空爆は止まったが、農民たちは畑に戻って種をまけただろうか。寒い飢えの中で春まく種を残しておけただろうか。冬越しできた家畜たちは、仔を産んで若草を食べているだろうか。

　春になっても自分の土地に戻れなかった牧民や農民はどうしているのか。アフガンの自然のなかで、自給自立で生きてきた、彼ら彼女らが、自然の恵みから切り離され、暮らしのすべを奪われ、援助物資に頼って命をつながざるを得ないとはなんと悲惨なことか。

　いつの時代にも戦時下の農民は、下級兵士として徴用され、前線の田畑は軍靴で荒らされ、銃後の田畑は軍事食料の調達地として勝手に押さえられてきた。

　多くの場合、農民にとっての最大の願いは、戦争の勝ち敗けよりも、戦火に巻き込まれないことにあった。

　平和こそ農の絶対必須の条件なのだ。

日本国憲法は、最高の農民憲章

　国際法では、戦争は国家の権利として認められているといわれているが、その論理から離脱して、恒久平和を目指そうとしたのが敗戦後の憲法の誓い

だったはずだ。それは、アジア、太平洋地域を戦火の地にしてしまったことへの徹底的な反省を踏まえてのことだった。

だから日本国憲法は、最高の農民憲章でもあるのだ。有事に備えるのではなく、有事を絶対に起こさせないこと、これが耕す農民の生命線なのだ。

現代は食の不安の時代だと言われている。BSE、輸入野菜の農薬残留など、グローバリズムの時代が作り出した食の不安は、さまざまな形で露見しつつある。国内の農産物だって完全に大丈夫だとは言えないことも、すでに市民の常識になっている。

健康な日々のための食が、実は知らぬ間に体を蝕んでしまうことへの不安。どこに危険があるのかが見えてこないことへの不安。こんな状態を私は、「食の地雷原の時代」と、比喩的に表現したことがあった。ほんとうにたいへんな時代になってしまったと思う。

しかし、それでもなお、こんなことは平和の時代、平和な地域での話にすぎないと言うべきなのだ。

アフガニスタンの牧民たちの荒野は、比喩ではなく本当の地雷原となっている。彼ら、彼女らに、空から配られた援助食料には、添加物や農薬残留の心配はないのか。おそらく問題は大ありだと思うが、現地では生存維持のための物量確保をなにより先行させざるを得ないのだろう。

だから安らかで豊かな食と健康を願う市民にとっての存在をかけた生命線は、農民と同じく、有事への備えではなく、有事を絶対に起こさせないことなのだ。

現代日本の食料自給率は40％。こんな国が有事になったら、即時に破綻することは説明する必要もない。食料自給率の低下は、一面では、日本の農業が力を落としていることの反映でもある。田畑があっても耕す人が得られない、という事態が深刻なのだ。耕す人がいなければ田畑は荒れてどんどん力を落としていく。

自給率が低い日本は有事に弱いという言い方も一面正しいだろうが、ほんとうはそれも発想が根本的に違っているのであって、日本の農が元気になり、

自給自立が人々の暮らしの基本となること、それこそが恒久平和への本道と言うべきなのだ。

付

山上憶良　貧窮問答の歌　口語訳　万葉集　巻第五　八九二

　　　問
風まじりに　雨降る晩は
雨まじりに　雪降る晩は
なすすべもなく　寒い
堅塩をつついて舐め　酒粕の汁をすする
しかし咳が出て　鼻水が垂れてくる
髭を撫でまわして
ここでは俺は　誰より偉いのだと　威張ってみる
でもそんなことをしてみても　たまらなく寒い
麻かわの布団を　ひっかぶり
綿の入った袖無しを　ありったけ　重ね着する
しかしそれでも今夜は寒い

こんなにも寒い晩に
貧しい人たちは　どうしているのだろうか
父や母は　きっと凍えているだろう
女房や子どもたちは　力のない声で泣いているだろう
こんな時　おまえたちは
どんなにして　過ごしているのか

　　　答
天地は広い　と言われるが
俺たちのまわりは　狭くて窮屈なだけだ

日月は明るく照らす　と言われているが
俺たちを　照らしてくれはしない
こんなことは　誰でものことなのか　俺たちだけがこうなのか
人として生まれ　なんとかやっと生きてきた
人と同じように　働いている　なのに

綿も入っていない　袖無しを着て
もう布団とは言えない海松のようになったボロの
雑巾のようなものを　肩までたぐり寄せ
掘立小屋の土間に　ワラを敷いて
父母は　枕の方で
女房と子どもは　足の方で
互いに肌を寄せ合い　寒さに悲しく呻く
竈(かまど)には　煙も立たず
甑(こしき)には　蜘蛛の巣が張っている
飯を炊くことさえ　もう忘れてしまった
ただだだ呻くばかりだ

俺たちは　こんなにひどいのに
笞杖をもった里長の　賦役にかりたてる怒鳴り声が
小屋のなかまで　迫ってくる
どうにも　すべ無きものなのか　人の世間とは

　　　憶良　ため息を吐きつつ
人の世間が　こんなにひどくて　嫌なものだとわかっていても
鳥ではなく　人間だから
空に飛んで　逃げ出すこともできないのだ

あとがき

本書のとりまとめを終えていま心に残っていることを2点述べることにしたい。

第1点は農学はもっと経験主義的であるべきだという方法論にかかわること。第2点は昭和ヒトケタ世代の農業を意義をしっかりと認識し、それを出来るだけつぎの世代に伝えていくことの大切さについてである。

明治の頃にはじまる近代日本の農学は、まず欧米農業の直輸入か伝統農業の発展かという対立に直面した。しかし、西欧農業の直輸入はすぐに失敗したから、各地の農家の経験を踏まえた伝統的重視の経験主義が戦前期までの日本農学の基調となってきた。明治の初めの頃、全国の老農たちを集めて開催された「農談会」の記録などを読むとその経験論の迫力に圧倒される。

しかし、時が流れて私たちが生きてきた昭和戦後になると、農家の経験を整理した農学は古くさいと退けられ、もっぱら実験圃場と研究室での実験研究の結果が重視されるようになり、経験主義よりも実験結果を踏まえた原理主義が尊重されるようになる。

言うまでもなく学問には経験も原理もともに大切である。論理学で言えば、現象を観察し整理する帰納的方法も原理から遡って現実についてまで説明しこれからを設計していく演繹的方法も重要である。学生の頃、マルクスの学問の方法ということで、現実認識から原理的真理へと向かう研究の下向的あり方と、原理的真理から現実のプログラムへと向かう上向的あり方の統一ということも論議しながら学んだことを憶えている。

一般論としてはその通りなのだと思うけれど、戦後の農学の現実としては、当初はこの2つの方法は緊張した対抗関係で進んできたが、次第に実験的真理が主導する原理主義が優先し、現在では経験主義的農学は消滅の寸前まで来ているように感じられる。しかし、農学は最終的には農業の場で検証されなければならず、農業はあくまでも経験的営みとしてあるのだから、農学における経験主義の消滅は、実に深刻な危機なのだ。

一般の科学技術においても、原理と経験はともに大切なものだとは思うのだが、自然科学と言えば実験的な原理主義の解明こそが中心だとされるようになっている。社会科学においてすらそうした原理主義優先が普通の認識となってしまっている。原理主義には実験結果を重視する実験的原理主義の流れと、考え方を重視する思想的原理主義の流れがあるが、実態としては実験的原理主義が圧倒的に優勢となっている。
　しかし、振り返ってみれば、実験結果が主導する原理主義は、実に度々深刻な間違いを犯してきた。それは繰り返され、より深刻な社会的事態が広がっている。農業、農村、農学の分野でも原理主義主導が犯した誤りは大きく重い。
　他の分野はともかくとして、経験最優先であるべき農業、農学の場で、経験主義が馬鹿にされ軽視されきっている現状はたいへんに拙い。経験主義にも、吟味されてきた方法もあり、工夫されてきた手法もあり、試行錯誤のなかから組み立てられてきたルールもある。私たち世代はそれを方法論としても作法としても先生方や先輩たちから厳しく教えられた。しかし、現在の若い世代にはそれを誰も教えてくれない。これは実に拙い事態だ。これからの農学のかなり大きな課題として経験主義の復興と継承を提唱したい。
　第２点は昭和ヒトケタ世代の農業の意義についてである。昭和ヒトケタ世代が築き上げてきた農業とは端的に言えば戦後の近代化農業のことである。
　私はこれからの農業は有機農業的展開を図るべきだと考えており、その意味で近代農業を強く批判し、その見解を広く公表してきた。その私が昭和ヒトケタ世代の方々が築いてきた農業はすごいというのはおかしくも聞こえるかもしれない。しかし、有機農業論の私から見て、昭和ヒトケタ世代の農業には、学び継承すべきすごさがあると率直に感じている。
　戦後農業は補助金漬けで進んできたと馬鹿にされているが、事実はそんなことではなかった。戦後、何もないところから、農地改革の加勢を受けて、地域の資源を活かして、作物や家畜の力を引き出しつつ、懸命に増産に励んだその成果が、戦後日本社会の基礎を作ってきた。

彼ら彼女らを支えたものは、地域の自然であり、農の伝統であり、農家としての家族であり、手仕事を基本とした勤労と工夫、そしてたゆまぬ勉強だった。地域の仲間たちとの協働もあった。それは要するに地域に根ざした風土的な小農主義的営みだったのだ。日本には小農たちの長い歩みがあるが、その最終的達成が昭和ヒトケタ世代の農業だったように思う。そこには大いに批判され、軌道修正されるべき点もいろいろある。しかし、学び継承すべき点もたくさんある。それは巨大な無形文化財群ともいえるものだと思う。こうした先輩たちがまだ元気な間に、その歩みを掘り起こし、記録し、聴くべきことを聴き、学ぶべき点を学び、次の世代への橋渡しをしていくこと。
　本書をまとめ終えて、私も含めた私たち世代の課題としてこの２点を強く感じている。

著者略歴

中島　紀一（なかじま　きいち）
　　1947年　　　　埼玉県生まれ
　　1970年　　　　東京教育大学農学部農学科卒業
　　1972年　　　　東京教育大学大学院農学研究科修士課程修了
　　1972〜1978年　東京教育大学農学部助手
　　1978〜1993年　筑波大学農林学系助手
　　1993〜2001年　農民教育協会鯉淵学園教授
　　2001〜2012年　茨城大学農学部教授
　　現在　茨城大学名誉教授、放送大学客員教授
　　NPO法人有機農業技術会議理事長
　　連絡先　〒315-0157　茨城県石岡市上曽291-2

著　書

中島紀一著『有機農業の技術とは何か』2013年、農文協
小出裕章・明峯哲夫・中島紀一・菅野正寿著『原発事故と農の復興』2012年、コモンズ
中島紀一著『有機農業政策と農の再生』2011年、コモンズ
中島紀一・金子美登・西村和雄編著『有機農業の技術と考え方』2010年、コモンズ
中島紀一編著『地域と響き合う農学教育の新展開』2008年、筑波書房
中島紀一編著『いのちと農の論理』2006年、コモンズ
中島紀一・古沢広祐・横川洋編著『農業と環境』2005年、農林統計協会
中島紀一著『食べものと農業はおカネだけでは測れない』2004年、コモンズ
中島紀一著『安全な食・豊かな食への展望を探る』2003年、芽生え社
宇佐美繁・楠本雅弘・中島紀一・谷口吉光著『自立を目指す農民たち』2003年、農政調査委員会（日本の農業224号）
中島紀一著『生協青果物事業の革新的再構築への提言』1998年、コープ出版
高松修・中島紀一・可児晶子著『安全でおいしい有機米づくり』1993年、家の光協会
中島紀一・川手督也・原珠里・森川辰夫著『伝統市と地域社会農業』1991年、農政調査委員会（日本の農業179号）
中島紀一著『農産物の安全性と生協産直への期待』1991年、日本生協連
中島紀一著『田畑輪換の耕地構造』1986年、農政調査委員会（日本の農業158号）

野の道の農学論──「総合農学」を歩いて──

2015年7月15日　第1版第1刷発行

　　著　者　中島紀一
　　発行者　鶴見治彦
　　発行所　筑波書房
　　　　　　東京都新宿区神楽坂2－19 銀鈴会館
　　　　　　〒162－0825
　　　　　　電話03（3267）8599
　　　　　　郵便振替00150－3－39715
　　　　　　http://www.tsukuba-shobo.co.jp

　　定価はカバーに表示してあります

印刷／製本　平河工業社
©Kiichi Nakajima 2015 Printed in Japan
ISBN978-4-8119-0469-6 C3061